MEDIGUIDES

AF867556

Guide pratique de médecine physique et réadaptation

André Thévenon
Anne Blanchard

MMI ÉDITIONS

MASSON

Chez le même éditeur

Guide pratique de la consultation en pédiatrie, par J.-P. Gallet, J. Valleteau De Mouillac, B. Chevallier. *Collection Médiguides*, 7e édition, 2002, 320 pages.

Guide pratique de pneumologie, par B. Dautzenberg. *Collection Médiguides*, 2002, 336 pages.

Guide pratique de psychogériatrie, par J.-P. Clément, N. Darthout. *Collection Médiguides*, 2002, 352 pages.

Guide pratique d'urologie, par B. Dufour. *Collection Médiguides*, 2002, 320 pages.

Guide pratique de cardiologie, par G. Jondeau, F. Beauvais, F. Chikli, C. Guiti. *Collection Médiguides*, 2002, 320 pages.

Guide pratique de rhumatologie, par B. Mazières, A. Cantagrel, A. Constantin, M. Laroche. *Collection Médiguides*, 2002, 768 pages.

Vademecum de la médication officinale, par R. Caquet, *Collection Aide-mémoire*, 2002, 240 pages.

Vademecum de la prescription en homéopathie, par A. Horvilleur, *Collection Aide-mémoire*, 2002, 600 pages.

La maladie d'Alzheimer, par J. Touchon, F. Portet. *Collection Consulter/prescrire*, 2002, 174 pages.

Les dyslipidémies, par G. Luc, J.-M. Lecerf. *Collection Consulter/prescrire*, 2002, 144 pages.

L'ostéoporose, par P. Meunier, J.-F. Brantus, R. Chapurlat, G. Chevrel, É. Fontanges, E. Vignot. *Collection Consulter/prescrire*, 2002, 216 pages.

Cancers : prévention et dépistage, par N. Tubiana-Mathieu. *Collection Consulter/prescrire*, 2002, 226 pages.

Guide pratique de médecine physique et réadaptation

André Thévenon
Anne Blanchard

Avec la collaboration de
Alain Autier
Cécile Bouteiller
Rémy Dolhem
Domitille Dubois
Nicole Jeanrot
Gilles Kemoun
Evelyne Legrand
Vinciane Pardessus
Bruno Pollez
Olivier Rémy-Néris
Marc Rousseaux
Emmanuel Verhaeghe
Ghislaine Viet

Cet ouvrage tient compte des données les plus récentes au moment de sa publication. Tout lecteur doit cependant, sur le plan médico-légal, tenir compte des éventuelles erreurs et/ou omissions, et des possibles modifications des textes législatifs actuellement en vigueur, et vérifier les indications, les posologies et les précautions d'emploi des médicaments en se référant aux notices officielles d'utilisation.

Cet ouvrage n'intègre pas les RMO.
En effet, à ce jour, par décisions du Conseil d'État, aucune sanction financière ne peut être prise contre un médecin généraliste ou contre un médecin spécialiste qui ne respecterait par les RMO.*

(*) En date du 10 novembre 1999, pour les médecins généralistes.
En date du 28 juillet 1999, pour les médecins spécialistes.

ISBN : 2-294-01070-1
ISSN : 1269-9330

Masson S.A.S. – 120, bd Saint-Germain, 75280 Paris Cedex 06

Sommaire

DEUXIÈME PARTIE

Avant-propos

La Médecine Physique et Réadaptation est la discipline médicale qui a pour rôle de coordonner et d'assurer la mise en application de toutes les mesures visant à prévenir ou réduire au minimum les conséquences fonctionnelles physiques, psychologiques, sociales et économiques des déficiences et incapacités.

Son champ d'application est donc très large, il concerne aussi bien l'enfant que le vieillard, le sportif que le sédentaire. Discipline médico-sociale, elle fait aussi bien appel à la haute technologie qu'aux sciences humaines et ne peut s'exercer qu'en étroite collaboration avec d'autres spécialités médicales et un grand nombre de professions paramédicales.

Devant assurer le suivi de patients présentant des problèmes de santé chronique, le médecin généraliste fait depuis longtemps de la Médecine Physique et Réadaptation sans le savoir. C'est en effet lui le coordonnateur des actions des différents professionnels de santé intervenant dans la rééducation du patient, c'est lui qui, en général, rédige les certificats permettant à la personne handicapée de bénéficier des mesures de réinsertion prévues par la loi, c'est à lui enfin que le patient et son entourage demandent conseil pour surmonter les difficiles problèmes liés au handicap.

Face à ces situations fréquentes, la plupart des médecins n'ont bénéficié d'aucune formation spécifique.

Le but de ce livre est d'aider le praticien dans ses rapports avec les auxiliaires médicaux, d'actualiser ses connaissances sur les principales maladies chroniques génératrices du handicap, sur les moyens de lutte contre la dépendance et sur les possibilités offertes à la personne handicapée dans le domaine du maintien en milieu ordinaire de vie, de la garantie de revenus, de la scolarisation, de l'emploi ou encore du loisir.

Listes des abréviations utilisées dans cet ouvrage

AFM : Association française contre les myopathies
AFPA : Association pour la formation professionnelle des adultes
AGEFIPH : Association pour la gestion des fonds pour l'insertion professionnelle des personnes handicapées
AINS : Anti-inflammatoires non stéroïdiens
ALD : Affection de longue durée
APA : Allocation personnalisée d'autonomie
APF : Association des paralysés de France
AS : Auto-sondage urinaire
AT : Accident du travail
AVJ : Activités de la vie journalière
BPCO : Bronchopneumopathie chronique obstructive
BTS : Brevet de technicien supérieur
CCAS : Centre communal d'action sociale
CAFAD : Certificat d'aptitude à la fonction d'aide à domicile
CAMSP : Centre d'action médico-sociale précoce
CDES : Commission départementale d'éducation spécialisée
CFAO : Conception et fabrication assistées par ordinateur
CHUP : Chaussure à usage prolongé
CHUT : Chaussure à usage temporaire
CICAT : Centres d'information et de conseils en aides techniques
CIDIH ou ICIDH : Classification internationale déficiences-incapacités-handicap
CIV : Corset d'immobilisation vertébrale
CLIS : Classe d'intégration scolaire
COTOREP : Commission technique d'orientation et de reclassement professionnel
CRA : Correspondance rétino-corticale anormale
CRN : Correspondance rétino-corticale normale
DDE : Direction départementale de l'équipement
EIAS : Épine iliaque antéro-supérieure
EREA : Établissements régionaux d'enseignement adapté
ESVAD : Équipes spécialisées pour la vie autonome à domicile (de l'APF)

ETF : Échographie transfontanellaire
HDL : *High Density Lipoprotein*
HIV : Hémorragies intracrâniennes ventriculaires
IEC : Inhibiteurs de l'enzyme de conversion
IEM : Institut d'éducation motrice
IMC : Infirme moteur cérébral
IMOC : Infirmité motrice d'origine cérébrale
IRM : Imagerie par résonance magnétique
ISPN : Indicateur de santé perceptuelle de Nottingham
LDL : *Low Density Lipoprotein*
LPV : Leucomalacies péri-ventriculaires
MAPAD : Maison d'accueil pour personnes âgées dépendantes
MAS : Maison d'accueil et de soins
MIF : Mesure de l'indépendance fonctionnelle
MPR : Médecine physique et réadaptation
NYHA : *New York Hearth Association*
OMS : Organisation mondiale de la Santé
PACT : Protection, amélioration, conservation, transformation
QI : Quotient intellectuel
QIP : Quotient intellectuel performance
QIV : Quotient intellectuel verbal
RNLI : Index de réintégration à la vie normale
SEGPA : Section d'enseignement général et professionnel adapté
SESSD : Services d'éducation et de soins spécialisés à domicile
SRAI : Services régionaux d'aide et d'information (de l'AFM)
TIPS : Tarif interministériel des prestations sanitaires
UEROS : Unité d'évaluation, de réentraînement et d'orientation socio-professionnelle
UPI : Unités pédagogiques d'intégration
VHP : Véhicules pour handicapés physiques

PREMIÈRE PARTIE

Moyens à la disposition du praticien

1 Rééducation et réadaptation : une prise en charge multidisciplinaire

En médecine, le classique enchaînement symptômes → diagnostic → traitement → guérison n'est pas la situation la plus fréquente. Bien souvent, les traitements conduisent à une stabilisation de la maladie au prix de nouvelles contraintes pour le patient et d'une diminution de ses capacités. Parfois même, il n'existe aucun traitement efficace et le rôle du thérapeute est alors d'optimiser les performances du patient, de prévenir, de traiter ponctuellement les complications de la maladie primitive. Ce processus de rééducation et de réadaptation est un travail d'équipe. Le médecin généraliste y tient une place centrale ; il doit s'appuyer sur les compétences de confrères spécialisés, mais aussi de toute une série d'autres intervenants dont il doit coordonner l'action sans toujours bien connaître exactement le domaine de compétence de chacun. Ce chapitre présente l'activité et les compétences des professionnels impliqués dans la rééducation et la réadaptation, et leur place dans l'organisation des soins.

1 PROFESSIONNELS IMPLIQUÉS

Ce sont les médecins, les auxiliaires médicaux et les autres professionnels.

1.1 Médecins

1.1.1 Médecin généraliste

Il assure seul la prescription de la plupart des rééducations ambulatoires, pathologie pulmonaire, problèmes courant d'orthopédie et de rhumatologie, maladies neurologiques chroniques, perte d'autonomie du vieillard, troubles de la continence. Il travaille directement avec l'auxiliaire médical pour les cas les plus simples, renvoie au spécialiste dans les situations plus complexes et adresse à l'hôpital en cas de complication aiguë ou lorsque le maintien à domicile n'est brutalement plus possible.

1.1.2 Spécialiste en Médecine Physique et Réadaptation (MPR)

Il a pour compétences de poser les indications et de choisir les moyens techniques à mettre en œuvre pour la coordination des différents intervenants. Son objectif est de réduire les conséquences fonctionnelles, physiques, psychologiques, sociales et économiques des déficiences et incapacités. Longtemps, lorsqu'il exerçait en libéral, il a été confondu avec le rhumatologue ou le médecin du sport du fait de sa compétence en médecine orthopédique. On assiste ces dernières années à une évolution de son rôle, plus orienté vers le handicap chronique, en particulier neurologique. Comme pour bien d'autres spécialités, le nombre de praticiens diminue, le secteur libéral étant le plus touché.

1.1.3 Autres médecins spécialistes

D'autres spécialistes peuvent être sollicités, lorsque la rééducation s'applique à une déficience bien sectorisée.

1.2 Auxiliaires médicaux

Ils travaillent sur prescription médicale. Certaines de ces professions possèdent une nomenclature et une lettre clef permettant un remboursement de leurs actes, ce qui facilite l'exercice libéral. Pour les autres, leurs activités thérapeutiques n'étant pas remboursées, l'exercice est essentiellement salarié.

1.2.1 Kinésithérapeute

Il est un interlocuteur privilégié du médecin généraliste. Il exerce la profession paramédicale de rééducation la plus ancienne puisque le diplôme d'État a été créé en 1948. Il travaille sur prescription médicale soumise à entente préalable. Il réalise un bilan qui lui permet d'établir un plan de traitement. La prescription de la kinésithérapie peut se faire selon plusieurs modalités, et le kinésithérapeute dispose de 3 lettres clefs pour coter ses actes. L'importance de son rôle justifie qu'un chapitre spécifique lui soit consacré (chapitre 3).

1.2.2 Orthophoniste

Les conditions d'obtention du diplôme d'État ont été définies en 1974. L'orthophoniste prend en charge les troubles de la voix, de la parole, du langage parlé et écrit, des troubles de la communication en général. On lui confie aussi les conséquences des troubles de l'audition, il intervient aussi dans la rééducation des troubles de la déglutition. Il travaille sur prescription médicale. Le médecin prescrit d'abord un bilan, l'orthophoniste adresse le bilan au médecin et propose (ou non) un traitement avec un nombre de séances. S'il est d'accord, le médecin rédige la prescription qui sera soumise à l'entente préalable de l'assurance maladie.

1.2.3 Orthoptiste

Il participe au traitement des déséquilibres oculomoteurs (hétérophories, strabismes, paralysies oculomotrices), les troubles sensoriels afférents à ces déséquilibres (diplopie, neutralisation, fatigue visuelle, troubles de l'accommodation et de la convergence), et les déficits sensoriels (ambliopie, basse vision). Il travaille sur prescription médicale. Les traitements font suite à un bilan qui doit être prescrit, un compte rendu de fin de traitement doit être adressé au médecin traitant. Les actes sont cotés en AMY.

1.2.4 Ergothérapeute

Son diplôme d'État existe depuis 1974. La pratique libérale est extrêmement limitée, car il n'existe pas de lettre clé d'ergothérapie dans la nomenclature des actes. L'ergothérapeute exerce donc la plupart du temps une activité salariée dans les structures sanitaires ou médico-sociales ainsi que dans certaines associations. Il joue un rôle fondamental dans l'évaluation des incapacités et dans la réadaptation des malades. Ses champs d'activités sont décrits en détail dans le chapitre 6.

1.2.5 Psychomotricien

C'est un auxiliaire médical dont les conditions d'exercices ont été redéfinies en 1988. L'activité est essentiellement salariée, du fait de l'absence de lettre clé à la nomenclature. On confie aux psychomotriciens des bilans psychomoteurs, la stimulation et la rééducation des troubles du développement psychomoteur, au moyen de techniques de relaxation dynamiques, d'éducation gestuelle, d'expression corporelle ou plastique et par des activités rythmiques de jeux, d'équilibration et de coordination. Le psychomotricien contribue, par des techniques d'approche au traitement des déficiences intellectuelles, des troubles caractériels ou de la personnalité, des troubles de la régulation émotionnelle et relationnelle et des troubles de la représentation du corps d'origine psychique ou physique. Le psychomotricien travaille essentiellement auprès des enfants, mais son activité s'étend aux adultes tels que les traumatisés crâniens et les personnes âgées.

1.3 Autres professionnels

1.3.1 Pédicure podologue

Il n'est pas auxiliaire médical, car son diplôme obtenu au bout de 3 ans d'étude, lui permet de soigner sans prescription médicale. L'activité est essentiellement libérale mais peut être salariée. Les soins de pieds (ongles, durillons, cors...) ont un remboursement par l'assurance maladie extrêmement faible, la convention n'ayant pas été réactualisée depuis de nombreuses années. Le pédicure-podologue peut également réaliser des semelles orthopédiques et des orthoplasties. Les tarifs sont libres et susceptibles de varier dans de grandes proportions d'un praticien à l'autre.

1.3.2 Psychologue

Il est titulaire d'un diplôme universitaire, et peut avoir des exercices professionnels très variés. Lorsqu'il s'est spécialisé en neuropsychologie, il exerce dans la grande majorité des cas une activité salariée et participe à l'évaluation et à la rééducation des troubles cognitifs, en collaboration avec l'orthophoniste et l'ergothérapeute.

Le psychologue peut également aider la personne handicapée à affronter ses difficultés existentielles. En pratique, les entretiens psychologiques sont fréquemment proposés dans les établissements de rééducation mais le suivi psychologique est rare en milieu extérieur.

1.3.3 Orthoprothésiste et le podo-orthésiste

Ces deux professions sont assez similaires. Le premier fabrique des orthèses et des prothèses, le second des chaussures thérapeutiques sur mesure et des semelles orthopédiques. Ce ne sont pas des auxiliaires médicaux, leurs études correspondent à un BTS. Ils travaillent sur prescription médicale avec entente préalable. Pour les prescripteurs privilégiés (spécialistes en Médecine Physique et Réadaptation, rhumatologues, chirurgiens orthopédistes), l'accord est uniquement administratif, pour les autres médecins, l'accord de la prescription passe par une consultation auprès du médecin de caisse, associé à un médecin du centre d'appareillage local. Les orthoprothésistes peuvent également vendre du petit appareillage, tout comme les pharmaciens. L'appareillage est fabriqué en France par une multitude de petites entreprises, quasiment artisanales, les plus grandes sociétés elles-mêmes organisées en plusieurs petites succursales, qui confient une partie de la réalisation des appareils à leurs maisons mères. Le développement de la conception assistée par ordinateur des appareils et le progrès des télétransmissions devraient entraîner, dans les années à venir, un changement de l'organisation de cette industrie.

1.3.4 Assistante sociale

Son activité est définie par un décret de 1993. Elle est salariée d'un hôpital, d'une mairie, de l'assurance maladie ou d'un organisme d'aide à l'insertion sociale et professionnelle. Elle participe à l'évaluation du contexte social, aide le patient pour résoudre ses problèmes sociaux et participe aux liens entre structures de soins et milieu ordinaire de vie. Une réadaptation réussie passe souvent par une excellente coordination entre le travail de l'assistante sociale et celui des thérapeutes, ce qui n'est pas toujours facile dans le cadre d'une prise en charge en milieu libéral.

Nous ne ferons que citer d'autres intervenants dans la rééducation et réadaptation de la personne handicapée : éducateur spécialisé, éducateur sportif, opticien, audioprothésiste.

Tableau 1 : Récapitulatif des modes d'exercices de divers professionnels de la rééducation

Profession	Statut/niveau	Mode de travail	Remboursement
Kinésithérapeute	Auxiliaire médical	Sur prescription médicale	Entente préalable, en fonction de la nomenclature des actes
Orthophoniste	Auxiliaire médical	Sur prescription médicale	Entente préalable, en fonction de la nomenclature des actes
Orthoptiste	Auxiliaire médical	Sur prescription médicale	Entente préalable, en fonction de la nomenclature des actes
Ergothérapeute	Auxiliaire médical	Sur prescription médicale	Pas de remboursement (pas de nomenclature)
Psychomotricien	Auxiliaire médical	Sur prescription médicale	Pas de remboursement (pas de nomenclature)
Pédicure podologue	Profession de santé	Sans prescription médicale	Pas de remboursement (pas de convention)
Neuro-psychologue	Diplôme universitaire	Sans prescription médicale	Pas de remboursement (pas de nomenclature)
Psychologue	Diplôme universitaire	Sans prescription médicale	Pas de remboursement (pas de nomenclature)
Orthoprothésiste	BTS, employé ou artisan	Sur prescription médicale	Entente préalable sur la base du TIPS
Podo-orthésiste	BTS, employé ou artisan	Sur prescription médicale	Entente préalable sur la base du TIPS

2 ORGANISATION DES SOINS

La conduite d'une rééducation fait souvent appel à un ou plusieurs des intervenants vus dans le paragraphe précédent qui travaillent dans des établissements spécialisés ou en milieu libéral. Le patient peut être orienté vers une prise en charge libérale ou vers un établissement de soins de suite. Cette décision est prise en fonction d'un bilan initial, qui comprend une évaluation des déficits et de leur retentissement fonctionnel, et de l'environnement du patient.

L'admission dans un établissement de soins de suite et réadaptation est justifiée :
- lorsque l'autonomie du patient est transitoirement incompatible avec le maintien en milieu ordinaire de vie ;
- lorsque l'état de santé justifie des soins médicaux et rééducatifs quotidiens prolongés et /ou multidisciplinaires.

Comme leur nom l'indique, la compétence des structures de soins de suite et réadaptation est double, d'une part assurer des soins, notamment de rééducation, d'autre part avoir une compétence très particulière dans les mesures de réadaptation. Le rôle du service social est donc essentiel.

Les patients nécessitant une rééducation relativement légère, mais dont l'état de santé ne permet pas un retour immédiat ou un maintien à domicile, relèvent d'une structure de soins de suite polyvalents.

Les patients qui relèvent d'une rééducation plus intense, d'au moins 2 heures par jour, ou qui nécessitent l'intervention régulière de trois professionnels différents, doivent être orientés vers un établissement de Médecine Physique et Réadaptation.

Le cas des services de soins de suite gériatriques mérite d'être évoqué. Officiellement, ils n'existent pas ; pourtant de nombreux services, autrefois appelés « moyen séjour » sont dirigés par des gériatres et se consacrent uniquement à la réadaptation du vieillard. Ce n'est pas tant l'âge officiel du patient qui doit faire choisir une telle structure, mais l'existence d'une polypathologie et/ou d'un déclin cognitif propre au vieillard.

Le retour ou le maintien en milieu ordinaire de vie sont à privilégier dans notre conception de la société. Diverses structures sont créées pour améliorer l'offre alternative à l'hospitalisation. Des associations locales orientées vers le maintien à domicile emploient des ergothérapeutes afin d'évaluer le handicap des personnes dans leur milieu habituel, de leur proposer des aides techniques et des moyens d'aménagement de leur lieu de vie. Il manque, hélas trop souvent, à ces structures la dimension médicale qui permet de faire la part entre les possibilités de progrès du patient et la nécessité de moyens palliatifs.

Des hôpitaux et certains centres de rééducation montent des équipes mobiles susceptibles d'évaluer et d'assurer un suivi du patient à domicile. Ces structures peuvent fonctionner comme de véritables services de soins à domicile. Certaines combinent l'intervention d'une équipe hospitalière facturée selon un prix de journée et une participation du monde libéral.

Lorsque le retour ou le maintien à domicile n'est pas possible, il faut orienter le patient vers une structure d'accueil.
Pour les plus de 60 ans, il existe toute une gamme de solutions : foyers logements, maisons de retraite, avec ou sans centre de cure médicale, établissements de long séjour. On peut trouver une solution à pratiquement toutes les situations.
Pour les moins de 60 ans, par contre, les foyers d'accueil pour handicapés, les maisons d'accueil spécialisé, les internats rattachés à un centre d'aide par le travail ne fournissent qu'un nombre de places très limité. Dans la plupart des régions, il faut plusieurs années d'attente pour entrer dans de tels foyers. C'est ce manque de structures d'aval qui est à l'origine d'un ralentissement global de la filière de soin avec engorgement des structures de soins de suite et réadaptation, et d'un allongement du temps d'hospitalisation dans les services de courts séjours. La solution à ce problème n'est plus médicale, elle est politique.

CONCLUSION

Voici tracé le décor et le profil des principaux acteurs de rééducation en France. Le praticien trouvera dans les chapitres suivants un guide pour qu'il puisse, lui aussi, jouer son rôle au sein du dispositif.

2 | Bilans en MPR

- La justification des traitements passe par leur évaluation. La médecine de rééducation n'échappe pas à cette règle. Les bilans en MPR se rapportent aux niveaux de la première version de la classification du handicap de l'OMS.
- *Le niveau lésionnel ou déficience* correspondant à la perte de substance ou à l'altération d'une structure ou fonction (psychologique, physiologique ou anatomique).
- *Le niveau fonctionnel ou incapacité* définissant une réduction partielle ou totale de la capacité à accomplir une activité d'une façon normale ou dans les limites considérées comme normales.
- *Le niveau situationnel ou handicap* décrivant une limitation ou interdiction d'accomplissement d'un rôle social normal (en rapport avec l'âge, le sexe, les facteurs sociaux et culturels).
- *La qualité de vie*, quatrième niveau, souvent ajouté, fait référence à la perception par le sujet de son handicap et des moyens de compensation dont il bénéficie, de ses lésions, de ses limites fonctionnelles, des situations de handicap.

Figure 1 : Première version de la classification du handicap de l'OMS

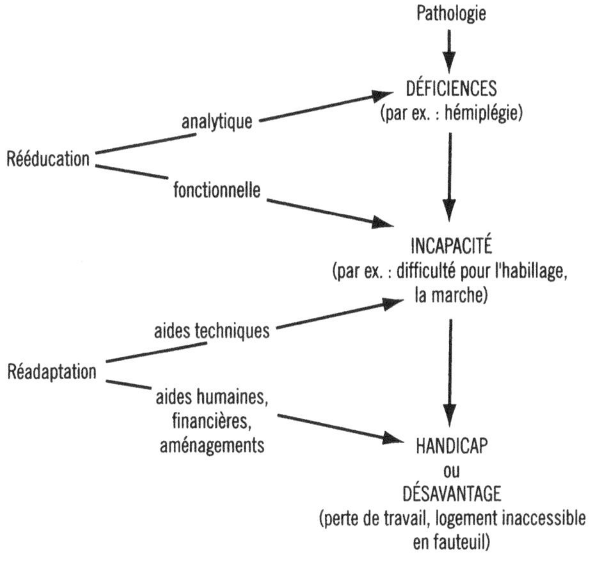

Une nouvelle version de cette classification (CIDIH 2 ou ICIDH 2 en anglais) a été élaborée et éditée en 2001. L'environnement du patient devient un paramètre incontournable d'appréciation et d'évaluation. Cette classification s'articule ainsi :

- *l'atteinte des fonctions et des structures corporelles :* déficiences et lésions ;
- *la réduction des activités et de la participation :* évaluation dans des environnements standards ou dans le milieu de vie ;
- *l'environnement du patient* doit également être pris en compte, en particulier son lieu de vie (domicile) et son entourage (notamment familial).

Les bilans sont nombreux et il faudrait plusieurs ouvrages pour en faire une présentation exhaustive. Sont ici présentées des méthodes d'évaluation dont la fiabilité et la sensibilité ont été validées (et dont l'application est compatible avec l'exercice habituel de la médecine générale) ainsi que les plus couramment utilisées en centre de rééducation.

1 BILANS ANALYTIQUES

Les bilans analytiques explorent le niveau lésionnel.

1.1 Évaluation de la douleur

1.1.1 Échelle analogique visuelle horizontale

Elle permet une évaluation fiable et reproductible de la douleur.

Figure 2 : Échelle analogique visuelle de la douleur. Elle est constituée d'un curseur qu'on déplace sur un axe entre deux valeurs extrêmes : absence de douleur et douleur maximale.

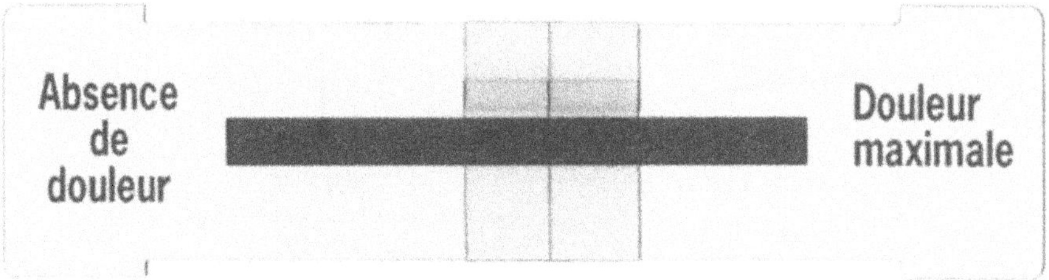

1.1.2 Qualificatifs de la douleur

Cette douleur peut également être verbalisée et identifiée grâce à des qualificatifs qui permettent de la décrire.

Tableau 2 : Qualificatifs de la douleur

Pour préciser le type de douleur que vous ressentez habituellement (depuis les 8 derniers jours), répondez en mettant une croix pour la réponse correcte.

	0 absent non	**1 faible un peu**	**2 modéré modérément**	**3 fort beaucoup**	**4 extrêmement fort extrêmement**
Élancements					
Pénétrante					
Décharges électriques					
Coups de poignard					
En étau					
Tiraillement					
Brûlure					
Fourmillements					
Lourdeur					
Épuisante					
Angoissante					
Obsédante					
Insupportable					
Énervante					
Exaspérante					
Déprimante					

1.2 Bilan articulaire périphérique

L'évaluation des amplitudes articulaires est réalisée de façon passive, c'est-à-dire après mobilisation articulaire maximale par l'examinateur sans participation du patient. Elles sont mesurées grâce à un goniomètre (appareil de mesure de l'angle en degrés). La position de référence ou position 0 est définie par l'attitude du corps en position debout, les membres inférieurs joints et tendus, les membres supérieurs plaqués au corps, paumes vers les cuisses, pouces vers l'avant. Les valeurs normales sont détaillées dans le tableau ci-joint.

Tableau 3 : Amplitudes articulaires physiologiques

ÉPAULE	
Antépulsion	150-170°
Rétropulsion	40
Rotation interne	
Bras le long du corps	100
Bras en abduction à 90°	70
Rotation externe	
Bras le long du corps	40-60
Bras en abduction à 90°	70
Abduction	180
Adduction	20-40
COUDE	
Flexion	150
Extension	5-10
Pronation	80-90
Supination	80-90
POIGNET	
Flexion palmaire	50-60
Extension dorsale	35-60
Inclinaison radiale	25-30
Inclinaison cubitale	30-40
HANCHE	
Flexion	130-140
Extension	10
Rotation interne	45
Rotation externe	45
Abduction	30-45
Adduction	20-30
GENOU	
Flexion	120-150
Extension	5-10
CHEVILLE	
Flexion dorsale	20-30
Flexion plantaire	40-50

1.3 Bilan rachidien

L'examen rachidien comporte un temps statique et un temps dynamique.

1.3.1 Examen statique

Il recherche :

Dans le plan frontal

- La présence d'une *scoliose*, détaillée selon son étendue (lombaire, dorso-lombaire,...), la vertèbre-sommet de la courbure, le sens de la convexité (convexité droite ou gauche) et par la mesure centimétrique de la gibbosité sujet penché en avant.
- Une *inégalité des membres inférieurs* correspondant à la mesure centimétrique de la bascule du bassin en position debout ou de la différence de longueur des membres (mesure de longueur prise entre deux repères, EIAS-talon par exemple) (valeur physiologique : 1 à 2 centimètres).

Dans le plan sagittal, l'accentuation ou la diminution d'une *cyphose* thoracique, *lordose* cervicale ou lombaire par la mesure centimétrique de la distance entre le plan vertical (mur ou fil à plomb) et le sommet de la courbure sagittale (valeur physiologique : 5 cm).

1.3.2 Examen dynamique

Il est composé d'une estimation de :

- La mobilité du tronc (flexibilité rachidienne et souplesse musculaire des chaînes postérieures de membres inférieurs) donnée par la distance doigts-sol (valeur physiologique : 0 cm).
- L'indice de Schöber, évaluant la flexibilité rachidienne, qui prend pour référence la ligne horizontale joignant les épines iliaques postéro-supérieures et pour repères, sur un sujet debout, deux points fixés l'un à 5 cm en dessous de cette ligne horizontale, l'autre à 10 cm au dessus. L'écartement de ces deux points est mesuré lors d'une flexion maximale du tronc (valeur physiologique : 5 cm).

1.4 Bilan moteur et musculaire

Le bilan de la motricité est réalisé grâce au testing musculaire. Initialement conçu pour la pathologie neurologique périphérique, ce testing a peu de valeur lorsqu'existent une spasticité gênante ou une douleur sidérante. La cotation est donnée selon ce barème :

Tableau 4 : Barème du testing musculaire

TESTING MUSCULAIRE
0 : aucune contraction musculaire visible 1 : contraction musculaire sans mouvement 2 : mouvement dans toute l'amplitude sans pesanteur 3 : mouvement dans toute l'amplitude contre pesanteur 4 : mouvement contre résistance faible 5 : force musculaire normale

La même cotation peut être employée en cas de pathologie centrale, mais plutôt que l'action d'un muscle précis, on cote la force développée lors d'un mouvement (flexion de coude, extension de genou...).
Le testing musculaire n'est en fait qu'une échelle qualitative. Pour obtenir une évaluation quantitative de la force, on peut utiliser un dynamomètre manuel, qui, tenu par l'examinateur, mesure la force développée par le malade contre une résistance manuelle.
L'évaluation sur dynamomètre isocinétique n'est disponible qu'en centre de rééducation ou dans certains laboratoires de physiologie et de médecine du sport. Elle donne une courbe de la force en fonction de la position angulaire de l'articulation.

1.5 Bilan de la spasticité

La spasticité est la conséquence d'une lésion du faisceau pyramidal. En pratique clinique, elle associe une hypertonie musculaire élastique, une libération des réflexes cutanés (signe de Babinski par exemple), une vivacité excessive des réflexes ostéo-tendineux, et des syncinésies (contractions musculaires involontaires survenant lors d'un mouvement volontaire, à distance de la zone à mobiliser). Deux échelles sont couramment utilisées pour évaluer la spasticité.
La première, ***le score d'Ashworth***, est une appréciation objective par un examinateur de l'hypertonie musculaire, groupe musculaire par groupe musculaire.

Tableau 5 : Barème du score d'Ashworth modifié

Score d'Ashworth modifié
0 : tonus musculaire normal 1 : légère hypertonie avec « sensation d'accrochage » quand l'articulation est mobilisée 2 : hypertonie marquée mais le segment affecté est facilement fléchi 3 : hypertonie considérable, le mouvement passif est difficile 4 : hypertonie majeure, le segment est totalement rigide, le mouvement passif est impossible

La seconde, ***l'échelle de Penn***, est une estimation, par questionnaire, de la fréquence des spasmes hypertoniques des membres ou du tronc.

Tableau 6 : Barème de l'échelle de Penn

Échelle de Penn
0 : aucun spasme 1 : spasmes provoqués uniquement 2 : spasmes spontanés survenant moins d'une fois par heure 3 : spasmes survenant plus d'une fois par heure mais moins de 10 fois par heure 4 : spasmes spontanés survenant plus de 10 fois par heure

1.6 Bilan sensitif

En pratique courante, la sensibilité superficielle est évaluée par le test du pic-touche ou par l'évaluation de la discrimination spatiale (distinction de deux points distincts d'un écart minimum mesuré par le compas de Weber). Le test aux monofilaments est également utilisé. L'examen de la sensibilité profonde explore la sensibilité vibratoire par diapason (pallesthésie) et la sensibilité à la position des membres (statesthésie) ou à la mobilisation des articulations (arthrokinésie). Il n'existe aucune échelle d'évaluation clinique précise, reproductible et facilement utilisable pour l'estimation de la sensibilité.

1.7 Bilan vésico-sphinctérien

La recherche des troubles vésico-sphinctériens passe bien évidemment par un interrogatoire précis et détaillé sur la présence et l'importance des fuites urinaires ou fécales, d'impériosités, de pollakiurie, de dysurie, la notion de sensation de besoin et de sensibilité au passage de l'urine ou des selles ou de rétention vésicale ou rectale.
Les données de cet interrogatoire peuvent être utilement complétées par la tenue d'un calendrier mictionnel sur plusieurs jours voire plusieurs semaines mentionnant la présence d'un besoin ou non, de fuites, le volume uriné et éventuellement le résultat d'un sondage évacuateur post-mictionnel. Il est également important de connaître la quantité de boissons absorbées.
L'examen périnéal comprend ensuite l'évaluation de la sensibilité épicritique et thermo-algique de la zone péri-anale, de la réflectivité des dernières racines sacrées par la mise en évidence du réflexe bulbo-caverneux ou clitoridien (une pression appliquée sur le gland ou le clitoris provoque la contraction des muscles périnéaux) correspondant à la racine S2 ou du réflexe anal (la piqûre de la marge anale est suivie d'une contraction réflexe de l'anus) pour les métamères S3-S4. Le toucher rectal permet d'apprécier le tonus anal au repos et la motricité anale par l'évaluation de la contraction anale volontaire.
Le poids des protections est une méthode d'évaluation quantitative de l'incontinence.
Ce bilan vésico-sphinctérien clinique peut-être complété par un bilan urodynamique réalisé par un spécialiste.

1.8 Bilan du langage

1.8.1 Compréhension orale

Elle est évaluée au cours de tests tels que la désignation d'objets, l'exécution d'ordres simples puis complexes (3 papiers) ou la résolution de problèmes de raisonnement logique et de calcul. L'évaluation de l'expression orale comprend la récitation de séries automatiques (chiffres, jours de semaine,...), la répétition de mots courants puis d'articulation difficile, de phrases courtes et concrètes puis longues et abstraites ou la dénomination d'objets et d'images.

1.8.2 Compréhension écrite

Elle peut être appréciée au cours d'une lecture à voix haute ou de la désignation de lettres et mots écrits et l'expression écrite peut être évaluée par des tests d'écriture spontanée (nom et prénom), la copie et la dictée de mots et phrases, après vérification de l'absence d'apraxie constructive.

Des échelles d'évaluation plus élaborées et plus exhaustives sont utilisées par les orthophonistes.

1.9 Bilan de la vigilance

La vigilance est classiquement évaluée par l'échelle de coma de Glasgow, qui analyse successivement l'ouverture des yeux, la motricité et l'expression orale.

Document 1 : Échelle de coma de Glasgow (Glasgow coma scale)

Ouverture des yeux	
Aucune	1
À la douleur	2
Sur ordre	3
Spontanée	4
Réponse motrice	
Aucune	1
Réactivité en extension, décérébration	2
Flexion anormale stéréotypée, décortication	3
Réaction d'évitement	4
Orientée vers le stimulus	5
Sur ordre	6
Réponse orale	
Aucune	1
Incompréhensible, grognements	2
Inappropriée, intelligible mais pas de phrase simple	3
Confuse	4
Orientée dans le temps et l'espace	5
TOTAL sur 15 points	
Score de 8 à 13 : somnolence, confusion, stupeur	
Score de 3 à 7 : coma	

1.10 Bilan des fonctions supérieures

L'évaluation des fonctions supérieures est complexe. Elle est réalisée en général par des neuropsychologues et par quelques orthophonistes spécialisés. Une des échelles les plus connues est ***l'échelle d'intelligence WAIS-R*** encore appelée ***QI ou Quotient d'Intelligence***.
Il s'agit d'un test global, standardisé et reproductible comprenant 11 épreuves réparties en 2 échelles : échelle verbale (6 épreuves) et échelle performance (5 épreuves). Les résultats sont étalonnés en fonction de l'âge et sont donnés sous la forme de ***Quotient Intellectuel Verbal***, ***Quotient Intellectuel Performance*** et ***QI total***. Cette échelle a cependant pour gros inconvénient son temps de passation (plus d'une heure trente pour les sujets les plus doués) et l'utilisation d'un matériel spécifique.
Certains tests permettent d'apprécier de manière rapide et simple les fonctions supérieures et peuvent être exécutés par le médecin. Le ***Mini Mental State*** ou MMS (document 2) est le plus courant et le plus facile à employer. Il comporte des questions portant sur l'orientation, la mémoire, l'attention, le langage, les praxies ou le calcul mental.
De multiples échelles et scores existent pour l'évaluation de troubles neuropsychologiques particuliers tels que l'héminégligence par le test des cloches (le patient doit repérer plusieurs dessins de cloches sur une feuille format A4 au sein de multiples autres dessins répartis sur la totalité de la page), les troubles praxiques par la réalisation de dessins spontanés ou sans modèle sur consigne verbale, la copie de figures complexes (figure de Rey), la reproduction de modèles tridimensionnels (cubes) ou la construction en 3 dimensions.

Document 2 : Mini Mental State

Nous allons vous poser quelques questions pour apprécier comment fonctionne votre mémoire. Les unes sont très simples, les autres un peu moins. Vous devez répondre du mieux que vous pouvez.

Accorder 10 secondes pour chaque réponse. Compter un point pour chaque réponse exacte. Accepter la réponse exacte seulement.

Orientation

Temps :

En quelle année sommes-nous ?......1

En quelle saison ?......1

En quel mois ?......1

Quel jour du mois ?......1

Quel jour de la semaine ?......1

Espace :

Dans quelle ville sommes-nous ?......1

Si le patient ne donne pas la réponse correcte, lui donner.

Quel est le nom du département dans lequel est située cette ville ?......1

Le numéro du département n'est pas admis.

Dans quelle province (ou région administrative) est situé ce département ?......1

Si le patient n'a pas donné le nom du département, lui demander dans quelle province est située cette ville. Par exemple, pour Paris, la région parisienne n'est pas admise.

Quel est le nom de l'hôpital (ou cabinet du médecin) où nous sommes ?......1

À quel étage sommes-nous ?......1

Si rez-de-chaussée, accepter « il n'y a pas d'étage », mais non « le premier étage ».

Apprentissage

Donner les mots suivants à 1 seconde d'intervalle en les prononçant à voix haute, face au malade, en articulant bien.

Compter un point pour chaque mot répété correctement au premier essai.

Accorder 20 secondes pour la réponse. Si le sujet ne répète pas les 3 mots au premier essai, les redonner jusqu'à ce qu'ils soient appris (maximum 5 essais).

Je vais vous donner 3 mots ; je voudrais que vous me les répétiez et que vous essayez de les retenir car je vous les redemanderai tout à l'heure.

CIGARE, FLEUR, PORTE......3

Attention et calcul

Il est permis de simplifier la consigne (par exemple, 100 moins 7, combien cela fait-il ?), de rappeler chaque soustraction si le patient perd la consigne et de signaler son erreur et de le laisser corriger. Il n'est pas permis d'indiquer si la réponse est trop forte ou trop faible.

S'arrêter après 3 erreurs. Accorder 10 secondes par réponse. Compter 1 point par soustraction exacte.

Voulez-vous compter à partir de 100 en retirant 7 à chaque fois ?

93, 86, 79, 72, 65......5

Si le sujet n'obtient pas le maximum de points, lui demander d'épeler le mot monde à l'envers. Noter le nombre de lettres données dans l'ordre correct. Ce total ne doit pas figurer dans le score global.

Voulez-vous m'épeler le mot MONDE, à l'envers, en commençant par la dernière lettre ?
..........0

Rappel

Accorder 10 secondes pour répondre. Compter un point par réponse correcte.
Quels étaient les 3 mots que je vous ai demandé de répéter et de retenir tout à l'heure ?..........3

Langage et praxies constructives

Accorder 10 secondes pour répondre. Compter un point par réponse correcte.
Montrer un stylo. *Quel est le nom de cet objet ?*..........1
(stylo ou stylo bille, crayon n'est pas admis)
Montrer votre montre. *Quel est le nom de cet objet ?*..........1
(montre ou montre-bracelet, horloge n'est pas admis)
Faire répéter une phrase. La prononcer à voix haute, lentement, face au malade, en articulant distinctement.
Compter un point si la répétition est entièrement correcte. Compter 0 à la moindre erreur.
La consigne ne doit pas être répétée même si le malade prétend ne pas avoir entendu la fin.
Répétez la phrase que je vais vous dire : PAS DE MAIS, DE SI, NI DE ET..........1
Faire exécuter un ordre écrit. Compter un point seulement si le sujet ferme les yeux.
Permettre 10 secondes.
Tendre au sujet une feuille de papier avec, marqué en gros caractères : « FERMEZ LES YEUX ».
Lisez ce papier et faites ce qui est marqué..........1
Faire exécuter un ordre triple. Compter un point par item exactement exécuté, maximum 3.
Si le sujet s'arrête et demande ce qu'il doit faire, répondre : « ce que je vous ai dit de faire ».
Tendre au sujet une feuille de papier en lui disant : *Prenez ce papier dans la main droite, pliez-le en deux (avec les deux mains) et jetez-le par terre*..........3
Tendre au sujet une feuille de papier blanc et un stylo. Lui demander d'écrire une phrase. Compter 1 point si la phrase comporte un sujet, un verbe, un complément sans tenir compte des fautes d'orthographe ou de syntaxe. Si le sujet n'écrit pas une phrase complète, lui demander : est-ce une phrase ? et lui permettre de corriger s'il est conscient de son erreur. Permettre 30 secondes.
Voulez-vous m'écrire une phrase, ce que vous voulez, mais une phrase entière..........1

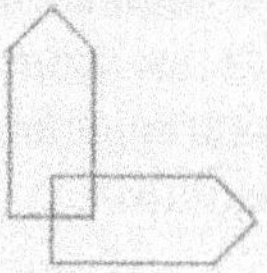

Lui montrer ou bien dessiner sur la même feuille de papier le modèle d'un dessin constitué de 2 pentagones se coupant sur 2 côtés. Lui faire recopier. Permettre plusieurs essais. Maximum de temps : 1 minute.
Compter 1 point seulement si la copie comporte tous les angles de chaque figure et si les figures se coupent sur 2 côtés différents.
Lui demander : *Voulez-vous recopier mon dessin ?*..........1

Chaque question est notée 0 ou 1 (1 si bonne réponse). Total sur 30 points.
La limite inférieure de la normale est de 24 pour les niveaux culturels moyens ou supérieurs, 22 pour les niveaux culturels inférieurs.
La détérioration intellectuelle est étiquetée légère si le score global reste supérieur ou égal à 15, modérée entre 15 et 5, sévère en dessous de 5.

2 BILAN FONCTIONNEL

Le bilan fonctionnel ou évaluation des incapacités s'applique à la plupart des problèmes pathologiques quel que soit leur diagnostic ou leur étiologie et peut aisément se chiffrer.

Deux types de capacités fonctionnelles sont individualisables : les ***Activités de la Vie quotidienne*** reflétant les fonctions essentielles de survie biologique telles que se laver, s'habiller, se déplacer, se nourrir, aller aux WC ou contrôler ses sphincters et les ***Activités Instrumentales de la Vie quotidienne*** correspondant aux activités que l'individu doit être capable de réaliser pour rester à domicile dans notre civilisation telles qu'utiliser le téléphone, faire les courses, préparer les repas, entretenir la maison, faire la lessive, utiliser des moyens de transports, prendre ses médicaments ou tenir son budget.

Ces échelles d'évaluation fonctionnelle sont très nombreuses. Certaines sont générales et s'adressent à tout type de population. Elles permettent d'apprécier la réalisation des activités quotidiennes les plus courantes telles que la toilette, l'habillage, la prise du repas, la locomotion, les transferts... et pour quelques-unes les capacités de communication ou de mémorisation. Les plus employées sont ***l'indice de Barthel*** et la ***Mesure d'Indépendance Fonctionnelle.***

D'autres échelles ont été élaborées pour des pathologies spécifiques et se limitent aux activités les plus difficiles à réaliser par la population concernée (***score Efeil*** pour l'évaluation des sujets lombalgiques, ***indice fonctionnel de Lee*** pour la polyarthrite rhumatoïde, ***indice de Lequesne*** pour la coxarthrose...).

2.1 Indice de Barthel

L'indice de Barthel est simple et rapide. Il est utilisé pour les affections neurologiques (hémiplégie surtout). Le score s'étend de 0 à 100, un score élevé correspondant à un bon niveau fonctionnel. Il a pour inconvénient de ne pas tenir compte des capacités cognitives et de la fonction thymique.

Document 3 : Indice de Barthel

Alimentation

Indépendant (capable de se servir des couverts, mange en un temps raisonnable)..10

A besoin d'aide (par exemple pour couper les aliments)..........5

Bain

Prend un bain sans aide..........5

Toilette personnelle

Lave son visage, peigne ses cheveux, se brosse les dents, se rase..........5

Habillement
Indépendant (noue ses lacets de chaussures, attache ses agrafes, met ses bretelles)....................10
A besoin d'aide (mais fait au moins la moitié du travail en un temps raisonnable)...5
Contrôle intestinal
Pas de problème (capable d'utiliser les lavements ou suppositoires si nécessaire)..10
Problèmes occasionnels (et a besoin d'aide pour les lavements ou suppositoires)....5
Contrôle vésical
Pas de problème (capable le cas échéant de prendre soin du matériel de recueil des urines)....................10
Problèmes occasionnels (et a besoin d'aide pour l'utilisation du matériel de recueil)....................5
Transfert aux toilettes
Indépendant pour aller aux toilettes ou se servir du bassin (tient ses vêtements, s'essuie, tire la chasse ou nettoie le bassin)....................10
A besoin d'aide (pour l'équilibre, pour tenir ses vêtements ou le papier hygiénique)..5
Transfert au lit et à la chaise
Indépendant (y compris pour bloquer le fauteuil roulant et abattre le marche-pied)..15
A besoin d'une aide minime (ou d'une simple surveillance)....................10
Capable de s'asseoir (mais a besoin d'une aide maximale pour le transfert)..............5
Marche
Indépendant sur 50 mètres (peut utiliser des cannes mais ne se sert pas de matériel roulant)....................15
Fait 50 mètres avec aide....................10
Indépendant avec un fauteuil roulant sur 50 mètres (seulement si incapable de marcher) 5
Montée d'un escalier
Indépendant (peut utiliser des cannes)....................10
A besoin d'aide (ou d'une simple surveillance)....................5

TOTAL sur 100 points

2.2 Mesure d'Indépendance Fonctionnelle (MIF)

La MIF est d'origine américaine mais elle a été depuis longtemps déjà validée en langue française. C'est une des échelles les plus employées dans les services de rééducation. Elle comporte 18 items répartis en six rubriques et cotés de 1 à 7, pour un score total de 18 à 126. Une valeur élevée du score total correspond à un bon niveau fonctionnel. Ce test est pourvu d'une bonne valeur prédictive pour le suivi des états d'incapacité, l'appréciation d'une charge de travail ou les besoins de rééducation et de réadaptation. La MIF doit être complétée par d'autres échelles chez les traumatisés crâniens graves et les tétraplégiques (sensibilité insuffisante pour suivre l'évolution). Une version adaptée existe pour l'évaluation des enfants de 6 mois à 7 ans (MIF-Môme).

Document 4 : Mesure d'indépendance fonctionnelle

COTATION	ÉCHELLE
Sans aide	**Soins personnels**
7 – indépendance complète (appropriée aux circonstances et sans danger)	1. Alimentation 2. Soins de l'apparence
6 – indépendance modifiée (appareil)	3. Toilette
Avec aide	4. Habillage partie supérieure
5 – surveillance	5. Habillage partie inférieure
4 – aide minimale (autonomie ≥ 75 %)	6. Utilisation des toilettes
3 – aide moyenne (autonomie ≥ 50 %)	**Contrôle des sphincters**
2 – aide maximale (autonomie ≥ 25 %)	7. Vessie
1 – aide totale (autonomie ≥ 0 %)	8. Intestins
	Mobilité-transferts
	9. Lit – chaise – fauteuil roulant
	10. WC
	11. Baignoire – douche
	Locomotion
	12. Marche, fauteuil roulant
	13. Escaliers
	Communication
	14. Compréhension
	15. Expression
	Conscience du monde extérieur
	16. Interaction sociale
	17. Résolution des problèmes de la vie quotidienne
TOTAL sur 126 points	18. Mémoire

3 BILAN DU HANDICAP

Le handicap représente la répercussion sociale et environnementale des déficiences et incapacités. Les échelles d'évaluation sont en général globales et applicables à toutes les pathologies. ***L'Index de Réintégration à la Vie Normale*** (RNLI) en fait partie. Il s'agit d'un auto-questionnaire composé de 11 items cotés par échelle visuelle analogique sur 10 cm. Le score total est sur 110, un score élevé correspondant à un handicap faible.

Document 5 : Index de Réintégration à la Vie Normale

1. Je me déplace autant que je le veux dans mon logement (chaises roulantes, autres appareils ou ressources peuvent être utilisés).
2. Je me déplace autant que je le veux dans ma communauté (chaises roulantes, autres appareils ou ressources peuvent être utilisés).
3. Je suis apte à voyager à l'extérieur de la ville autant que je le désire (chaises roulantes, autres appareils ou ressources peuvent être utilisés).
4. Je suis satisfait de la façon avec laquelle mes soins personnels (s'habiller, s'alimenter, se laver, aller aux toilettes) sont accomplis (équipement adapté, aide ou surveillance peuvent être utilisés).
5. La plupart de mes journées sont consacrées à une activité ou à un travail qui m'est nécessaire ou important (travail peut être un emploi, un travail domestique, du bénévolat, des études) (équipement adapté, aide ou surveillance peuvent être utilisés).
6. Je participe aux activités récréatives (passe-temps, sports, artisanat, lectures, télévision, jeux, ordinateur, etc.) selon ma volonté (équipement adapté, aide ou surveillance peuvent être utilisés).
7. Je participe aux activités sociales avec de la famille, des amis ou des relations/amis de travail autant que je le veux (équipement adapté, aide ou surveillance peuvent être utilisés).
8. Dans le milieu familial, je tiens un rôle qui remplit mes besoins et les besoins des membres de ma famille (famille se rapporte aux personnes avec qui vous habitez ou de la parenté avec qui vous n'habitez pas mais que vous voyez de façon régulière).
9. En général, je me sens à l'aise dans mes relations personnelles.
11. En général, je me sens à mon aise quand je suis en compagnie des autres.
12. Je sens que je peux faire face aux épreuves de la vie quand elles surviennent.

L'échelle de Frenchay permet d'apprécier la participation du patient aux activités élaborées.

Document 6 : Échelle de Frenchay (Frenchay Activities Index)

COTATION	ACTIVITÉS
Items 1 et 2	1. Préparation repas
0 : jamais	2. Vaisselle
1 : < 1 fois par semaine	3. Lessive
2 : 1 à 2 fois par semaine	4. Travaux domestiques légers
3 : la plupart des jours	5. Travaux domestiques lourds
Items 3, 4, 5, 6, 7, 8, 9 et 10	6. Shopping local
0 : jamais	7. Visites et sorties sociales
1 : 1 à 2 fois par mois	8. Promenades > 15 minutes
2 : 3 à 12 fois par mois	9. Hobby actif
3 : > 1 fois par semaine	10. Conduite auto, bus, métro
Item 11	11. Sorties en voiture, voyages
0 : jamais	12. Jardinage
1 : 1 à 2 fois par mois	13. Entretien maison
2 : 3 à 12 fois tous les 6 mois	14. Lecture de livres
3 : > 1 fois par semaine	15. Travail rémunéré
Items 12 et 13	
0 : non	
1 : léger	
2 : modéré	
3 : tout ce qu'il est nécessaire de faire	
Item 14	
0 : non	
1 : 1 fois tous les 6mois	
2 : < 1 fois par nuit	
3 : > 1 fois par nuit	
Item 15	
0 : non	
1 : >10 h par semaine	
2 : 10-30 h par semaine	
3 : >30 h par semaine	
TOTAL sur 45 points	

4 BILAN DE LA QUALITÉ DE VIE

Il s'agit de l'évaluation subjective du vécu personnel du sujet c'est-à-dire du retentissement physique, psychique et social de la maladie en explorant la façon dont la personne se perçoit elle-même. L'interprétation de ce type d'échelles est extrêmement différente selon la culture et la langue du pays dans lequel elles ont été élaborées. Aussi utilise-t-on des échelles génériques qui s'appliquent alors à toutes les pathologies. Parmi les nombreux tests existants, nous avons retenu l'***Indicateur de Santé Perceptuelle de Nottingham (ISPN)*** qui est un auto-questionnaire rapide et facile à utiliser.

Document 7 : l'Indicateur de Santé Perceptuelle de Nottingham

La liste ci-dessous évoque quelques problèmes rencontrés par beaucoup de personnes dans leur vie quotidienne. Lisez attentivement cette liste et cochez la réponse « OUI » ou « NON » selon votre état actuel. Veuillez répondre à toutes les questions même si elles ne vous semblent pas très adaptées à votre cas. Si vous hésitez, cochez ce qui correspond le mieux à votre état aujourd'hui.		
Est-ce que votre état de santé actuel vous pose des problèmes pour votre :		
Activité professionnelle (emploi rémunéré)	OUI	NON
Activité domestique (ex : nettoyage, cuisine, tâches courantes)	OUI	NON
Vie sociale (ex : sorties, rencontres, aller au café)	OUI	NON
Vie familiale (relation avec les autres membres du foyer)	OUI	NON
Vie sexuelle	OUI	NON
Passe-temps et hobbies (ex : sports, arts, artisanat, bricolage)	OUI	NON
Vacances (ex : hiver, été, sorties de week-end)	OUI	NON
Répondez à chaque affirmation par oui ou par non.		
1. Je me sens tout le temps fatigué	OUI	NON
2. J'ai des douleurs la nuit	OUI	NON
3. Je suis de plus en plus découragé	OUI	NON
4. J'ai des douleurs insupportables	OUI	NON
5. Je prends des médicaments pour dormir	OUI	NON
6. Je me rends compte que plus rien ne me fait plaisir	OUI	NON
7. Je me sens nerveux, tendu	OUI	NON
8. J'ai des douleurs quand je change de position	OUI	NON
9. Je me sens seul	OUI	NON
10. Pour marcher, je suis limité à l'intérieur (de mon domicile, du bâtiment,...)	OUI	NON
11. J'ai des difficultés à me pencher en avant (pour lacer mes chaussures, ramasser un objet,...)	OUI	NON
12. Tout me demande un effort	OUI	NON
13. Je me réveille tôt le matin et j'ai du mal à me rendormir	OUI	NON
14. Je suis totalement incapable de marcher	OUI	NON

➜

15. J'ai des difficultés à entrer en contact avec les autres	OUI	NON
16. Je trouve que les journées sont interminables	OUI	NON
17. J'ai du mal à monter ou à descendre les escaliers ou les marches	OUI	NON
18. J'ai du mal à tendre le bras (pour attraper les objets)	OUI	NON
19. Je souffre quand je marche	OUI	NON
20. Je me mets facilement en colère ces temps-ci	OUI	NON
21. J'ai l'impression de n'avoir personne de proche à qui parler	OUI	NON
22. Je reste éveillé une grande partie de la nuit	OUI	NON
23. J'ai du mal à faire face aux événements	OUI	NON
24. J'ai des douleurs quand je suis debout	OUI	NON
25. J'ai des difficultés à m'habiller ou à me déshabiller	OUI	NON
26. Je me fatigue vite	OUI	NON
27. J'ai des difficultés à rester longtemps debout	OUI	NON
28. J'ai des douleurs en permanence	OUI	NON
29. Je mets beaucoup de temps à m'endormir	OUI	NON
30. J'ai l'impression d'être une charge pour les autres	OUI	NON
31. J'ai des soucis qui m'empêchent de dormir	OUI	NON
32. Je trouve que la vie ne vaut pas la peine d'être vécue	OUI	NON
33. Je dors mal la nuit	OUI	NON
34. J'ai des difficultés à m'entendre avec les autres	OUI	NON
35. J'ai besoin d'aide pour marcher dehors (une canne, quelqu'un pour me soutenir)	OUI	NON
36. J'ai des douleurs en montant ou en descendant les escaliers ou les marches	OUI	NON
37. Je me réveille déprimé le matin	OUI	NON
38. Je souffre quand je suis assis	OUI	NON
Mode de calcul : Chaque réponse aux questions (seules les réponses OUI sont comptées) est pondérée par un coefficient. Ces items sont ensuite regroupés par « dimension ».		

1 : 39,00	8 : 9,69	15 : 18,59	22 : 22,86	30 : 24,59
2 : 12,73	9 : 20,43	16 : 8,91	23 : 12,42	31 : 10,55
3 : 12,13	10 : 13,82	17 : 11,44	24 : 10,36	32 : 15,49
4 : 17,66	11 : 9,69	18 : 8,51	25 : 12,02	33 : 20,36
5 : 26,33	12 : 34,48	19 : 11,40	26 : 26,54	34 : 16,36
6 : 13,24	13 : 13,94	20 : 7,58	27 : 11,46	35 : 13,71
7 : 8,87	14 : 19,28	21 : 20,03	28 : 18,14	36 : 10,44
			29 : 16,50	37 : 10,83
				38 : 9,58

Dimension Physique : Questions 10 + 11+ 14 + 17 + 18 + 25 + 27 + 35 =
Dimension Isolement Social : Questions 9 + 15 + 21 + 30 + 34 =
Dimension Réactions Emotionnelles : Questions 3 + 6 + 7 + 16 + 20 + 23 + 31 + 32 + 37 =
Dimension Douleur : Questions 2 + 4 + 8 + 19 + 24 + 28 + 36 + 38 =
Dimension Sommeil : Questions 5 + 13 + 22 + 29 + 33 =
Dimension Energie : Questions 1 + 12 + 26 =

Les échelles spécifiques sont multiples et en général plus sensibles car elles ne concernent qu'une pathologie. Elles ne sont pas détaillées dans cet ouvrage.

CONCLUSION

Ce chapitre non exhaustif des bilans en médecine physique et de réadaptation montre l'importance des évaluations dans cette discipline. En effet, la rééducation ne peut se justifier sans objectif précis à atteindre et sans méthode d'appréciation des progrès réalisés.

DEUXIÈME PARTIE

Prescription courante en médecine générale

3 Kinésithérapie

Le décret de compétence du masseur kinésithérapeute stipule que « la kinésithérapie consiste en des actes réalisés de façon manuelle ou instrumentale, notamment à des fins de rééducation qui ont pour but :
- de prévenir les altérations fonctionnelles,
- de concourir à leur maintien,
- de les rétablir ou d'y suppléer lorsqu'elles sont altérées. »

1 COMMENT PRESCRIRE

Le Journal Officiel du 5 octobre 2000 a modifié les règles de prescription et de réalisation de la kinésithérapie. Cet auxiliaire médical a maintenant plus d'autonomie dans la conduite de la rééducation, en contrepartie, il a l'obligation de rendre des comptes sur son action thérapeutique au médecin prescripteur.
Le médecin, quant à lui, a deux objectifs lors de sa prescription :
- Éviter les problèmes administratifs susceptibles d'entraîner un refus de prise en charge ou de retarder la mise en route du traitement,
- Jouer pleinement son rôle de thérapeute.

1.1 Aspects réglementaires de la prescription de kinésithérapie

1.1.1 Ordonnance

Le médecin rédige une prescription écrite de kinésithérapie mentionnant l'indication médicale de l'intervention du kinésithérapeute. Le médecin n'est plus tenu de préciser le nombre de séances, mais s'il souhaite le faire sa prescription s'impose au kinésithérapeute.
Les actes de rééducation sont soumis à la procédure de demande d'entente préalable. Le kinésithérapeute effectue, par formulaire spécial, cette demande auprès des organismes sociaux dont dépend le patient et y joint copie de la prescription. L'absence de réponse de la CPAM 10 jours après l'envoi de la demande équivaut à un accord de prise en charge.
En cas d'urgence justifiée par l'état du patient ou en cas d'actes répétés, le traitement kinésithérapique peut débuter avant le délai imparti. Le médecin est alors tenu de préciser ce degré d'urgence sur sa prescription.
Le médecin doit également indiquer sur son ordonnance si les actes doivent être faits à domicile ou s'ils nécessitent un transport.

Enfin, lorsque le traitement prescrit est lié à une intervention chirurgicale dont la cotation est supérieure à K50, ou à un accident de travail, il faut le préciser.

1.1.2 Bilan-diagnostic kinésithérapique

Le kinésithérapeute doit adresser au médecin prescripteur et au médecin conseil de la CPAM une fiche synthétique d'évaluation du patient (bilan-diagnostic kinésithérapique) de manière régulière. Cette *fiche d'évaluation* doit être :

- établie à la première prescription dès que le nombre de séances réalisées est supérieur ou égal à 10,
- renouvelée toutes les 20 séances,
- renouvelée toutes les 50 séances s'il s'agit du traitement de rééducation des conséquences des affections neurologiques et musculaires (en dehors des atteintes neurologiques périphériques radiculaires ou tronculaires).

Lorsque le nombre de séances préconisé par le kinésithérapeute ou demandé par le médecin est inférieur à 10, l'information du médecin prescripteur peut se limiter à une copie de la demande d'entente préalable.
La fiche d'évaluation initiale expose :

- l'état dans lequel se trouve le patient en hiérarchisant déficiences (déformations, amplitudes articulaires, sensibilité, douleur,...) et incapacités (aptitudes gestuelles, réalisation des activités de la vie quotidienne ou professionnelle...),
- la liste des critères qui constitueront l'objectif à atteindre à long terme et permettant d'analyser l'état du patient lorsque sera envisagé l'arrêt du traitement,
- les objectifs intermédiaires si on envisage un traitement longtemps poursuivi,
- les actes envisagés,
- la manière dont seront évalués les résultats et le délai prévisible pour les obtenir,
- le nombre de séances nécessaires au traitement du patient.

Ce bilan-diagnostic kinésithérapique est enrichi au fil du traitement et donne alors :

- la description du protocole thérapeutique mis en œuvre (choix des actes et techniques, nombre et rythme des séances, traitement individuel ou en groupe...),
- la description des événements ayant justifié une modification ou une interruption du traitement,
- les résultats obtenus par rapport à l'objectif initial,
- les conseils donnés par le kinésithérapeute à son patient,
- les propositions du kinésithérapeute : poursuite du traitement (notamment nombre de séances), exercices d'entretien et de prévention...

À réception de la fiche synthétique d'évaluation finale, le médecin décide ou non de renouveler la prescription. En cas de renouvellement de 10 séances ou plus, le kinésithérapeute adresse à la CPAM une nouvelle demande d'entente préalable, le renouvellement de la prescription médicale et copie de la fiche synthétique finale.

À tout moment, le médecin prescripteur peut intervenir, en concertation avec le kinésithérapeute, pour demander une modification du protocole thérapeutique ou interrompre le traitement (figure 8, page 46).

1.2 Prescription de kinésithérapie en tant qu'acte thérapeutique

La prescription de rééducation est, comme toute prescription, un acte thérapeutique. Elle résulte de l'analyse de l'examen du patient, elle est sous-tendue par un objectif thérapeutique, et elle a ses contre-indications. Par ailleurs, elle doit être expliquée au patient pour améliorer l'observance thérapeutique. En dehors des mentions citées au § 1.1 qui permettent de prévenir tout problème administratif, le médecin doit ou peut apporter d'autres précisions.

1.2.1 Nombre et rythme des séances

Si le prescripteur a une notion assez précise de la quantité de traitement rééducatif nécessaire, il le précisera sur l'ordonnance. Le nombre et le rythme des séances, qu'il aura définis, s'imposeront au kinésithérapeute.

Le nombre de séances est déterminé d'une part par l'évolution prévisible de l'affection, d'autre part par la périodicité des consultations de contrôle.

En pratique, pour une affection orthopédique, le nombre de séances porté sur l'ordonnance est compris entre 10 et 15. Pour une affection chronique, il est déconseillé de prescrire plus de 30 séances à la fois. Pour les pathologies chroniques notamment d'origine neurologique, il est possible de prescrire 50 séances à la fois.

La fréquence hebdomadaire des séances est comprise entre 1 et 3 pour une affection chronique, 3 et 5 en traumatologie. La rééducation doit parfois être quotidienne, il faut alors le mentionner en indiquant « séances quotidiennes y compris dimanches et jours fériés ». À vrai dire l'espacement des séances peut varier selon l'évolution de la maladie, mais rien n'empêche de porter sur l'ordonnance une fourchette « 3 à 5 séances par semaine », par exemple.

1.2.2 Acte urgent

La mention acte urgent permet au kinésithérapeute de commencer le traitement avant l'accord de la caisse, et en cas de refus de prise en charge, les séances réalisées avant la notification seront tout de même remboursées.

Mais il ne faut pas galvauder un tel privilège. L'acte urgent ne se justifie qu'en pathologie respiratoire aiguë et en traumatologie.

1.2.3 Lieu des séances

Il est préférable que la rééducation s'effectue au cabinet du kinésithérapeute. Le patient bénéficiera ainsi d'un meilleur équipement, et les séances y seront souvent plus longues. Cet avantage ne justifie cependant pas la prescription d'un transport domicile/cabinet pour la réalisation de ces séances, sauf en cas de besoin absolu d'un équipement spécifique et difficilement transportable (appareil de pressothérapie ou piscine par exemple).

La seule indication où la rééducation doit s'effectuer au domicile est celle du maintien de l'autonomie à domicile de la personne âgée ou handicapée. Les objectifs doivent dans ce cas s'adapter aux spécificités environnementales.

1.2.4 Objectifs

Le rêve de tout médecin est de disposer d'une ordonnance type pour une pathologie donnée. C'est parfois possible, mais ce n'est pas le plus fréquent. Tous les porteurs de gonarthrose, par exemple, ne nécessitent pas une kinésithérapie. Celle ci peut-être justifiée par la douleur, l'enraidissement, la prise d'une position vicieuse en flessum, l'amyotrophie du quadriceps, l'instabilité ou plusieurs de ces anomalies.

Même si le kinésithérapeute réalise un bilan diagnostic, la précision par le médecin des raisons ayant conduit à la prescription garantit une identité d'objectifs entre les deux thérapeutes.

1.2.5 Contre-indications

Le kinésithérapeute est libre de choisir ses techniques. Le médecin peut cependant avoir connaissance d'un contexte pathologique particulier qui contre-indique certaines manœuvres. C'est ce que fait le chirurgien lorsqu'il limite l'amplitude articulaire autorisée pendant une période post opératoire, c'est ce que peut faire le médecin généraliste lorsqu'il a, par exemple, connaissance d'une fragilité osseuse particulière contre-indiquant un travail contre forte résistance, ou encore l'existence d'un stimulateur cardiaque incompatible avec la réalisation d'électrothérapie.

1.2.6 Informations complémentaires

Tout ne peut pas être porté sur une ordonnance. Lorsque des informations médicales doivent être données au kinésithérapeute, il faut rédiger un courrier complémentaire.

Document 8 : Ordonnance type : Les informations en majuscules sont à mentionner dans tous les cas. Les informations en texte standard sont à mentionner obligatoirement si le contexte s'y prête. Les mentions en minuscules sont facultatives.

Docteur XXXX
Médecine générale
Adresse
Tél. : Date

NOM DU PATIENT

KINESITHERAPIE POUR/DE (Préciser l'indication médicale)
Nombre de séances et fréquence hebdomadaire (préciser si nécessité de prise en charge dimanches et jours fériés)
Acte Urgent ?
À domicile ?
Avec transport ?

Objectifs de rééducation
Contre-indications éventuelles à certaines techniques ?

Signature

Prescription faisant suite à une intervention avec K>50 du (date) ?
Prescription faisant suite à un accident de travail du (date) ?

2 DÉROULEMENT DES SÉANCES DE KINÉSITHÉRAPIE

Le médecin ou le kinésithérapeute sur prescription médicale peuvent effectuer un bilan ostéo-articulaire et musculaire de leur patient. Cet acte ne donne lieu à facturation qu'en l'absence de traitement de rééducation en cours ou prescrit de manière concomitante.

La durée d'une séance de kinésithérapie est de 30 minutes. Le kinésithérapeute se consacre exclusivement à son patient.

Cependant, le kinésithérapeute est également autorisé à entreprendre :

– ***des traitements de groupe***.

Ils doivent concerner des patients qui suivent un programme homogène d'exercices de rééducation. Le nombre de patients par groupe ne peut excéder trois. La durée totale de la séance est égale au nombre de patients que multiplie une demi-heure.

Ces traitements de groupe peuvent s'appliquer aux patients présentant une affection orthopédique ou rhumatologique, une affection neurologique ou musculaire ou bénéficiant d'une rééducation de la paroi abdominale.

La rééducation des affections respiratoires, des pathologies maxillo-faciales et ORL, des affections vasculaires, des affections périnéo-sphinctériennes, des patients atteints de brûlures ou la rééducation de la déambulation du sujet âgé ne peuvent bénéficier d'une prise en charge en groupe.

– ***des traitements conduits en parallèle sur plusieurs patients***.

Le nombre de patients traités en parallèle doit être inférieur ou égal à trois. Le temps consacré individuellement à chaque patient par le kinésithérapeute doit alors être de 30 minutes, par périodes continues ou fractionnées.

3 TECHNIQUES DE KINÉSITHÉRAPIE

Le médecin a besoin, pour pouvoir juger de la qualité des séances effectuées chez son patient, de quelques notions de techniques kinésithérapiques.

3.1 Massages

3.1.1 Techniques de bases

Elles inaugurent généralement la séance. En dehors de son effet antalgique, trophique et circulatoire, le massage instaure entre le thérapeute et son patient une atmosphère de confiance favorable.

Les pressions glissées superficielles sont des effleurages appliqués sur le revêtement cutané avec toute la paume des mains et sans direction a priori. Elles peuvent être appliquées de deux manières différentes :

- lentes et régulières pour leur effet sédatif et la recherche d'une hypoesthésie superficielle transitoire ;
- rapides et irrégulières pour leur effet excitant sur le tonus des muscles sous-jacents, la pilomotricité et la vasodilatation retardée.

Les pressions glissées profondes sont des manœuvres plus appuyées avec un effet de chasse dans les vaisseaux et sur le liquide interstitiel qui facilite le retour veineux et lymphatique et un effet sédatif et décontracturant sur la musculature sous-jacente.

Les pressions locales sont pratiquées par compression des tissus avec les deux mains jointes, une seule main, le talon de la main ou la pulpe du pouce. Elles provoquent un effet de chasse vasculaire et une action sédative et décontracturante sur des contractures localisées (paravertébrales notamment). La pression est alors maintenue 5 à 10 minutes et progressivement augmentée jusqu'au seuil douloureux.

Le pétrissage est la combinaison de pressions et d'étirements des tissus pour un effet de stimulation si le mouvement est rapide, une action décontracturante musculaire et un assouplissement des plans cutanés (palper-roulé sur cicatrice) si le mouvement est lent et une action circulatoire si le pétrissage est effectué dans le sens disto-proximal d'un muscle.

Les frictions sont la mobilisation des plans cutanés par rapport aux plans profonds dans le traitement des cellulalgies ou la prévention et le traitement des adhérences des cicatrices cutanées

Les vibrations peuvent être manuelles ou assurées par un appareil électrique. Elles sont souvent associées aux autres manœuvres de massages (pressions locales). À faible amplitude et haute fréquence, elles ont une action antalgique ; irrégulières, à faible fréquence et à forte amplitude, leur action est plutôt stimulante. Elles sont également utilisées au cours de la kinésithérapie respiratoire dans un but de désencombrement bronchique.

3.1.2 Techniques spécifiques

Le Massage Transverse Profond (MTP) de Cyriax, est une friction appuyée des plans profonds musculo-tendineux et ligamentaires à l'aide de l'index renforcé par le médius, perpendiculaire aux fibres d'un tendon, sur 2 à 3 cm de balayage. La régularité dans le rythme d'exécution et dans la progression de l'appui sont importants pour l'efficacité de ce type de massage et le temps minimum d'exécution est de 10 à 20 minutes. Il procure un effet antalgique et libère les adhérences dans les entorses, les tendinites et les cicatrices de déchirure musculaire à la phase cicatricielle.

Le massage segmentaire réflexe est un étirement du tissu conjonctif lâche sous-cutané dans un dermatome dans le but de déclencher des réactions vasomotrices à distance (dans le métamère correspondant). Il provoque une sensation de striction et une réaction dermographique. Il est en général réalisé pour les douleurs fonctionnelles intestinales ou les algoneurodystrophies en phase congestive.

Le drainage lymphatique manuel est assuré par des pressions glissées profondes avec pression très légère afin de ne pas collaber les capillaires et faciliter la résorption du liquide interstitiel dans les capillaires lymphatiques. Sa durée minimale est de 30 à 40 minutes. Il est indiqué pour les œdèmes de stase surtout récents.

3.1.3 Contre-indications

Il n'existe aucune contre-indication absolue à la réalisation de massages. Par contre, on évitera la réalisation des massages en cas de processus inflammatoire aigu, d'affection cutanée en cours d'évolution (eczéma surinfecté, dermatose bulleuse, affections mycosiques, psoriasis évolué, ...) ou de peau très fragile.

3.2 Physiothérapie

La physiothérapie se définit comme l'utilisation d'agents physiques à des fins thérapeutiques.

3.2.1 Agents thermiques

La cryothérapie (application de froid) est appliquée dans deux circonstances très différentes. Elle est d'une part très utilisée pour son action antalgique et vasoconstrictive en application locale en fin de rééducation, ou dans les suites immédiates d'un traumatisme sportif par exemple. Elle constitue d'autre part un traitement anti-spastique d'appoint en cas de pathologie neurologique centrale. Les moyens d'application de froid sont variés : vessie de glace, pack mis au congélateur, bombonne de gaz réfrigéré, jusqu'aux bains dans l'eau glacée proposés dans la sclérose en plaque.

La fangothérapie et parafangothérapie (application de boue ou de paraffine chaude) permettent une augmentation de la chaleur locale et procurent un soulagement des douleurs.

3.2.2 Ondes électromagnétiques

Les infra-rouges sont très utilisés en kinésithérapie. Ils ont un effet antalgique par augmentation de la chaleur locale et vasodilatation. Leur action est très superficielle, et ne dure que quelques minutes à quelques heures. Son intérêt est préparatoire avant la réalisation d'exercices ou apaisant et sédatif en fin de rééducation. Les infra-rouges ne doivent pas être appliqués au niveau de la tête ou de la nuque.

Les ondes courtes, par leur émission à une fréquence de 28 MHz, ont une pénétration dans l'organisme de plus de 10 cm, elles engendrent un échauffement tissulaire et une vasodilatation locale réactionnelle. Elles sont utilisées plus particulièrement sur les contractures musculaires. Elles sont néanmoins contre-indiquées si un matériel métallique est présent dans la zone stimulée, en cas de pace-maker, chez la femme enceinte ou l'enfant, en cas de troubles de la sensibilité thermo-algique, d'états infectieux ou inflammatoires aigus ou dans les pathologies à risque hémorragique. En fait, peu de cabinets de kinésithérapeute possèdent un tel équipement.

3.2.3 Ondes mécaniques

Les ultrasons ont une action antalgique, vasodilatatrice, fibrolytique et cicatrisante couplée à un effet mécanique de micro-massage. La durée maximale d'utilisation se limite à 15 minutes par séance. Ils sont principalement indiqués pour le traitement des affections péri-articulaires (tendinites, séquelles fibreuses des entorses) et ont aussi été proposés pour la cicatrisation des ulcères de jambe et des escarres. Les contre-indications sont le traitement de l'enfant (risque de fusion des cartilages de croissance) ou de la femme enceinte, un processus néoplasique évolutif, une artérite, ischémie ou phlébite ou la présence d'une prothèse scellée. La plupart des kinésithérapeutes possèdent un générateur d'ultrasons.

Les vibrations infrasonores ont une fréquence qui stimule les récepteurs de la sensibilité vibratoire pouvant donner l'illusion du mouvement et suscitant un réveil musculaire. Elles ont aussi une action antalgique lorsqu'existent des troubles de la sensibilité (dysesthésie, névrome). Il n'existe aucune contre-indication à leur usage. Les générateurs de ces vibrations sont assez peu diffusés.

3.2.4 Électrothérapie

Tout kinésithérapeute est équipé d'un appareil d'électrothérapie. Comme pour les autres méthodes de physiothérapie, le mécanisme principal d'efficacité de l'électrothérapie est l'augmentation de chaleur et la vasodilatation qui en résulte. Les effets varient cependant en fonction du type de courant utilisé.

Le passage d'un courant continu (*ou galvanique*) amène une action sédative sous l'anode et permet la diffusion de substances médicamenteuses (AINS) sous l'anode également (ionisation ou ionophorèse). La durée minimale de la stimulation est de 20 à 30 min.

Le courant alternatif de basse fréquence (1 à 1000 Hz) a deux types d'utilisation différents : l'antalgie et la stimulation musculaire.

Cette antalgie s'opère selon deux modes :

- à fréquence basse (50 à 100 Hz), si la cathode (électrode active) est placée sur le trajet d'un nerf sensitif, l'action du courant est sédative. Ce mode d'électrothérapie est appelé *neurostimulation transcutanée* ou *TENS*. La neurostimulation a un effet « gate control » au niveau médullaire. Les grosses fibres véhiculant la sensibilité superficielle sont prioritairement stimulées et bloquent le passage du message nociceptif médié par les fibres de petit calibre. L'efficacité de ce courant est appréciée au bout de 10 minutes et sa durée d'action est de quelques minutes à plusieurs heures. Ses indications sont préférentiellement les douleurs aiguës musculo-squelettiques et les douleurs neurologiques de type douleurs de désafférentation.
- à fréquence très basse (1 à 5 Hz), la stimulation provoque une sécrétion endorphinique intra-thécale. Son effet antalgique est retardé d'une vingtaine de minutes mais sa durée est prolongée de plusieurs heures après l'arrêt de la stimulation. Ses indications concernent les douleurs chroniques.

Un courant d'intensité suffisante stimule directement le muscle ou son nerf moteur et provoque une contraction musculaire (effet striomoteur). Cette électrostimulation peut être utilisée pour le renforcement musculaire, l'entretien musculaire en cas de dénervation ou à visée fonctionnelle (par exemple pour générer la marche chez le paraplégique).

Le courant alternatif de moyenne fréquence *(1 000 à 10 000 Hz)* possède un effet sédatif et de renforcement musculaire.

Les contre-indications de l'électrothérapie sont la grossesse, la présence d'un pace-maker, l'épilepsie, les foyers tumoraux ou infectieux, les lésions cutanées ou les troubles de la sensibilité superficielle, le matériel métallique sous jacent. Les risques sont plus grands avec le courant continu, la quantité d'élecricité circulant dans l'organisme étant beaucoup plus grande. En cas de matériel métallique sous-jacent, on peut utiliser un courant discontinu à condition qu'il soit alternatif, le changement du sens de passage évitant l'électrolyse et le risque de brûlure chimique.

3.2.5 Autres méthodes de physiothérapie

Le soft-laser a un principe d'action proche de celui des infra-rouges avec un effet antalgique par augmentation de chaleur locale mais à faible pénétration tissulaire. Le soft-laser n'a pas montré d'efficacité clinique significative.

Les champs magnétiques pulsés ont une efficacité démontrée sur la cicatrisation tissulaire (consolidation osseuse, ulcères variqueux) et les douleurs péri-articulaires. Mais la présence d'un générateur de tels champs est assez rare en cabinet.

3.3 Techniques de gain d'amplitude

3.3.1 Positions de fonction

C'est la position de l'articulation qui, si elle est fixée, donne au patient le maximum d'autonomie. Lors de la rééducation d'une pathologie enraidissante, un objectif prioritaire est que cette position de fonction soit incluse dans l'amplitude récupérée ou, au pire, que l'articulation s'enraidisse dans cette position.

Au membre supérieur, la position de fonction est :

- épaule en abduction 45°, rotation externe 20° ;
- au coude, il n'y a pas vraiment de position de fonction, l'articulation est le plus souvent immobilisée en flexion, à 90°, parfois à 45° ;
- avant bras placé en pronosupination neutre ou en légère pronation ;
- poignet en extension de 10 à 20° ;
- doigts semi-fléchis avec ouverture de la première commissure en position d'opposition.

Au membre inférieur :

- la hanche doit être positionnée avec quelques degrés d'abduction et en rotation externe ;
- genou en extension ;
- cheville à angle droit.

3.3.2 Protection du capital de mobilité

Les *mobilisations* régulières qu'elles soient actives (réalisées par le patient) ou passives (réalisées par le kinésithérapeute) ont un effet préventif sur l'enraidissement articulaire. Elles doivent être progressives et très lentes.

Elles sont souvent couplées à des *postures d'immobilisation* en position de fonction pendant les phases de repos. Ces postures sont en général maintenues par des mousses découpées sur mesure ou par des appareils en matière plastique thermoformable (orthèses de repos ou de posture).

3.3.3 Récupération de la mobilité

La limitation d'amplitude articulaire peut être due à un défaut d'allongement des éléments musculo-tendineux, à une rétraction capsulo-ligamentaire ou à des remaniements ostéochondraux.

Le contracter-relâcher vise à éliminer au maximum la contraction musculaire de défense et à parvenir ainsi à étirer les structures musculo-tendineuses ou capsulo-ligamentaires. L'articulation placée en fin d'amplitude, on demande au patient une contraction intense du muscle à étirer pendant environ 6 secondes et on profite de la phase de relâchement pour étirer de façon douce et progressive pendant quelques secondes ce muscle rétracté, puis on maintient l'articulation dans sa nouvelle position et on renouvelle l'exercice plusieurs fois.

Les mobilisations articulaires peuvent être passives ou actives, réalisées par le thérapeute ou par le patient lui-même. Elles peuvent se faire dans le sens physiologique du mouvement , mais peuvent aussi consister en des tractions dans l'axe, ou en des micro glissements.

Les postures de gain d'amplitude consistent à maintenir l'articulation en position extrême, et à exercer une force légère mais prolongée dans le sens du gain d'amplitude pour obtenir un étirement progressif des éléments capsulo-ligamentaires. La force additionnelle peut être générée par le kinésithérapeute ou par le patient lui-même (autopostures), ce peut être tout simplement la pesanteur, ou encore une traction élastique, comme dans certaines orthèses dynamiques.

Figure 3 : Mobilisation autopassive d'un genou par la jambe contro-latérale.

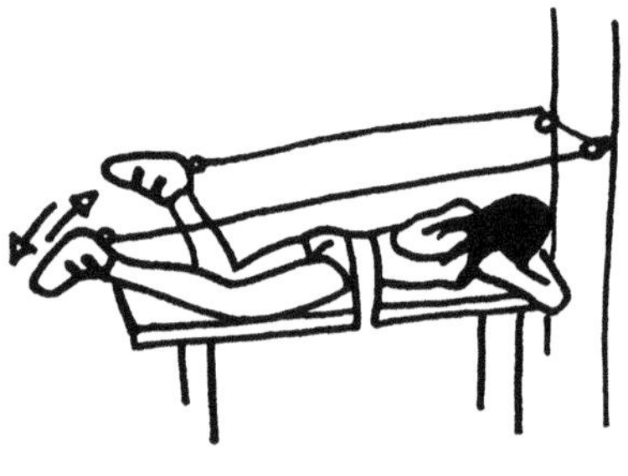

Figure 4 : Posture en extension du genou droit avec charge supplémentaire.

3.4 Techniques de renforcement musculaire

Les méthodes de renforcement musculaire sont très nombreuses et variées. Elles doivent être adaptées à l'âge et à l'état général du patient, à son niveau sportif et à la pathologie concernée.

3.4.1 Travail musculaire analytique

Il met en jeu un groupe de muscles limité dans une action élémentaire.
Le travail statique ou isométrique est réalisé en l'absence de mouvement, la force développée par le muscle sollicité étant égale à la résistance opposée au déplacement du membre. La force résistante peut être générée manuellement ou par l'intermédiaire d'un poids, ou d'un dispositif fixe.

Figure 5 : Renforcement musculaire du quadriceps par contractions statiques.

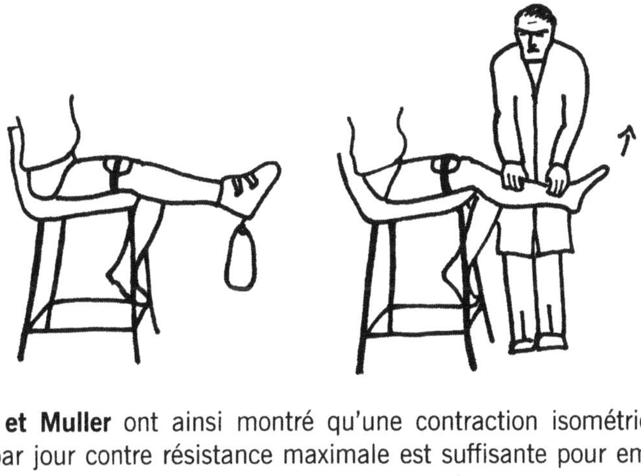

Hettinger et Muller ont ainsi montré qu'une contraction isométrique d'une seconde par jour contre résistance maximale est suffisante pour empêcher le muscle de s'affaiblir. **Troisier** a mis au point une méthode de « ***travail statique***

intermittent » comportant une succession de contractions statiques et de phases de repos de durée constante (en général 6 secondes) au cours de chaque séance qui permet à la fois un travail de la force et de l'endurance.
Ces techniques ont l'avantage de limiter les contraintes articulaires et sont donc particulièrement indiquées dans les pathologies rhumatologiques et orthopédiques. Elles sont les seules applicables en cas d'immobilisation plâtrée. Elles conviennent aussi mieux aux muscles dont la fonction habituelle est de type tonique (et non dynamique) comme les muscles rachidiens.
Le travail dynamique dit isotonique entraîne un déplacement des segments osseux, la résistance opposée au mouvement étant constante.
Dans certains cas, le muscle est si faible que l'on doit soustraire le mouvement à la pesanteur, on parle de travail actif aidé.

Figure 6 : Travail actif du membre supérieur gauche soustrait à l'action de la pesanteur.

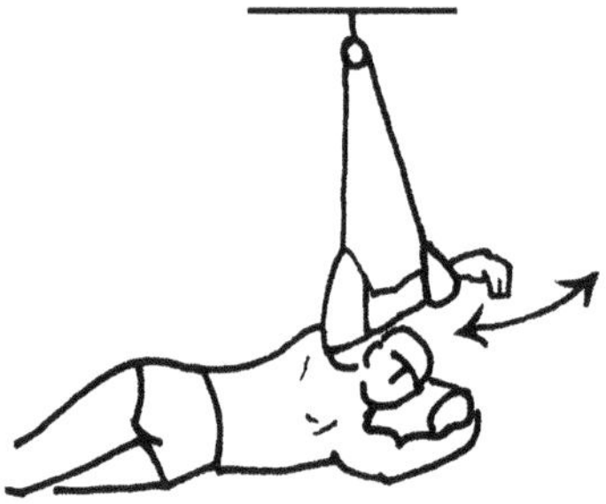

Le travail musculaire peut se faire dans toute l'amplitude du mouvement ou seulement dans un secteur. On parle de ***travail en course interne*** lorsqu'il se fait dans une position proche du raccourcissement maximal du muscle, de ***travail en course externe*** s'il se fait dans une position proche de l'allongement maximal du muscle et de ***travail en course intermédiaire*** lorsque le secteur d'activité est situé entre ces deux positions extrêmes. Les exercices seront réalisés généralement dans le contexte fonctionnel habituel du muscle.
Il existe de nombreuses méthodes de renforcement par travail dynamique isotonique. Tous les protocoles font varier la vitesse du mouvement, la résistance à appliquer et le nombre de contractions.
Ces protocoles sont établis après définition de la 1 RM (charge maximale que le patient est capable de mobiliser une fois dans toute l'amplitude du mouvement) et de la n RM (charge maximale que le patient est capable de mobiliser n fois dans toute l'amplitude du mouvement).
Par exemple, la ***méthode de Delorme et Watkins*** comprend 3 séries de 10 mouvements :
–1re série de 10 mouvements avec 50 % de 10 RM,

–2e série avec 75 % de 10 RM,

–3e série avec 10 RM.

La durée du mouvement et la durée du repos est de 3 sec, chaque série étant effectuée en 1 minute et séparée de l'autre par 1 minute de repos. Le patient réalise 4 séances de travail par semaine, la 5e séance est une séance de test.

La ***méthode des efforts maximaux*** utilise une charge de 90 à 100 % de la possibilité du sujet (1 RM). Le sujet effectue 4 à 8 séries de 1 à 3 répétitions avec 7 minutes de repos entre les séries. Ce travail se limite à une séance tous les 8 à 10 jours et est réservé aux athlètes entraînés. Il permet une sollicitation des fibres anaérobies mais a pour inconvénients l'utilisation de charges très lourdes potentiellement traumatiques, le long délai de récupération et la vitesse d'exécution lente.

Ces techniques de travail musculaire dynamique peuvent être exécutées :

- ***en mode concentrique***, la contraction musculaire s'accompagne alors d'un rapprochement de ses points d'insertion.
- ***en mode excentrique***, le muscle s'allonge malgré la contraction. Le sujet effectue un travail de freinage, de résistance à l'allongement à partir des différentes courses de l'amplitude articulaire. Ce mode de renforcement musculaire est adapté à la physiologie de certains groupes musculaires (ischio-jambiers, fléchisseurs dorsaux de cheville) qui ont un rôle freinateur du mouvement (contrôle de la chute du pied à la phase portante de la marche par exemple). Il a aussi un grand intérêt chez le sportif dans un objectif de développement de la force et pour la préparation de gestes sportifs de type réactif (football par exemple). Néanmoins, il provoque d'importantes contraintes musculo-tendineuses et ne doit donc être utilisé qu'à la phase terminale de la rééducation et sous surveillance.

Enfin, lors d'un ***travail dynamique isocinétique*** (effectué sur machine isocinétique), c'est la vitesse de l'exercice qui est imposée et la résistance du système s'adapte en permanence à la force développée par le sujet pour maintenir une vitesse de déplacement constante. Ce type de travail nécessite un équipement spécifique, encombrant et onéreux, qui pour l'instant n'est disponible que dans les centres de rééducation. La vitesse du mouvement est choisie par le thérapeute à l'initiation de la série d'exercices et peut varier de 30 °/seconde à 240 °/seconde. Plus la vitesse est lente, plus la force à développer par le sujet sera élevée. Les machines isocinétiques sont aussi des dynamomètres capables de mesurer la force musculaire, en fonction de la position articulaire, ce qui est très utile pour suivre les progrès en rééducation. Les principales indications du travail isocinétique sont la rééducation des pathologies tendino-ligamentaires (entorse du genou opérée ou non par exemple, tendinite chronique) et le renforcement musculaire des sujets sportifs ; les indications s'élargissent très progressivement à la pathologie neurologique.

L'électro-myo-stimulation est parfois utilisée dans un but de renforcement musculaire, en particulier chez les sportifs ou lors de la rééducation de faiblesse musculaire majeure voire de sidération musculaire. Les protocoles sont extrêmement variés et peu standardisés. La séance est en général longue (une heure) et répétée 3 fois par semaine pendant 3 semaines minimum. Les effets optimaux sont obtenus 3 à 6 semaines après l'arrêt de la stimulation et permettent une augmentation de force d'environ 20 %. Cette méthode reste cependant très controversée car elle ne respecte pas le mode de contraction habituel du muscle et ne concerne qu'un seul groupe musculaire à la fois. Par ailleurs, elle est relativement inconfortable car la contraction induite s'apparente à la tétanisation.

En cas de faiblesse par lésion d'un nerf périphérique, on redoute que l'électrostimulation gêne la repousse axonale et l'on se contente donc d'un entretien de la trophicité musculaire par quelques impulsions isolées de moins de 1 seconde avec un temps de repos de l'ordre de 100 fois le temps de contraction.

3.4.2 Travail musculaire global

D'autres techniques de renforcement musculaire sont plus globales. Elles passent par le travail simultané de muscles synergiques.

Ainsi, la ***méthode de Kabat*** utilise des mouvements des membres en diagonale-spirale sollicitant un ensemble de muscles appelés chaîne musculaire. Ce travail permet d'obtenir la contraction d'un muscle très faible qui sera entraîné par la contraction des muscles sains de la même chaîne (synergie de la chaîne musculaire).

Les techniques de musculation telles que le squat, l'utilisation d'un cyclorameur ou d'une bicyclette ergométrique font aussi travailler en association plusieurs groupes musculaires.

3.5 Travail proprioceptif

C'est très bien d'avoir un muscle fort, encore faut-il qu'il se contracte au bon moment. Le travail de la proprioception est basé sur la rééducation des réactions d'ajustement postural, de l'équilibre et du mouvement du corps dans l'espace. Il permet l'amélioration des capacités d'anticipation de la contraction musculaire. Il est indispensable et complète les exercices de renforcement musculaire. Il peut concerner une partie d'un membre (cheville par exemple), un membre dans sa totalité, le tronc ou le corps entier.

Les exercices proposés sont réalisés selon une progression. Le travail de la proprioception commence généralement en *chaîne ouverte*, c'est-à-dire sans appui du membre, et comporte alors des exercices de déstabilisations (poussées déséquilibrantes que le sujet doit contrôler). Viennent ensuite les exercices en *chaîne semi-fermée*, c'est-à-dire avec un appui partiel ou mobile du membre à rééduquer (ballon, skateboard). Enfin, le travail en *chaîne fermée* se fait en appui total sur le membre et utilise des stimulations multiples et de difficulté croissante telles qu'appui sur plateau instable de Freeman (figure 7), maintien de l'équilibre sur trampoline, marche sur terrain irrégulier (graviers, sable, terre) ainsi que des sollicitations extérieures (fermeture des yeux, positions instables du corps).

Figure 7 : Plateau instable à demi-sphère.

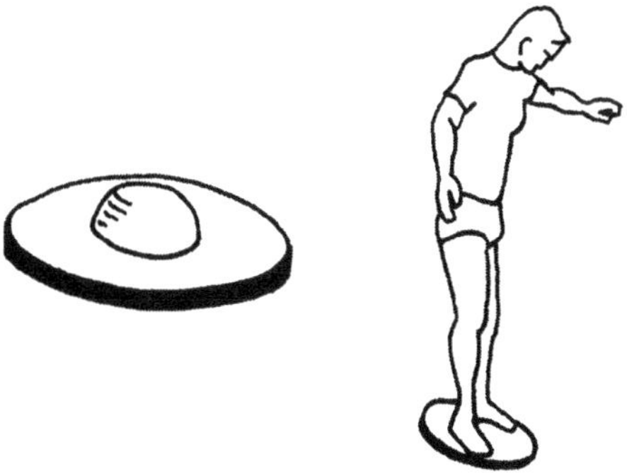

3.6 Kinébalnéothérapie

3.6.1 Principes

La kinébalnéothérapie est réalisée dans une eau chaude de 32 à 36°, selon les installations, qui procure un effet sédatif et décontracturant et facilite la réalisation des exercices habituellement douloureux. La rééducation en piscine utilise plusieurs propriétés hydrodynamiques parfois contradictoires mais complémentaires :

- *l'effet portant de l'eau* facilite la mobilisation articulaire, réduit les contraintes au niveau des structures ostéo-articulaires et favorise la mobilisation des membres par une musculature déficitaire incapable habituellement de lutter contre la pesanteur ;
- *l'effet de résistance de l'eau* aux mouvements permet la réalisation d'exercices de renforcement musculaire ou le travail proprioceptif de stabilisation d'un membre ou du tronc ;
- *la circulation de retour* est facilitée par la pression de l'eau en deçà d'un mètre de profondeur ;
- enfin, l'immersion en piscine amène un *allégement du poids du corps*. Si le niveau de l'eau est situé aux épaules, le poids du corps n'est que de 10 % de sa valeur « à sec », de 50 % s'il est à l'ombilic et de 95 à 100 % aux genoux.

3.6.2 *Indications*

Les indications sont multiples mais concernent principalement les pathologies *orthopédiques et traumatologiques* (récupération du capital de mobilité, sollicitation du travail musculaire, reprise précoce du schéma moteur de la marche avec un minimum de contraintes ostéo-articulaires, remise en charge progressive) et *rhumatologiques*. Ainsi, la kinébalnéothérapie améliore le jeu articulaire et limite l'enraidissement, a un effet antalgique dans les rhumatismes inflammatoires, permet dans les pathologies arthrosiques de mobiliser sans douleur l'articulation dans tous les secteurs, d'entretenir le capital musculaire tout en procurant un effet sédatif. La balnéothérapie est particulièrement efficace pour le traitement des algoneurodystrophies de membres supérieur ou inférieur car elle apporte une action antalgique précieuse pour la rééducation d'entretien ou de gain articulaire et la conservation du schéma de marche malgré la mise en décharge.

Dans les pathologies neurologiques, la rééducation est orientée vers l'entretien articulaire et musculaire et l'effet portant de l'eau facilite la réalisation de mouvements qui ne sont pas possibles « à sec ».

3.6.3 *Contre-indications*

Les contre-indications sont les complications infectieuses bactériennes, virales ou mycosiques (intertrigos notamment), l'incontinence urinaire ou fécale, la présence de plaies (escarres, ulcères variqueux, plaies opératoires récentes) ou un état cardio-respiratoire précaire tel que coronaropathies, insuffisance cardiaque et HTA instables. Dans certains cas, une appréhension majeure de la part du patient interdit toute immersion dans l'eau.

3.7 Rééducation respiratoire

Plusieurs techniques de kinésithérapie sont couramment utilisées.

Les techniques de drainage sont destinées à lutter contre l'encombrement bronchique et comportent des exercices d'accélération active ou passive du flux respiratoire, des pressions et vibrations thoraciques et des positions de drainage.

Les techniques de respiration abdomino-diaphragmatique, d'expansion costale ou thoracique visent une expansion à la fois de la paroi thoracique et des poumons. Ils participent à l'augmentation de la capacité respiratoire du patient dans les syndromes obstructifs ou restrictifs.

Les exercices d'entraînement des muscles respiratoires permettent d'améliorer la force et l'endurance des muscles respiratoires et sont particulièrement indiqués dans les syndromes restrictifs d'origine paralytique (tétraplégie).

CONCLUSION

D'autres techniques de kinésithérapie existent mais sont spécifiques à certaines pathologies (enfant IMC, scoliose, hémiplégie...). Elles sont détaillées dans les chapitres correspondants.

Figure 8 : Démarches administratives pour la réalisation de séances de kinésithérapie.

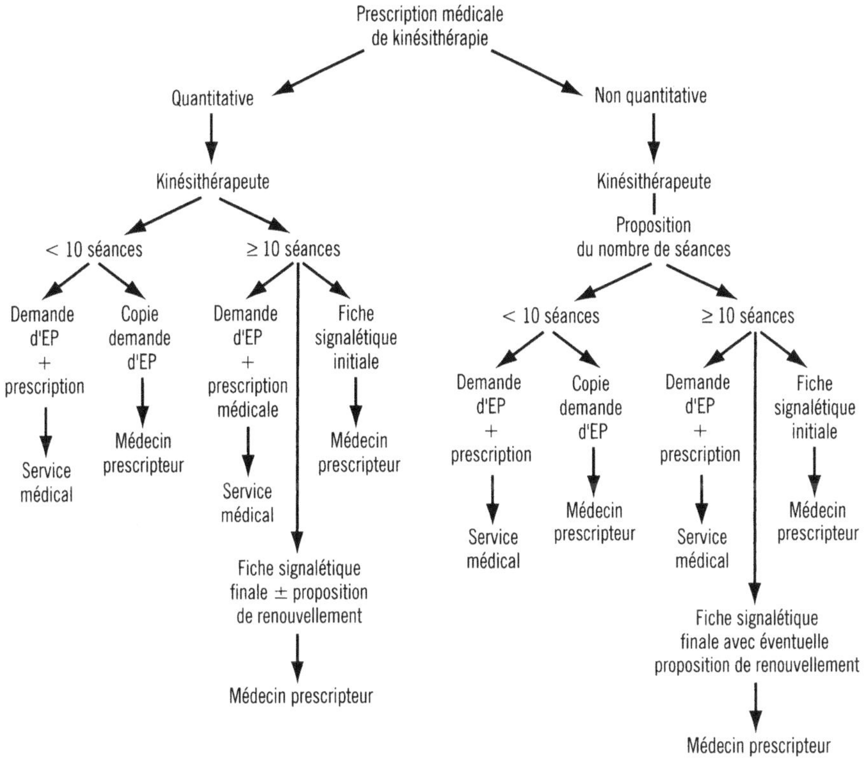

Tableau 7 : Différentes techniques de physiothérapie.

	Propriétés	Indications	Contre-indications
Agents thermiques			
Cryothérapie	Antalgique Antispastique	Douleurs aiguës articulaires ou musculaires Tétraplégie ou paraplégie spastique	Troubles de la sensibilité Lésions cutanées
Fangothérapie Parafangothérapie	Antalgique	Douleurs articulaires ou musculaires aiguës ou chroniques	Troubles de la sensibilité Lésions cutanées
Ondes électromagnétiques			
Ondes courtes	Thermothérapie en profondeur (muscle)	Contractures et lésions musculaires Douleurs chroniques non inflammatoires	Grossesse Epiphyses fertiles (enfant) Cancer Pace-maker Infections ou inflammations aiguës Sites et affections à tendance hémorragique Troubles de la sensibilité Greffe récente Fracture non consolidée Zone mal vascularisée Pièce métallique
Infra-rouges	Thermothérpie en surface	Adjuvant du massage et du travail articulaire ou musculaire	Infections ou inflammations aiguës Sites et affections à tendance hémorragique Troubles de la sensibilité
Ondes mécaniques			
Ultrasons	Thermique Antalgique Défibrosant Cicatrisant	Affections périarticulaires (tendinites, entorses chroniques) Ulcères et escarres	Grossesse Epiphyses fertiles (enfant) Cancer Sites et affections à tendance hémorragique Foyer infectieux Phlébite, artérite, ischémie Greffe récente Fracture non consolidée Pièce métallique
Vibrations infrasonores	Stimulation sensitive superficielle et profonde	Troubles de la sensibilité Dysesthésie, névrome	Néant

→

	Propriétés	Indications	Contre-indications
Courants électriques			
Courant continu ou galvanique	Diélectrolyse médicamenteuse (ionisation)	Inflammations localisées Œdèmes	Grossesse Pacemaker Épilepsie Cancer Foyer infectieux Phlébite Cardiopathies Troubles de sensibilité Lésion cutanée Pièce métallique
Courant alternatif Basse fréquence (1 à 1000 Hz)			
Trajet nerf sensitif 50 à 100 Hz (TENS)	Antalgique par effet gate control	Douleurs localisées aiguës et chroniques : tendineuses, musculaires, neurologiques + + + (sciatique, NCB)	Idem + stimulation de la région antéro-latérale du cou et de l'aire cardiaque Idem
2 à 10 Hz (BURST)	Antalgique par libération d'endorphines	Douleurs diffuses chroniques : musculaires, articulaires Renforcement musculaire	
Trajet nerf moteur	Effet excito-moteur	Entretien musculaire si dénervation Électrostimulation fonctionnelle	
Courant alternatif Moyenne fréquence (1000 Hz à 10000 Hz)	Effet excito-moteur Antalgique	Renforcement musculaire Contractures localisées	Idem

4 Orthophonie

- L'orthophoniste est un auxiliaire médical qui exerce sur prescription médicale. Les 4 ans d'études conduisent au diplôme d'État créé en 1974.

- Un nouveau décret de compétence est paru en mai 2002. L'orthophonie consiste à prévenir, à évaluer et à prendre en charge aussi précocement que possible par des actes de rééducation les troubles de la voix, de l'articulation, de la parole ainsi que les troubles associés à la compréhension du langage oral et écrit et à son expression, à dispenser l'apprentissage d'autres formes de communication non verbale permettant de compléter ces fonctions et à assurer la rééducation des troubles de déglutition.

1 MODALITÉS DE PRESCRIPTION

1.1 Prescription d'un bilan

La première prescription sera celle d'un bilan. La réalisation de celui-ci ne nécessite pas une entente préalable des organismes de sécurité sociale. La nomenclature des actes d'orthophonie a été modifiée en juin 2002, et comporte plusieurs bilans cotés différemment. Il est donc indispensable que le médecin indique les motivations de la demande de bilan.

Il faut au minimum noter « bilan orthophonique avec rééducation si nécessaire » ou « bilan orthophonique d'investigation utilisé dans un but diagnostic ».

Le champs de compétence de l'orthophonie étant large, il est utile de compléter la prescription par quelques précisions sur les troubles à explorer. Huit types de bilans sont individualisés à la nomenclature :

- bilan de la déglutition et des fonctions oro-myo-fonctionnelles ;
- bilan de la phonation ;
- bilan du langage oral et/ou bilan d'aptitudes à l'acquisition du langage écrit ;
- bilan du langage écrit ;
- bilan des dyscalculies et des troubles du raisonnement logico-mathématique ;
- bilan des troubles d'origine neurologique ;
- bilan de bégaiement ;
- bilans du langage dans le cadre des handicaps moteurs, sensoriels ou mentaux.

1.2 Proposition de rééducation

1.2.1 Après prescription d'un bilan orthophonique avec rééducation si nécessaire

L'orthophoniste réalise le bilan et l'adresse au médecin prescripteur avec une proposition de rééducation comprenant objectifs, nombre et contenu des séances. Il rédige par ailleurs une demande d'entente préalable qui sera envoyée par le patient au contrôle médical de son assurance maladie. Au 15e jour suivant l'envoi du formulaire, l'accord est réputé acquis. En cas d'urgence, l'orthophoniste peut dispenser l'acte sans attendre, mais remplit néanmoins la demande d'entente en mentionnant « acte d'urgence ».

1.2.2 Après prescription d'un bilan d'investigation

Ce bilan est prévu pour apporter des éléments diagnostics. Cependant, il peut aussi mettre en évidence des besoins de rééducation. Dans ce cas, l'orthophoniste peut joindre à son bilan une proposition de rééducation. Le médecin, s'il en est d'accord, rédige alors une prescription de rééducation orthophonique conforme à la nomenclature générale des actes.

1.3 Déroulement des séances

Le nombre de séances autorisées pour une même prescription varie selon la nature de l'affection à rééduquer, et en pratique selon la cotation de l'acte réalisé. Pour les actes côtés de 5 à 12, ce nombre est de 30 avec possibilité d'un renouvellement jusqu'à un nombre maximal de 50 ; pour les actes côtés entre 13 et 15, ce nombre est de 50 avec possibilité de renouvellement jusqu'à un nombre total de séances de 100. L'orthophoniste peut décider seul de ce renouvellement, au terme de la première série de séances, il envoie une note d'évolution au médecin prescripteur.

La liste des rééducations cotées entre 13 et 15 est la suivante :

- rééducation des dysphasies ;
- rééducation du langage dans les aphasies ;
- rééducation des troubles du langage non aphasiques, dans le cadre d'autres atteintes neurologiques ;
- maintien et adaptation des fonctions de communication chez les personnes atteintes de maladies neuro-dégénératives ;
- démutisation dans les surdités du premier âge, appareillées ou non, y compris en cas d'implantation cochléaire ;
- rééducation et conservation du langage oral et de la parole dans les surdités appareillées ou non, y compris en cas d'implantation cochléaire.

Pour ces rééducations, en dehors de la prise en charge des dysphasies, les séances doivent durer au minimum 45 minutes.

1.4 Renouvellement des prescriptions

Au terme de ces 50 ou 100 premières séances, l'orthophoniste ou le médecin peuvent souhaiter prolonger la rééducation. L'orthophoniste doit envoyer une note d'évolution au médecin et ce dernier doit demander un bilan de renouvellement à l'orthophoniste ; la poursuite du traitement débutera après rédaction de la demande d'entente préalable par l'auxiliaire médical.

1.5 Compte rendu de fin de traitement

L'orthophoniste envoie un compte rendu au médecin à la fin de la rééducation. La comparaison avec le bilan initial permet une évaluation objective des résultats de la rééducation.

2 PRINCIPAUX DOMAINES D'INTERVENTION DE L'ORTHOPHONISTE

Les domaines d'intervention sont très nombreux. Toute pathologie précoce affectant le développement de l'enfant va pouvoir se traduire par des troubles de la communication et des apprentissages. Chez l'adulte certaines maladies très courantes s'accompagnent de troubles de la voix, de l'articulation ou du langage. Une coordination entre les intervenants (médecin, orthophoniste, patient, entourage et enseignant pour l'enfant) dans le respect du secret professionnel est hautement souhaitable.

2.1 Dysphasie

La dysphasie est un trouble structurel, inné et durable de l'apprentissage et du développement du langage oral. Elle entraîne des troubles importants d'expression, de compréhension, et même d'abstraction. L'enfant dysphasique doit bénéficier d'un suivi régulier en orthophonie le plus tôt possible. La prise en charge est lourde, et doit être relayée par les parents et si possible les équipes pédagogiques. Plusieurs années de prise en charge sont en général nécessaires.

2.2 Troubles du langage oral chez l'enfant

Le problème se pose à un âge pré-scolaire, et le dépistage est systématique. Le bilan médical est fondamental pour affirmer le caractère primitif du trouble. Examen auditif et neurologique et bilan psychologique sont systématiques. Entre 3 et 4 ans, le bilan orthophonique est indiqué en cas d'inintelligibilité pour des personnes non familières, en cas d'agrammatisme ou de troubles de compréhension.

À l'âge de 4 ou 5 ans, le bilan orthophonique est justifié même pour des troubles moins sévères. L'orthophoniste appréciera le langage tant sur le versant de l'expression que celui de la compréhension ou encore celui de l'utilisation. Les séances d'orthophonie sont souvent indispensables. En France, on n'utilise pas encore assez l'éducation de l'entourage pour qu'il participe à la rééducation.

2.3 Retards d'acquisition du langage écrit

Lorsqu'ils ne peuvent s'expliquer par des causes évidentes comme un trouble de la vision et/ou de l'audition, un contexte socioculturel et affectif difficile, un retard mental ou encore un trouble psychologique, il est recommandé de procéder à un bilan orthophonique dès le cours préparatoire, l'année suivante au plus tard. Les thérapies du trouble du langage écrit sont nombreuses, diverses et mal validées. Compte tenu de la pauvreté des études scientifiques sur le sujet, il est impossible de présenter ici un protocole type de rééducation.

2.4 Surdités

2.4.1 Chez l'enfant

La majorité des surdités sévères ou profondes de l'enfant est au-dessus de toute ressource thérapeutique chirurgicale en dehors des implants cochléaires. L'acquisition puis la correction du langage sont les objectifs prioritaires.

La clef du succès est le dépistage précoce du handicap auditif. Les 3 certificats obligatoires du carnet de santé à la naissance, au 9e mois et au 24e mois comportent une rubrique sur l'état de l'audition :

- à la naissance, le dépistage est effectué dans les services de néonatalogie par l'observation de réponses réflexes à une stimulation sonore par générateur de bruit calibré. En cas de doute, une audiométrie objective sera demandée au spécialiste ORL. L'enregistrement des potentiels évoqués auditifs (PEA) permet de faire un diagnostic dès cet âge ;
- au 9e mois : on utilise les bruits familiers, ou les jouets sonores ;
- au 24e mois, la voix chuchotée, la voix haute sont utilisées ;
- à l'entrée à l'école, les surdités sévères ou profondes ont été dépistées en général. L'audiogramme du médecin scolaire pourra révéler une hypoacousie plus légère.

L'appareillage prothétique, s'il est possible, doit être appliqué la première année, au plus tard avant 18 mois. Suit alors l'apprentissage à l'éducation et à la communication par :

- l'exploitation des perceptions auditives et vibratoires restantes ;
- la lecture labiale ;
- le langage gestuel éventuellement.

La rééducation doit débuter idéalement vers 2 ans s'il existe une structure d'éducation précoce, réunissant médecin ORL, pédiatre, pédopsychiatre, pédagogue orthophoniste et audioprothésiste.

Les problèmes de prise en charge sont différents suivant le degré de la surdité et les possibilités familiales.

Les surdités moyennes seront appareillées. L'enfant est laissé dans le milieu familial et scolaire normal. Un soutien orthophonique ambulatoire suffit.

Dans les surdités sévères, même appareillées, l'acquisition du langage est longue et difficile, et doit être menée de front avec la scolarisation. Il peut nécessiter dans certaines conditions une prise en charge en institut spécialisé (en général à partir de 3 ans).
Dans certains cas particuliers, l'enfant sourd profond bilatéral peut bénéficier de la technique des implants cochléaires. La rééducation nécessite une collaboration permanente avec l'équipe d'implantation, il existe donc des filières comprenant des orthophonistes particulièrement compétents.

2.4.2 Chez l'adulte

L'adulte devenu sourd peut bénéficier d'une rééducation, les objectifs peuvent être l'apprentissage de la lecture labiale, l'utilisation adaptée de la voix, ou encore l'éducation auditive prothétique.

2.5 Bégaiement

Le bégaiement apparaît entre 2 et 5 ans. L'orthophoniste peut aider le patient à reprogrammer la production de la parole. Il donne aussi aux personnes de l'entourage des conseils pour améliorer la communication avec le patient. Le bégaiement ne se guérit pas, mais il peut se contrôler. Une rééducation peut être entreprise à tout âge, mais plus le problème est soigné tôt, plus le traitement est efficace.

2.6 Aphasie

Les troubles présents dans l'aphasie sont nombreux :
- une apraxie bucco-lingo-faciale ;
- un manque du mot ;
- un agrammatisme ;
- un défaut d'initiative de la communication ;
- un trouble de compréhension ;
- une stéréotypie ;
- des paraphasies ;
- un jargon.

Ces troubles fonctionnels sont regroupés de façon préférentielle en fonction de la localisation de la lésion. Le tableau ci-dessous reprend grossièrement les différents types d'aphasie.

Tableau 8 : les différents types d'aphasie

Typologie	Expression	Compréhension	Répétition	Autres signes
Broca	Non fluente réduction quantitative (fluidité réduite) et qualitative (trouble de la syntaxe), paraphasies, manque du mot.	Intacte ou légèrement altérée	Altérée	Conscience du trouble, dépression_
Wernicke	Abondante, sans trouble articulatoire, nombreuses déviations sémantiques, parfois jargon.	Anormale	Altérée	Peu de conscience du trouble, anxiété, agitation
Conduction	Fluente avec quelques paraphasies sémantiques et phonémiques	Normale ou largement préservée	Trouble dominant	
Globale	Réduite parfois mutisme	Anormale	Altérée	
Trans-corticale motrice	Réduite avec production explosive	Normale ou largement préservée	Possible	
Trans-corticale sensitive	Fluente mais peu abondante	Anormale	Possible	
Sous-corticale	Réduite, avec hypophonie et paraphasies	Normale	Normale	

À chaque anomalie linguistique correspond une stratégie rééducative. Globalement dans les aphasies peu fluentes, on recherche un bon contrôle volontaire de la motricité bucco-linguale, puis on cherche à lutter contre le manque du mot en utilisant des méthodes de facilitation par série automatique ou contexte, puis on enrichit progressivement le vocabulaire et enfin on lutte que l'agrammatisme.

Lorsqu'existent des stéréotypies ou un jargon, on essaye au contraire de limiter les productions spontanées, et de recentrer l'individu vers des productions verbales adaptées.

Bien souvent l'orthophoniste joue aussi un rôle de conseil auprès de l'entourage du patient pour faciliter la communication avec le patient, et éviter que s'instaurent des habitudes susceptibles de nuire à l'évolution.

Dans certains cas d'aphasie sévère, on ne cherche plus à restaurer le langage mais à optimiser les possibilités de communication, en développant les stratégies non verbales.

2.7 Rééducation des dysphonies et dysarthries

La dysphonie est généralement liée à un surmenage vocal, et après une période de mise au repos quelques séances d'orthophonie peuvent être utile pour apprendre à mieux placer sa voix, et recevoir quelques conseils d'hygiène vocale. Parfois la dysphonie est fonctionnelle sans support organique.

Il existe de nombreuses dysarthries : paralytique, cérébelleuse, extra-pyramidale… Une rééducation orthophonique est possible, les résultats sont souvent modestes mais une meilleure intelligibilité est un objectif tout à fait raisonnable.

2.8 Prise en charge des laryngectomisés

L'objectif de la rééducation consiste faire produire des sons « non laryngiens ». Il y a deux façons de le faire : utiliser l'air contenu dans votre bouche, c'est la voix œsophagienne, ou employer un larynx artificiel.

La voix œsophagienne est préférée car elle offre plus de possibilités d'intonation, de variation de volume, d'expression. Elle reste cependant plus grave, avec un volume relativement faible. Les statistiques révèlent que de 50 à 70 % des laryngectomisés réussissent à développer une voix œsophagienne satisfaisante. Les résultats dépendant grandement de la qualité de la rééducation, il est nécessaire d'orienter le malade vers une orthophoniste maîtrisant parfaitement la technique. Les services d'ORL ont souvent leurs correspondants.

Le larynx artificiel est un vibrateur qui appliqué sur la gorge, amplifie le chuchotement généré par les mouvements de la bouche. Il y a sur le marché plusieurs appareils. Comme pour le développement de la voix œsophagienne, l'utilisation efficace du larynx artificiel dépend de la motivation du laryngectomisé et de la qualité de l'entraînement reçu.

Les prothèses phonatoires créent une communication entre la trachée et l'œsophage, assurant ainsi le passage de l'air de la trachée vers le pharynx lors de la phonation. Un système anti-reflux empêche l'inondation trachéale lors de la déglutition.

2.9 Troubles de déglutition

L'orthophoniste partage cette compétence avec le kinésithérapeute. Le trouble de déglutition peut entrer dans le cadre d'une malformation ou d'une lésion anatomique, mais le plus souvent il est d'origine neurologique. Il peut concerner les différents temps de la déglutition.

2.9.1 Données de l'examen

L'examen clinique permet de se faire une idée des possibilités masticatoires, de la mobilité linguale et des réflexes pharyngés, mais l'intervention d'un ORL est souvent indispensable pour apprécier le dernier temps de la déglutition, et un examen par téléradiographie donne souvent de précieux renseignement.

2.9.2 Mesures générales de réadaptation

Elles permettent de limiter le risque de fausses routes :

- ***la posture :*** l'orthophoniste pourra faire travailler la posture assise qui ne doit pas occasionner de fatigue et permettre une position fléchie de la tête vers l'avant lors de chaque mouvement de déglutition.
- ***la texture des aliments :*** la texture semi-solide est la plus recommandée. Les liquides sont particulièrement susceptibles d'entraîner des fausses-routes. L'emploi de gélifiant ou d'épaississant est donc souvent recommandé. Les aliments solides susceptibles de s'émietter dans la bouche (viande hachée, riz...) sont à éviter. À un stade moins sévère, l'eau gazeuse sera préférée à l'eau plate.
- ***la température des aliments*** a aussi son importance. On préférera des températures chaudes ou froides plutôt que tièdes.
- ***le fractionnement des repas*** permet d'éviter la fatigue.
- ***l'environnement :*** le repas doit se prendre dans une atmosphère calme, sans facteurs de distraction.

2.9.3 Rééducation

Le geste automatique de déglutition doit être remplacé par un acte conscient et volontaire. Ainsi les phases de la déglutition seront décomposées afin d'en accroître le contrôle : la préhension et la mastication des aliments, la formation et la propulsion du bol alimentaire.

Les exercices à la disposition de l'orthophoniste sont nombreux. Des stimulations tactiles, gustatives et thermiques sont appliquées sur l'ensemble de la sphère buccale. Un travail moteur des lèvres, de la mâchoire, de la langue, du voile du palais et du larynx est demandé. La mobilité laryngée peut être aidée manuellement.

Le contrôle respiratoire, la toux doivent aussi être entraînés.

2.9.4 Troubles de l'oralité du nouveau-né

Les troubles de l'oralité surviennent chez le nouveau-né qui n'est pas alimenté pendant plusieurs semaines, voire plusieurs mois, pour des raisons médicales (réanimation, malformations digestives, fentes palatines...). Ils peuvent être extrêmement graves, l'enfant refusant ensuite de manger lorsque les problèmes médicaux sont résolus. En effet, la sphère oro-buccale est devenue hypersensible, le réflexe nauséeux est accentué et antériorisé, les mécanismes de succion-

déglutition, puis mastication ne se sont pas mis en place. L'alimentation n'est pas liée à la notion de plaisir, les goûts et textures d'aliments différents ne sont pas connus.
Une prise en charge précoce préventive par un orthophoniste, et par l'entourage soignant et familial formé par celui-ci, est indispensable : entretien de la sensibilité péri-buccale et buccale, stimulation des mécanismes de succion-déglutition, apprentissage des goûts et textures... Une rééducation plus active est réalisée lorsque l'alimentation est à nouveau possible.

2.10 Orthophonie et démence

L'orthophoniste partage cette compétence avec le neuro-psychologue.
La démence associe une altération progressive de la mémoire et de l'idéation à un trouble d'une ou plusieurs fonctions suivantes : langage, calcul, jugement, pensée abstraite, praxie, gnosie.
Le thérapeute tente d'enrayer ce déclin progressif en utilisant d'éventuelles capacités préservées ainsi que leurs possibles facteurs d'optimisation mis en évidence lors du bilan initial.
La rééducation utilisera ces capacités et leurs facteurs d'optimisation pour :
- *faciliter l'encodage mnésique et la récupération de l'information.* Il peut s'agir d'associer à l'encodage verbal une action motrice ou un facteur émotionnel ...
- *faciliter l'apprentissage de nouvelles connaissances.* L'information à apprendre est, par exemple, multiplement indicée. Cet indiçage est progressivement estompé.

Par ailleurs le thérapeute proposera au patient l'emploi d'un « aide-mémoire », le plus souvent sous la forme d'un agenda ou de cartes colorées, lui permettant de planifier ses activités pour une ou plusieurs journées.
Parallèlement l'orthophoniste prend en charge les troubles du langage et de la communication en privilégiant les discussions sous forme de phrases courtes, simples et informatives.
Les personnes proches du patient sont totalement intégrées dans cette prise en charge. L'orthophoniste les renseignera sur les capacités restantes à favoriser, sur l'intérêt de continuer à communiquer avec son proche par des discussions courtes, simples et informatives.

2.11 Actions substitutives de communication

Chez certains patients, lorsque la communication orale est compromise, on tente alors de développer un accès à un code écrit ou dessiné. Le choix d'un outil de désignation peut parfois poser problème, lorsque le patient associe, à ces troubles de communication, un déficit moteur et/ou cognitif. Les compétences associées d'un ergothérapeute sont alors précieuses.

Il ne faut cependant pas s'obnubiler par l'aspect technologique de l'accès à un code communicatif. Il faut veiller à développer globalement l'interactivité en prenant en compte les aspects extra-verbaux de la communication.

CONCLUSION

Comme les autres auxiliaires médicaux, l'orthophoniste a vu s'accroître son champ d'autonomie dans les activités de soins. Il n'en demeure pas moins que la conservation d'une relation étroite entre orthophoniste et médecin demeure le garant d'une prise en charge adaptée, quel que soit le type de patient.

5 Orthoptie

- **L'orthoptie se définit comme l'ensemble des méthodes d'examen et de traitements non chirurgicaux qui visent à améliorer les déséquilibres oculomoteurs et l'acuité visuelle. L'orthoptiste est un auxiliaire de santé formé en 3 ans d'études universitaires et dont les compétences ont été définies et élargies par le décret de compétences de juin 2001.**
- **L'othoptiste travaille sous prescription médicale.**

1 MODALITÉS DE PRESCRIPTION

1.1. Bilans

L'orthoptiste pratique des bilans et des actes d'exploration fonctionnelle :

- bilan des déséquilibres oculomoteurs ;
- bilan de basse vision ;
- détermination objective de l'acuité visuelle (réfraction) ;
- enregistrement du champ visuel ;
- exploration du sens chromatique ;
- courbe d'adaptation à l'obscurité.

Les bilans se pratiquent sur prescription médicale. Ils comprennent le diagnostic, le plan de soins et l'objectif. Le bilan est communiqué au médecin prescripteur par l'orthoptiste qui détermine si nécessaire, la nature et le nombre de séances de rééducation, les actes et les techniques appropriées. L'orthoptiste établit la demande d'entente préalable adressée à la CPAM avec le double de la prescription initiale du bilan.

1.2 Traitements

L'orthoptiste traite les troubles de la fonction visuelle suivants :

- déséquilibres oculomoteurs, hétérophories, strabismes, paralysies oculomotrices ;
- troubles neurosensoriels afférents à ces déséquilibres, mauvaise compensation fusionnelle, diplopie, neutralisation, accord binoculaire anormal, fatigue visuelle et troubles de l'accommodation-convergence ;
- déficits sensoriels, amblyopie fonctionnelle, basse vision résultant de lésions organiques.

Les traitements peuvent être entrepris après 15 jours d'envoi du formulaire sauf urgence où il faut indiquer sur l'entente préalable « Acte urgent ».

Le nombre de séance et leur cotation sont fonction de l'affection à traiter :
- 12 séances pour une hétérophorie ou une insuffisance de convergence ;
- 15 séances pour un strabisme ou une paralysie oculomotrice ;
- 10 séances pour une basse vision.

Ces séances peuvent être renouvelées, en accord avec le médecin prescripteur.
Les orthoptistes sont conventionnées et les cotations sont en AMY, cotation spécifique suivant l'acte effectué.
Un compte rendu est adressé au médecin en fin de traitement.

2 ÉQUILIBRE OCULOMOTEUR ET VISION BINOCULAIRE

Les mouvements oculaires qui sont en fait des mouvements binoculaires procèdent d'une organisation complexe. Six muscles pour chaque œil, comportant chacun des synergistes et des antagonistes homolatéraux et controlatéraux, permettent des mouvements horizontaux, verticaux et obliques. Toute déviation, qu'elle soit paralytique ou strabique, désorganise l'équilibre oculomoteur et provoque des réactions secondaires musculaires et sensorielles.
L'organisation rétinocorticale permet la perception d'une image unique par projection sur des points rétinocorticaux correspondants. Cette « correspondance rétinocorticale normale » (CRN) a pour corollaire la fusion des images avec une certaine amplitude de fusion et en divergence et convergence. Toute déviation des axes visuels entraîne une diplopie par projection du même stimulus en deux points différents de l'espace, c'est ce que l'on rencontre dans les paralysies.

3 DÉFICITS OCULOMOTEURS ET LEUR PRISE EN CHARGE

3.1 Hétérophories et insuffisance de convergence

Les hétérophories sont des déviations maintenues latentes par la fusion, la déviation n'apparaissant qu'à la dissociation. Du point de vue sensoriel, la vision binoculaire est normale, la motilité également.
Cette décomposition peut se faire en convergence entraînant une ésophorie, en divergence entraînant une exophorie, en verticalité, une hyper ou hypophorie.
Les hétérophories sont très fréquentes. Certaines sont bien compensées, d'autres provoquent des troubles fonctionnels, des céphalées, des douleurs oculaires, une gêne en vision de près ou de loin.
Une fatigue visuelle peut apparaître également par simple déficit de fusion ou ***insuffisance de convergence***. Ce trouble de fonction peut être lié à une fatigue générale, aux conditions de travail, à un état psychique déficient, à la prise d'antidépresseurs, mais peut survenir également après un traumatisme.

Comme l'hétérophorie à laquelle elle est souvent associée, l'insuffisance de convergence est traitable.

Traitement : Pour les hétérophories et l'insuffisance de convergence, le but du traitement est de retrouver un confort visuel améliorant l'amplitude de fusion et en normalisant le rapport accommodation-convergence de loin et de près. Ceci en interposant des prismes de valeur croissante provoquant un mouvement compensateur en divergence ou convergence jusqu'à une amplitude correcte. Ce travail peut être également fait avec d'autres méthodes permettant de travailler les mouvements fusionnels tels le travail au synoptophore. C'est un appareil conçu sur le principe du stéréoscope et qui permet de présenter à chaque œil une image identique dont un détail diffère. Le sujet doit fusionner les deux images sur un parcours de divergence et de convergence. Cette rééducation porte également sur l'amélioration du punctum proximum de convergence (PPC) ainsi que la motilité, poursuite et saccades.

3.2 Paralysies oculomotrices

Nous distinguons les paralysies neurogènes, nucléaires tronculaires ou radiculaires et les paralysies dues à une atteinte myogène ou orbitaire.

Ces paralysies présentent une sémiologie commune de la motricité conjuguée avec :

- une déviation bien systématisée ;
- une diplopie variable suivant la direction du regard ;
- des troubles de la localisation spatiale ;
- et souvent un torticolis oculaire pour rechercher une zone de vision binoculaire sans diplopie.

Dans les paralysies acquises, il n'y a pas de désorganisation binoculaire anormale, le sujet restant en CRN, avec accord binoculaire normal latent.

Ces paralysies ont des étiologies communes, traumatiques, compressives, infectieuses, vasculaires, inflammatoires, toxiques.

Traitements : ils sont variables suivant l'importance de la déviation et de l'évolution.

Pour les paralysies oculomotrices, l'objet du traitement consiste à en suivre l'évolution (régressive dans 80 % des cas) en compensant la déviation avec des prismes. Ceci permet d'éviter la diplopie, de supprimer les troubles de localisation spatiale et le torticolis oculaire s'il existe. Les prismes permettent également de maintenir et d'exercer constamment la vision binoculaire. Leur puissance sera diminuée progressivement et relayée par un développement de l'amplitude de fusion lorsque la paralysie aura régressé.

Les paralysies de la motricité conjuguée et les paralysies de fonction qui sont le fait de syndromes neurologiques complexes relèvent de l'orthoptiste pour le bilan. Le traitement orthoptique, traitement de fusion ou de compensation prismatique de la diplopie n'est possible qu'en fonction de l'atteinte neurologique et de son évolution.

3.3 Strabismes

Dans les strabismes, la désorganisation sensorielle est plus complexe. Sur les bases de la déviation s'installe une adaptation binoculaire avec modification des références spatiales. C'est ce que l'on nomme en clinique une « correspondance rétinocorticale anormale » ou CRA. Ces modifications ont lieu dans la période de plasticité corticale de l'enfance lors des strabismes précoces et sont irrécupérables.

Ce sont des syndromes oculomoteurs à deux composantes, une déviation motrice dite déviation strabique, et une composante sensorielle avec altération et désorganisation binoculaire corticale. Celle-ci est fonction de l'âge d'apparition du strabisme, la dégradation étant d'autant plus importante que le strabisme est apparu précocement. Elle dépend aussi des modalités d'apparition permanente ou intermittente.

Les formes de strabismes sont multiples. Ils existent des strabismes fonctionnels, d'origine centrale, dus à une mauvaise régulation du tonus ou à un dérèglement de la synergie accommodation-convergence. Il existe des strabismes dits anatomiques ou orbitaires de cause périphérique. Les traitements sont variables suivant les cas.

Traitements : Cependant, dans tous les cas, la correction optique du trouble de réfraction s'impose, pour diminuer ou supprimer le facteur accommodatif plus ou moins important.

Pour certains strabismes dits « accummodatifs purs », la correction optique supprime le strabisme et constitue le seul traitement.

En ce qui concerne les strabismes précoces, la vision binoculaire qui s'élabore dans les premiers mois de la vie n'ayant pu s'établir, la préoccupation première est d'éviter une amblyopie, ceci en maintenant une alternance pour que les deux yeux développent une vision correcte. Cette alternance sera obtenue soit par occlusion, soit par des petits secteurs. Les secteurs sont des occlusions partielles placées sur les verres correcteurs, films opaques et générales verticaux que l'on place sur la partie nasale du verre de façon à peu près symétrique. L'enfant strabique utilise ses deux yeux simultanément pour le regard en face, alors qu'en position latérale, l'œil droit est utilisé pour le regard à droite, l'œil gauche pour le regard à gauche. Ceci permet de maintenir l'alternance en attendant un acte chirurgical qui diminue la déviation et permet un accord binoculaire qui ne sera jamais parfait. Ces secteurs permettent également d'exercer l'abduction, la mobilité étant perturbée par ce strabisme.

Pour les strabismes tardifs, la vision binoculaire ayant pu s'exercer avant l'apparition du strabisme, nous nous retrouvons dans le cas des paralysies avec une déviation que nous pouvons prismer en attendant l'acte chirurgical qui rétablira la vision binoculaire, amenant la guérison du strabisme.

3.4 Amblyopie fonctionnelle

Elle est définie comme une baisse d'acuité visuelle, sans lésion organique, le plus souvent unilatérale. Elle touche essentiellement la vision centrale.
On différencie trois étiologies, soit une privation due à un obstacle mécanique tel un ptosis, soit un strabisme par non usage de l'œil dévié, soit une différence de réfraction entre les deux yeux. Cette amblyopie fonctionnelle unilatérale très fréquente chez l'enfant strabique, est traitable.

Traitement : L'amblyopie fonctionnelle unilatérale doit être traitée de manière précoce si l'enfant est suivi, et quelle que soit l'origine de cette amblyopie fonctionnelle. Le traitement passe par la correction optique, tout trouble de réfraction devant être corrigé mais seule, celle-ci n'est pas suffisante. Elle doit être associée à une occlusion totale par pansement sur l'œil fixateur. Ce traitement par occlusion demande un suivi d'autant plus rapproché que l'enfant est jeune pour éviter toute amblyopie à bascule. Il sera suivi de méthodes de relais, soit occlusion intermittente, soit filtres plus ou moins opaques sur lunettes pour l'œil fixateur.
Chez l'enfant plus grand, le relais de l'occlusion totale peut être pris par des pénalisations optiques, c'est-à-dire une correction volontairement inexacte de l'œil fixateur, obligeant l'œil amblyope à travailler dans une direction de l'espace, de loin ou de près suivant la pénalisation prescrite.
L'amblyopie fonctionnelle est d'autant plus guérissable que l'enfant est jeune et la plasticité cérébrale plus importante. Mais dans tous les cas, le traitement est long, notamment pour la consolidation et la surveillance doit être maintenue. La limite de récupération se situe vers l'âge de 8 à 10 ans maximum.

3.5 Amblyopie organique ou basse vision

La baisse d'acuité visuelle est due à une altération du système visuel, quel qu'en soit le type de la localisation.
Les étiologies sont diverses, cataractes congénitales, glaucomes congénitaux, affections rétiniennes dégénératives tels la dégénérescence maculaire liée à l'âge (DMLA), les défauts de réfraction importants, certains cas de nystagmus. Ces déficits sont en général bilatéraux constituant les cas de « malvoyance ».
Plutôt que d'amblyopie organique ou de malvoyance on parle aujourd'hui de « basse vision » pour laquelle un traitement de réadaptation sur la base de la vision restante est pratiqué.
La classification de la basse vision tient compte de plusieurs paramètres du déficit visuel, baisse de l'acuité visuelle, diminution du champ visuel, vision

des contrastes et des couleurs, notion de mouvement. Ces déficits ne relèvent pas ou peu de traitements médicaux ou chirurgicaux.

Traitement : La basse vision dont le traitement s'est développé depuis quelques années dans le cadre de l'orthoptie est plus un traitement de réadaptation que de rééducation. Chez l'enfant ou chez l'adulte, le but du traitement est une adaptation aux conditions de vision résiduelle en faisant rechercher et ressortir toutes les possibilités de suppléance à tout déficit qu'il touche la vision centrale, maculaire, ou le champ visuel ou tout autre élément de la fonction visuelle.

Chez l'adulte il s'agit le plus souvent de basse vision acquise dont la cause la plus fréquente est la DMLA ou dégénérescence maculaire liée à l'âge.

Après des bilans précis, réfraction, champ visuel, examens électrophysiologiques ERG, PEV, le but est de rechercher les possibilités de compensation sur les bases de la vision résiduelle ou vision fonctionnelle.

Le travail est basé sur la stimulation de la fixation centrale ou excentrée, le repérage de cibles, la discrimination, la motricité conjuguée et le recours et l'adaptation à des aides visuelles optiques, loupes, systèmes télescopiques ou informatisés.

Souvent cette rééducation orthoptique est associée à une prise en charge parallèle, ergothérapie, psychomotricité, locomotion.

À côté des basses visions, on peut inclure l'héminégligence qui est une perturbation d'origine corticale pour laquelle il peut y avoir une prise en charge orthoptique de réadaptation.

CONCLUSION

Les orthoptistes dont le décret de compétence a été élargi en juillet 2001, peuvent pratiquer en dehors des bilans et traitements décrits, la réfraction, l'exploration fonctionnelle telle les champs visuels et les bilans des couleurs. Tous ces actes se pratiquent sur prescription médicale, leur interprétation restant du domaine du médecin. Ceci amène à une collaboration très proche avec les ophtalmologistes mais également avec les médecins généralistes et autres spécialistes notamment avec les pédiatres et les neurologues.

POUR EN SAVOIR PLUS

A.B. Safran, A. Assimacopoulos. Le déficit visuel, de la neurologie à la pratique de la réadaptation. Masson éd. Paris, 1995

M. Leroy, M. C. Cornudet, Othopsie de A à Z. D.G.D.L. éd, Marseille, 2001.

6 Ergothérapie

- **L'ergothérapeute est un auxiliaire médical qui, sur prescription médicale, peut intervenir à tous les stades du processus de rééducation, de réadaptation et de réinsertion des personnes en situation de handicap.**
- **L'ergothérapie a pour objectif de contribuer aux traitements des déficiences, des dysfonctionnements, des incapacités ou des handicaps de nature somatique, psychique ou intellectuelle en sollicitant, en situation d'activité ou de travail, les fonctions déficitaires et les capacités résiduelles des personnes traitées, pour leur permettre de maintenir, récupérer ou acquérir une autonomie individuelle, sociale ou professionnelle.**
- **L'ergothérapie est dans la lutte contre le handicap en situation de vie une discipline majeure. Les activités spécifiquement pédiatrique et psychiatrique n'ont pas été développées ici pour privilégier l'approche fonctionnelle.**

1 ACCÈS À L'ERGOTHÉRAPIE

Le décret définissant la profession d'ergothérapeute prévoit que cette activité s'exerce en établissement ou service à caractère sanitaire ou médico-social. Ce statut de salarié est confirmé par l'absence de lettre clef pour les actes d'ergothérapie à la nomenclature générale des actes professionnels et donc de base de remboursement. Ce n'est pas l'idéal pour une profession orientée vers l'insertion en milieu ordinaire de vie. Il existe cependant quelques solutions pour une personne qui n'est pas hospitalisée ou institutionnalisée d'avoir recours à un ergothérapeute.

1.1 Ergothérapie libérale

Les ergothérapeutes libéraux sont encore peu nombreux, la consultation des pages jaunes permet de prendre connaissance des possibilités existantes. Ils peuvent alors avoir des actions ponctuelles pour proposer un aménagement du domicile ou une aide technique, ou des actions plus prolongées de rééducation ou réadaptation. Le financement de leurs interventions doit alors être abordé de façon personnalisée avec les recours existants, par exemple dans le cadre des prestations supplémentaires de la sécurité sociale ou auprès des mutuelles.

1.2 Ergothérapie des associations

Les grandes associations de personnes handicapées ont développé depuis quelques années de très utiles services technico-sociaux d'aide à la vie quotidienne. Ces « équipes spécialisées pour la vie autonome à domicile » (ESVAD) de l'Association des Paralysés de France ou « services régionaux d'aide et d'information » (SRAI) de l'Association Française contre les Myopathies peuvent proposer un accompagnement comprenant l'intervention d'un ergothérapeute et d'un travailleur social en vue de la réalisation d'un projet précis. Néanmoins il ne s'agit pas tout à fait de la pratique d'une ergothérapie de réadaptation suivie à domicile.

1.3 Centres d'Information et de Conseils en Aides Techniques (CICAT) et sites pour la vie autonome

Les Centres d'Information et de Conseils en Aides Techniques disposent également dans leurs équipes d'un ergothérapeute susceptible d'intervenir chez un patient pour la définition d'une aide technique adaptée. Chaque région a en principe son CICAT et les professionnels de réadaptation fonctionnelle les connaissent.

Cette fonction de détermination de l'aide technique adaptée aux besoins et à la demande d'une personne est maintenant relayée aussi au niveau de chaque département français par les « *sites pour la vie autonome* » et ses « *équipes labélisées* ».

Ces services sont utiles pour l'accès à l'aide technique nécessaire mais ne pratiquent pas le réentraînement fonctionnel.

1.4 Ergothérapie dans le cadre institutionnel

Les structures de rééducation ne peuvent proposer un traitement ergothérapique que dans le cadre d'une hospitalisation de jour ou conventionnelle.

L'offre est meilleure dans le domaine de l'évaluation ergothérapique. De nombreux services de médecine physique et réadaptation offrent des consultations dans lesquelles , sur prescription du médecin rééducateur, un ergothérapeute peut intervenir. Peuvent y être réalisés des bilans de déficiences et d'autonomie, des orthèses, des conseils et des essais d'aides techniques, un interrogatoire sur les conditions d'aménagement...

Quelques structures sanitaires ont monté des unités de consultations mobiles comprenant un ergothérapeute pour des visites à domicile, le plus souvent ces visites sont réservées aux patients hospitalisés, mais des visites de contrôle après la sortie sont possibles.

1.5 Hospitalisation à domicile

Certains services d'hospitalisation à domicile comportent une prise en charge en ergothérapie qui peut ici prendre une dimension plus globale par actions thérapeutiques sur les trois niveaux : analytique, fonctionnel et environnemental.

UN EXEMPLE PARTICULIER

Un établissement hospitalier du Nord de la France a développé un service de soins coordonnés ville-hôpital de rééducation et réadaptation fonctionnelles pour adultes à domicile dans le cadre d'un partenariat sur le terrain entre les acteurs libéraux y existant et des acteurs hospitaliers travaillant hors les murs de l'hôpital, au rang desquels des ergothérapeutes, pour des programmes les plus complets possibles de lutte contre le handicap en situation réelle de vie. Le financement de ces suivis thérapeutiques est mixte, à la fois budget hospitalier pour les prestations assurées à domicile par les hospitaliers et assurance maladie pour les prestations assurées par les professionnels libéraux.

À côté de l'ergothérapie de conseil et d'adaptation, il existe une ergothérapie de réentraînement fonctionnel à domicile qui demeure insuffisamment développée.

2 ÉVALUATION EN ERGOTHÉRAPIE

La réalisation d'une évaluation initiale est nécessaire à l'équipe de rééducation et à l'équipe soignante pour définir avec le patient un projet de vie qui permet de fixer les objectifs et les modalités de la rééducation. Il tient compte des désirs et des volontés du patient comparés à ses capacités physiques actuelles et leur évolution prévisible après rééducation. La répétition des évaluations permet de vérifier l'efficacité du traitement entrepris. Suivant le mode de prise en charge du patient (institutionnel ou au domicile), le bilan s'effectue dans les conditions réelles de vie, dans la salle de rééducation ou en appartement thérapeutique.

Dans chaque cas le bilan sera analytique à la recherche et l'évaluation d'une déficience.

Au domicile et en appartement thérapeutique le bilan analytique sera complété par un bilan fonctionnel. Le patient effectue, en présence du thérapeute, ses activités quotidiennes.

Il existe, pour les bilans analytiques, des échelles ou grilles de recueil des données adaptées à chaque pathologie.

De multiples échelles de dépendance sont disponibles pour l'analyse des activités quotidiennes, cependant, l'analyse environnementale, qui joue un grand rôle dans l'autonomie des patients est plus difficile à traduire sur le papier. Pour se faire, l'ergothérapeute utilise, le plus souvent, un outil personnel décrivant chaque poste dans lequel est noté le maximum de remarques sur l'environnement.

2.1 Bilan de la déficience

Il n'a rien de spécifique à la profession. Il s'agit par exemple de réaliser un bilan ostéo-articulaire après pathologie traumatologique ou rhumatologique, un bilan de la motricité et des sensibilités dans le cadre de pathologie neurologique...

2.2 Bilan fonctionnel

L'évaluation fonctionnelle du membre supérieur par exemple comprend un bilan gestuel et un bilan des préhensions, incluant habileté, vitesse d'exécution, précision, capacité de manipulation et de déplacement du membre supérieur dans l'espace, reconnaissance des objets, force musculaire...

2.3 Évaluation de la dépendance

Elle concerne tout acte quotidien : déplacement, transfert, communication, habillage, hygiène, alimentation, loisir, activités ménagères, insertion scolaire ou professionnelle...
Des échelles adaptées à l'âge, aux activités de loisirs, à la scolarité ou aux activités professionnelles permettent de l'autonomie du patient dans son cadre de vie.

2.4 Bilan environnemental

Il concerne à la fois l'environnement humain et matériel.
Le bilan concernant l'environnement humain permet de connaître le niveau d'aide humaine auquel la personne a recours quotidiennement.
Il peut s'agir du passage régulier d'acteurs de santé pour l'aide à la toilette, le nursing, le portage des repas...
Les aidants naturels (conjoint, enfant, parent, autre membre de la famille, amis ou voisins) sont souvent mis à contribution. Leur disponibilité et leur résistance physique et morale doivent être évaluées.
Le bilan concernant l'environnement matériel et architectural analyse, par rapport aux capacités physiques du sujet, les éléments limitant l'autonomie : problèmes d'accessibilité et de circulation dans ou à l'extérieur du logement ; agencement non adapté de l'intérieur du domicile...

3 ERGOTHÉRAPIE ET RÉÉDUCATION

Ce rôle important de l'ergothérapeute n'est encore pratiquement assuré qu'en centre de médecine physique et réadaptation et en établissement médico-social.

Le but de la rééducation par l'ergothérapie est la récupération du geste et de l'autonomie. Alors que l'objectif en kinésithérapie sera de récupérer des amplitudes articulaires maximales, l'ergothérapie tentera de rendre à ces amplitudes articulaires leur fonctionnalité : savoir antéfléchir une épaule, étendre un coude et ouvrir les doigts pour pouvoir attraper un objet n'est pas suffisant ; il faut que l'approche, la saisie, le maintien et le lâcher de cet objet soit fonctionnel.
Les méthodes de rééducation utilisées en ergothérapie sont les mêmes qu'en kinésithérapie. La spécificité de l'ergothérapie est d'utiliser, dès que la récupération le permet, l'activité et la confrontation aux objets dans des situations adaptées aux capacités du patient.
Les activités peuvent être artisanales (vannerie, poterie...), ludiques ou créatrices. Il peut s'agir d'exercices (déplacement d'objet, graphisme, travail analytique d'équilibre...) ou d'acte de la vie quotidienne (réalisation de la toilette, de plats cuisinés...). Les activités utilisent de plus en plus les technologies nouvelles (informatique). Les activités humaines sont innombrables et nous ne pourrons donner ici que quelques exemples. Tout le talent de l'ergothérapeute est de choisir l'activité en fonction du besoin réel, défini par les déficits observés et par la priorisation par le patient des tâches qu'il souhaite pouvoir de nouveau accomplir. Par ailleurs, les fonctions restantes seront sollicitées.

3.1 Installation du patient

Pour favoriser la récupération analytique, l'ergothérapeute s'attache en premier lieu à lutter contre l'apparition de troubles orthopédiques et cutanés liés à l'immobilisation. Ceci passe par une bonne installation du patient au lit et au fauteuil grâce à des cales, des accoudoirs, des coussins, des bottes de posture et/ou de décharge réalisées « artisanalement » taillés dans des blocs de mousse ou achetés dans le commerce.

3.2 Mobilisation

Le travail analytique débute par la mise en mouvement des articulations du (ou des) membres atteint(s). Le mouvement est réalisé sur un mode passif, puis actif aidé puis actif, selon les indications et les capacités du patient. Il s'agit de reproduire un geste courant, choisi en fonction des articulations à mobiliser. Progressivement, le patient apprend à effectuer seul le mouvement, puis le geste souhaité en manipulant des objets ou en réalisant une activité. Le travail se fait en difficulté croissante, de la position couchée à assise et, si cela est possible, debout. Ce travail peut se faire devant une table inclinable, en mobilisant des cônes ou d'autres objets ; sur plateau canadien (plateau troué sur lequel le patient doit positionner des bâtons) ; ou par la réalisation d'activité de bricolage, de vannerie ou autre.

3.3 Travail des sensibilités

De nombreuses pathologies sont associées à des troubles des sensibilités superficielle et profonde qui entravent la récupération de l'autonomie et sont sources de blessures ou de brûlures dans la vie quotidienne.
L'ergothérapeute travaille la sensibilité épicritique par la reconnaissance de matières, courantes et usuelles, de plus en plus semblables.
Par la mise en en situation (mélange d'ingrédients lors de la réalisation de plats cuisinés, réalisation d'activités dans l'eau : toilette, cuisine...) l'ergothérapeute sollicite, dans un objectif fonctionnel, les sensibilités superficielles et profondes.

3.4 Rééducation sensitivomotrice

L'ergothérapeute joue un rôle important dans le travail dit sensitivo-moteur proposé en cas de pathologie neurologique centrale. Les méthodes employées sont les mêmes qu'en kinésithérapie. L'objectif vise la fonctionnalité du geste. Le choix de l'une ou l'autre technique est fait suivant le degré de l'atteinte neurologique, l'état des fonctions cognitives et les signes associés. Suivant l'évolution, le passage de l'une à l'autre des techniques est possible.
La méthode de Bobath s'adresse, essentiellement, aux patients spastiques. Les réactions posturales sont facilitées en respectant la progression des acquisitions motrices décrites chez l'enfant.
La méthode de Perfetti s'adresse aux patients n'ayant pas de trouble majeur de la compréhension et de l'attention. Le principe de base repose sur l'utilisation de stimuli sensitifs périphériques.
La méthode de Brunnstrom s'adresse aux patients ayant un niveau faible de récupération sensori-motrice. Le thérapeute utilise les réflexes archaïques pour faciliter l'activité motrice.
En fait tout travail de préhension combine le développement de l'exploitation des performances sensitives et l'amélioration de la commande motrice.

3.5 Travail de l'équilibre et du contrôle postural

Il s'adresse aux nombreuses pathologies rendant difficiles les transferts, la déambulation et tout acte de la vie quotidienne (pathologies neuro-dégénératives de type maladie de Parkinson, sclérose en plaques, sclérose latérale amyotrophique, pathologies neurologiques de type myélopathie cervicarthrosique, neuropathie, de pathologie rhumatologique de type polyarthrite rhumatoïde ou arthrose polyarticulaire, de perte d'autonomie progressive...)
L'ergothérapeute a pour but le contrôle postural assis, la réalisation des transferts, le contrôle postural debout puis la déambulation. En complément de ce qui est fait en kinésithérapie ces différents stades seront travaillés dans un but de l'acquisition d'une autonomie. Le travail du contrôle postural sera dans

un premier temps réalisé assis devant une table, puis debout. Dans ces stations, le report de poids, la dissociation des ceintures, le transport de charge, les stratégies de positionnement face à un objet, l'équilibre sont travaillés. Ces différentes acquisitions sont en effet nécessaires pour la déambulation et les activités de la vie quotidienne : cuisine, toilette, ménage...

3.6 Rééducation neurophysiologique

À côté des neuropsychologues et des orthophonistes, les ergothérapeutes sont amenés à prendre en charge des patients porteurs de troubles neurophysiologiques.

L'orthophoniste fait travailler le patient sur papier. La reconnaissance d'objets, le schéma corporel, les négligences spatiales seront travaillées par l'intermédiaire d'images, de photos, d'écriture...

L'ergothérapeute fera travailler le patient en situation :

Travail par l'intermédiaire de l'environnement : installation de l'environnement dans le territoire négligé chez un hémiplégique présentant une héminégligence dans un but de stimulation neuro-sensorielle,

Travail dans l'environnement : travail du repérage spatial par déambulation dans la chambre, les couloirs...

Travail du schéma corporel, au début de la rééducation, sur dessin ou puzzle puis très rapidement sur le sujet lui-même. Il s'agit d'apprendre à reconnaître, à situer un membre puis à le nommer. Ces acquisitions aideront au travail de contrôle postural.

Compte tenu de leur complémentarité ces rééducations sont plus efficaces si elles sont réalisées conjointement (orthophoniste et ergothérapeute).

4 ERGOTHÉRAPIE ET RÉADAPTATION

4.1 Principes généraux

À ce stade, l'ergothérapie cherche à diminuer le handicap de la personne présentant une déficience. Il s'agit de développer des solutions de compensation. L'objectif final est l'autonomie du patient. Le principe du travail de réadaptation est la mise en situation. L'ergothérapeute peut agir à quatre niveaux :

– en développant des compensations :
  - soit en sur-développant les possibilités résiduelles (par exemple apprendre à écrire avec la main gauche pour un droitier) ;
  - soit par l'apprentissage d'une nouvelle façon de procéder (enfiler une veste en commençant par le bras paralysé par exemple) ;

- en améliorant les performances par l'utilisation d'outils spécifiques (aides techniques) ;
- en organisant des aides humaines, en faisant appel à certains services ;
- en aménageant l'environnement.

4.2 Réentraînement aux activités de la vie quotidienne

En structure de rééducation, elle peut se faire en chambre pour certaines activités (toilette, habillage-déshabillage, utilisation des toilettes, gestion des médicaments, utilisation de certains moyens de communication : téléphone, télévision) et en appartement thérapeutique pour d'autres activités plus complexes (préparation des repas, ménage, vaisselle, lessive...), voire en atelier ou en extérieur.

Au domicile du patient, cette réadaptation pourra se faire dans les conditions réelles de vie. Les mises en situation au domicile permettent à l'ergothérapeute d'évaluer le patient dans ses conditions réelles de vie. Pour les cas où le travail ne peut être effectué au domicile, il existe des simulateurs de logement dont l'agencement modulaire permet de reproduire les caractéristiques du logement du patient.

Les déplacements en ville, la réalisation des achats dans les magasins méritent parfois un entraînement spécifique. Les ergothérapeutes des établissements de rééducation peuvent parfois sortir en ville avec leur malade dans le cadre de permissions à visée thérapeutique.

La reprise de la conduite automobile peut nécessiter le recours à un simulateur de conduite. Celui-ci permet de « tester » les capacités du patient avant la mise en situation réelle. Suite à ce test l'ergothérapeute pourra être amené à proposer au patient un aménagement du véhicule.

En cas de nécessité d'entrée en institution, l'ergothérapeute tentera d'aider le patient à maintenir une autonomie maximale dans les activités de vie quotidienne pour maintenir une qualité de vie correcte.

4.3 Aides techniques

Les aides techniques compensent les incapacités du sujet pour réduire le désavantage social. Ce sont les divers matériels utilisables pour se mouvoir, agir sur son environnement, communiquer et accomplir les actes de la vie quotidienne, domestique, sociale ou professionnelle. Chaque étape de l'évolution de la pathologie d'un patient peut nécessiter le recours à une aide technique. Cette aide sera temporaire lorsque la pathologie évolue favorablement ou définitive au stade de séquelles responsables de déficiences.

On distingue :

Les objets usuels d'utilisation spécifique : Il s'agit d'objets, devenus familiers, créés pour faciliter certaines activités de la vie quotidienne, et qui sont indispensables pour certaines incapacités : télécommandes (télévision, luminaire...), ouvertures électriques (volets, portes...), informatique ...

Le matériel spécialisé distribué sur catalogue ou dans les pharmacies ou par le revendeur de matériel médical (présenté en détail au chapitre 7). Il n'est pas remboursé en dehors des aides à la déambulation, de la chaise percée et du couteau-fourchette pour hémiplégique. Il peut faire l'objet d'une demande de prestations extra-légales auprès de la sécurité sociale. Des participations financières peuvent être obtenues par le biais des mutuelles, des associations, des caisses d'allocations familiales ou de retraites, des collectivités locales. En cas de procédure d'indemnisation contre un tiers responsable, des financements peuvent être obtenus auprès des compagnies d'assurance.

L'ergothérapeute pourra parfois concevoir lui-même un dispositif pour une activité spécifique dans un contexte pathologique particulier.

4.4 Aides humaines

En cas d'incapacité non améliorée par les aides techniques, certaines activités peuvent être prises en charge par d'autres services. C'est le cas de la réalisation des repas qui pourra être suppléée par le portage des repas au domicile, du ménage qui pourra être réalisé par une aide ménagère, de la toilette qui pourra être réalisée par une aide soignante...

4.5 Aménagement du domicile

Il peut s'agir de « petits travaux » tels que :
- l'adjonction de rampe pour aider à la pratique d'escaliers,
- l'adjonction de barre d'appui pour aider aux transferts,
- l'adjonction de tabouret ou de tapis anti-dérapant dans une douche ou une baignoire,
- la modification de la disposition des meubles pour améliorer les espaces de déambulation,
- la suppression de tapis ou de fils électriques (facteurs de risque de chute)...

Ou de travaux plus importants tels que :
- la modification de l'agencement d'une salle de bain ou d'une cuisine,
- la mise en place de rails au plafond pour lève-malade,
- la mise en place d'un ascenseur d'escalier.

Voire la construction d'un nouveau logement.

La prise en charge des aménagements du domicile dépend de la nature des travaux. Les petits travaux ne sont pas pris en charge. Les gros travaux peuvent faire l'objet d'une demande de prestations extra-légales auprès de la sécurité sociale.

4.6 Réinsertion professionnelle

L'ergothérapeute a un rôle important à jouer dans la réadaptation professionnelle du patient. Il analyse les conditions antérieures du poste de travail et évalue les possibilités de reprise de l'activité professionnelle. La plupart des centres de rééducation disposent d'un atelier et de postes informatiques aménagés, qui permettent certaines évaluations en situation. Si un aménagement du poste de travail paraît nécessaire, il pourra être suggéré au médecin de l'entreprise.

5 ERGOTHÉRAPIE ET APPAREILLAGE

Les ergothérapeutes sont à même de réaliser, sur mesure certaines orthèses et de certains vêtements compressifs.

5.1 Orthèses

L'ergothérapeute réalise des orthèses en matériau thermoformable, moulées sur le patient essentiellement sur la partie distale du membre supérieur. Il existe une grande variété de matériaux (fin, épais, à mémoire, perforé...) choisis en fonction du type d'orthèse à fabriquer.

Les orthèses de repos (en position fonctionnelle) permettent de lutter contre l'apparition d'attitudes vicieuses dans des pathologies rhumatologiques destructrices (arthrose, polyarthrite rhumatoïde).

Les orthèses d'immobilisation sont utilisées, temporairement, pour immobiliser des articulations atteintes de pathologies infectieuses potentiellement destructrices, ou dans certaines fractures.

Les orthèses de stabilisation sont indiquées en cas de laxité gênante (doigt) ou d'instabilité douloureuse (poignet).

Les orthèses d'inhibition sont indiquées dans les pathologies neurologiques où il existe une composante spastique avec une tendance à la rétraction du poignet et des doigts, le plus souvent en flexion.

Les orthèses dynamiques sont fabriquées pour suppléer des fonctions déficitaires lors d'atteintes neurologiques périphériques, ou pour corriger des positions vicieuses en exerçant une traction douce et prolongée.

5.2 Vêtements de compression

Ils permettent de lutter contre les troubles trophiques chez les brûlés. Ce sont des traitements adjuvants aux traitements curatifs instaurés dans des pathologies génératrices d'œdème : insuffisance veino-lymphatique, insuffisance du retour veineux, lymphoedème, chirurgie orthopédique, algoneurodystrophie, ...
Dans des cas plus complexes (brûlures étendues, lymphoedème majeur), ces vêtements sont réalisés par un appareilleur.

6 ERGOTHÉRAPIE ET PRÉVENTION

L'ergothérapeute a souvent un rôle d'information, de conseil et d'éducation. Ces compétences sont largement utilisées dans des activités de prévention.
Dans le cadre des écoles du dos et autres prises en charge multidisciplinaires du lombalgique chronique, par exemple, c'est aux ergothérapeutes que l'on confie l'éducation ergonomique des patients.
Dans le cadre de la prévention des chutes et la dépendance des personnes âgées, les ergothérapeutes ont une action préventive, par un travail individuel d'équilibre et par l'aménagement du domicile.

CONCLUSION

L'ergothérapie est une thérapie extrêmement polyvalente dans ses fonctions et ses domaines d'action. Elle est d'autant plus bénéfique pour le patient qu'elle s'intègre dans une prise en charge pluridisciplinaire.

7 Appareillage et prescription

De façon quotidienne, le médecin traitant est amené à prescrire de l'appareillage, c'est-à-dire des dispositifs médicaux de compensation de certaines incapacités présentées par ses patients. Ce champ thérapeutique est vaste. Pour bien prescrire un appareil, il faut avant tout connaître la classification des aides techniques et de l'appareillage ortho-prothétique.

1 CLASSIFICATION DE L'APPAREILLAGE

L'appareillage des personnes handicapées recoupe les aides techniques, les prothèses et orthèses.

1.1 Aides techniques

L'aide technique est un dispositif permettant de suppléer une incapacité partielle ou totale, et donc d'assurer un degré d'indépendance fonctionnelle d'une personne handicapée en face d'une ou plusieurs situations données. Il s'agit d'objets fabriqués en série, de taille standardisée, utilisés à certains moments de la journée.

La classification internationale ISO recense les aides techniques selon l'aide apportée au cours des activités de la vie quotidienne ; citons, sans être exhaustif :

- les aides pour les soins personnels : le matériel utilisé pour l'alimentation, l'hygiène, l'habillage et par les stomisés, les incontinents, les lits et matelas, les soulève-malades ;
- les aides au transport et à la locomotion : aides à la marche, Véhicules pour Handicapés Physiques (VHP) ;
- l'aménagement et l'accessibilité du lieu d'habitation ou de travail ;
- les aides pour les activités domestiques et manuelles ;
- les aides pour la communication et les systèmes de contrôle d'environnement.

Un certain nombre d'aides techniques est inscrit au Tarif Interministériel des Prestations Sanitaires (TIPS) et fait l'objet d'un remboursement réglementaire (citons les VHP, les coussins d'aide à la prévention d'escarre, les lits médicaux, les verticalisateurs, les lève malades...). Les aides techniques non-inscrites au TIPS nécessitent pour être remboursées, une demande particulière de prise en charge auprès des organismes de protection sociale dont relève l'handicapé.

1.2 Orthèses et prothèses

Celles qui ont fait l'objet d'un agrément et sont inscrites au TIPS, sont classiquement regroupées en objets de grand appareillage (réalisées sur mesures et moulage) et de petit appareillage (de série).
La prothèse remplace une partie manquante ou amputée de l'organisme, d'un point de vue fonctionnel et esthétique si possible ; l'orthèse peut être préventive ou correctrice d'une déformation ; elle assure par ailleurs une suppléance fonctionnelle pour un segment de membre ou du rachis.

1.2.1 Orthèses et prothèses du grand appareillage

Elles sont fabriquées artisanalement, sur mesures ou moulage (voire en CFAO), par des ortho-prothésistes agréés. Elles sont prises en charge à 100 %.

1.2.2 Articles du petit appareillage

Ils sont fabriqués en série et sont délivrées par les fournisseurs agréés selon la catégorie d'aide technique prescrite (exemple : Catégorie IV – Orthèses plantaires ; fournisseurs : les pédicures-podologues, les podo-orthésistes, les prothésistes-orthésistes, les pharmaciens ayant suivi avec succès la formation complémentaire en petit appareillage d'orthopédie dispensée par certaines Universités, les titulaires du certificat délivré par l'Ecole d'orthopédie de la Chambre de Commerce de Marseille).

2 MODALITÉS DE PRISE EN CHARGE ET PRESCRIPTION

2.1 Grand appareillage

Les orthèses et les prothèses du grand appareillage sont prises en charge à 100 % ; *les chaussures thérapeutiques sur mesure* sont prises en charge à 100 % (traitement spécifique podal de patients en ALD ou AT) ou à 65 % dans les autres cas, selon deux modalités :
– le prescripteur compétent en appareillage, médecin spécialiste en médecine physique, rhumatologue et chirurgien orthopédiste, rédige sur un formulaire spécial sa « prescription médicale pour grand appareillage ». Celui-ci est adressé, ainsi que « la demande d'entente préalable pour grand appareillage valant bon de commande » remplie par l'orthopédiste, au service médical de l'organisme de prise en charge, qui a 21 jours pour notifier sa décision ;
– pour les prescriptions de première attribution émanant des autres spécialistes et des généralistes, l'organisme de prise en charge adresse la demande au Centre Régional d'Appareillage, qui a 21 jours pour examiner le patient en consultation d'appareillage et établir la commande de l'appareillage le plus adapté, auprès du fournisseur agrée, choisi par l'intéressé.

Pour les renouvellements, les réparations d'appareils, cette consultation médico-technique n'intervient pas, hormis sur demande expresse de l'intéressé, du médecin prescripteur ou du médecin conseil.

2.2 Objets de petit appareillage

Ils ne sont pas tous soumis à entente préalable (exemple : les orthèses plantaires) et sont réglés directement par le patient au fournisseur, selon un prix de vente public qui peut varier largement d'un établissement à l'autre ; secondairement, l'organisme de sécurité sociale dont il relève, le remboursera selon la tarification du TIPS. La différence entre le prix de vente public et le prix de remboursement TIPS est à la charge du patient (ou de sa mutuelle complémentaire éventuellement).

2.3 Fauteuils roulants

Les véhicules pour handicapés physiques (VHP) sont soumis à entente préalable, et nécessitent pour les VHP à propulsion électrique un essai préalable en service de rééducation. Pour la plupart d'entre eux, le prix de vente public dépasse le prix de remboursement TIPS.

Toute prescription d'appareillage doit être libellée sur une ordonnance particulière, indépendante de celle comportant la prescription de produits pharmaceutiques (voir page 164).

3 APPAREILLAGE SELON SA LOCALISATION

3.1 Appareillage du membre inférieur

3.1.1 Orthèses

Les grands appareils de marche relèvent du grand appareillage et sont indiqués en cas de déficit moteur des membres inférieurs (paraplégie, poliomyélite, spina-bifida...), de lésions traumatiques ou infectieuses du genou, de la cuisse ou de la jambe. Ils sont constitués de deux segments, crural et jambier (en métal, cuir, thermoplastique ou composite de carbone) articulés entre eux au niveau du genou. L'articulation au niveau podal est réalisée par des tourillons ou un étrier recevant le chaussage. Certains grands appareils de marche comportent des releveurs mollet plante à leur partie distale. S'il existe un déficit quadricipital on mettra un verrou de genou, type *Hoffa* ou à coulisseau. Un appui sous-ischiatique a pour fonction de décharger le membre inférieur lésé du poids du corps, en transmettant les forces directement au sol, au travers l'orthèse verrouillée au genou.

Des chaussures du commerce peuvent suffire, mais lorsque l'encombrement du chausson distal, cuir ou plastique, ne le permet plus, on a recours aux chaussures thérapeutiques sur mesure.

Il existe d'autres modèles d'orthèses de marche, plus sophistiqués, à composante dynamique, prescrits en service de rééducation, tels l'orthèse *CDO* (des tendeurs élastiques suppléent le quadriceps), le *Réciprocator* et l'*Argo* (un système de câbles tendus d'une hanche à l'autre assiste le pas propulsif), la stimulation électrique fonctionnelle couplée à une orthèse hybride.

Les orthèses élastiques de contention des membres correspondent aux bas et collants (indication : stase veineuse avec œdème, le lymphœdème et l'éléphantiasis), aux manchons réalisés sur mesure (lymph-œdème du membre supérieur), aux bonnets couvre-moignon élasto-compressifs (œdème des moignons d'amputation) et aux genouillères et chevillères (pathologie ligamentaire, syndrome inflammatoire et protection post-opératoire).

Les bandes élastiques sont plus adaptées aux troubles circulatoires aigus ; les chaussettes, bas et collants participent au traitement d'entretien.

Les chevillères élastiques avec rappel sont indiquées dans les entorses bénignes et moyennes.

Les chevillères de série ou sur mesure, comportant des coussinets silicone en regard des malléoles sont prescrites dans les entorses moyennes et graves sans indication opératoire ainsi que dans les instabilités chroniques du sportif.

Les genouillères élastiques sont indiquées dans la gonarthrose, les séquelles d'entorse bénigne de par leur action contentive modérée, antalgique et calorifique.

Les modèles avec évidemment et dispositif péri-rotulien sont indiqués dans la chondropathie fémoro-patellaire et les dysplasies rotuliennes. Les genouillères élastiques renforcées de baleines ou articulées augmentent la stabilité dans le plan frontal.

Les genouillères d'immobilisation peuvent être de série ou réalisées par les kinésithérapeutes en divers matériaux (Polyuréthane : *Néofrakt, Scotchcast...*), elles sont indiquées en traumatologie (hémarthrose, entorse) ou en rhumatologie (arthrite inflammatoire).

Les genouillères réalisées sur mesures et moulage (type *Lenox Hill, Genustab, 3DRT, Generation II Poly-axial, Cardan Knee Brace...*) sont indiquées dans les suites d'une entorse grave du genou avec rupture du ligament croisé antéro-externe, traitée par ligamento-plastie ou traitement fonctionnel (instabilité séquellaire).

Les releveurs de pied, relèvent pour la plupart du petit appareillage. Le système le plus fréquemment porté est l'orthèse mollet-plante en polypropylène, de série. Existant en plusieurs tailles, il est facile de mise en place et adaptable. L'indication est représentée par le déficit moteur des muscles releveurs et éverseurs du pied, par atteinte neurologique périphérique (steppage) ou centrale peu spastique (figure 9).

Figure 9 : l'orthèse mollet-plante de Jousto.

D'autres modèles de petit appareillage existent, tels le releveur « corde à piano » type *Privat-Bellot* (deux tiges en acier à effet ressort sont soudées sur une base, placée en avant du talon d'une chaussure du commerce), le releveur de *Jousto* (composé d'une semelle en *Araldite* reliée à un tuteur médial comportant un jeu de lamelles ressort à sa partie proximale) (figure 9). Les orthèses releveurs de grand appareillage assurent un maintien supérieur du pied, dans les plans sagittal et frontal. Confectionnés en thermoplastique sur moulage, ils peuvent être rigides ou articulés à la cheville.

Les chaussures thérapeutiques de série sont destinées à des patients dont les anomalies constatées au niveau du pied demandent un maintien, un chaussant particulier ou une correction que ne peut assurer une chaussure ordinaire, sans pour autant justifier l'attribution d'une chaussure thérapeutique sur mesure. Elle peut recevoir une orthèse plantaire et être utilisée de façon temporaire (chaussure à usage temporaire ou CHUT) ou prolongée (chaussure à usage prolongé ou CHUP). Les modèles les plus prescrits sont la CHUT à décharge de l'avant-pied dite chaussure *Barouk* (figure 10) ou du talon (Sanital) (figure 11). Les CHUP, modèle *Podiabètes*, sont destinées aux pieds à hauts risques podologiques (mal perforant plantaire cicatrisé) (figure 12).

Figure 10 : Chaussure à usage temporaire à décharge de l'avant-pied (chaussure dite *Barouk*)

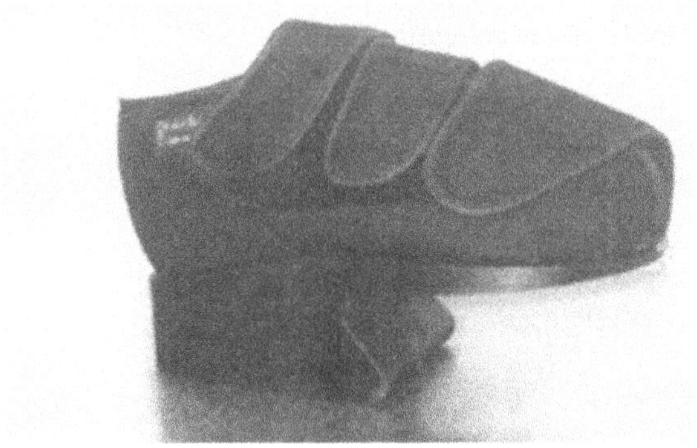

Figure 11 : Chaussure à usage temporaire à décharge du talon (Sanital)

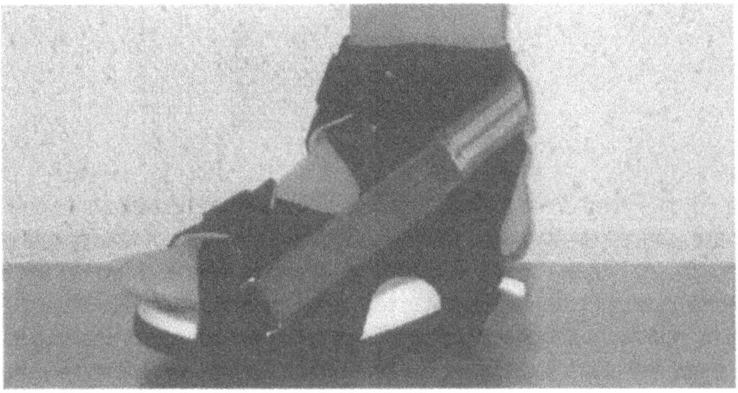

Figure 12 : Chaussures à usage permanent destinées aux pieds à hauts risques podologiques (Podiabètes)

Les chaussures thérapeutiques sur mesure, autrefois appelées chaussures orthopédiques, sont destinées à un patient dont l'un ou les deux pieds ne peuvent être chaussés par des chaussures de série. Prescrites par paire, elles comprennent une orthèse plantaire dont le liège aggloméré d'antan a fait place à des matériaux de synthèse (résines de polyuréthane de densité variable, mousses de polyéthylène ou EVA, élastomères de silicone antivibratoires...). Il en existe deux types d'indications, référencés en classe A ou B :

Classe A :
- désorganisation métatarso-phalangienne enraidie (Hallux valgus, griffes d'orteils irréductibles) ;
- troubles volumétriques (lymphœdème), amputation de niveau trans-métatarsien ou plus proximal ;
- inégalité de longueur des membres inférieurs (supérieure à 2 cm) et des pieds (différence de longueur des pieds égale ou supérieure à 13 mm).

Classe B :
- désaxation complexe stato-dynamique (pieds plats majeurs, vaus-équin fixé, talus) ;
- paralysie (pied tombant), instabilité majeure du tarse et de la cheville ;
- trouble trophique en rapport avec une neuropathie, et/ou une artériopathie, et/ou une maladie inflammatoire (pied diabétique et rhumatoïde).

La prise en charge des chaussures thérapeutiques sur mesure est assurée pour deux paires lors de la première attribution, en respectant un délai minimal de trois mois entre la date de mise à disposition au patient de la première paire et la prescription médicale de la deuxième paire. La prise en charge du renouvellement n'est pas systématique (une paire par an chez l'adulte ; selon la croissance chez l'enfant).

Les orthèses plantaires sont destinées à corriger ou stabiliser les troubles stato-dynamiques du pied, à soulager les appuis plantaires douloureux. L'appareillage plantaire est normalement bilatéral même s'il n'existe qu'un déséquilibre statique. L'orthèse plantaire classique (composée d'une base de support en cuir ou matériau synthétique, d'éléments de correction et d'une peausserie ou matériau synthétique de recouvrement) figure au TIPS, de même que l'orthèse plantaire monobloc en résine coulée confectionnée par moulage du pied réalisé en charge ; cette dernière est réservée aux affections invalidantes rhumatoïdes et neurotrophiques du pied. L'orthèse est prise en charge forfaitairement, mais le tarif appliqué par le pédicure-podologue ou le podo-orthésiste est libre.

L'orthoplastie en élastomère de silicone est une orthèse de correction ou de protection des griffes d'orteils et des hyperkératoses qu'elles induisent. Elle n'est pas prise en charge par les organismes de sécurité sociale, et le tarif appliqué par le pédicure podologue est très variable d'un cabinet à l'autre.

3.1.2 Prothèses

L'appareillage provisoire de l'amputé fémoral ou tibial est ordinairement réalisé en service de rééducation. Les caractéristiques techniques de la prothèse définitive doivent être définies par le médecin rééducateur et l'ortho-prothésiste. Le médecin traitant, par la suite, surveille l'état trophique du moignon et, en cas de variations volumétriques de celui-ci, prescrit les changements d'emboîture nécessaires, ainsi que les réparations à effectuer sur la prothèse (réparation ou changement du genou et pied prothétiques, du revêtement esthétique des prothèses...).

En dehors des prothèses provisoires réalisées lors de la phase précoce de la rééducation, l'amputé a droit à 2 prothèses (une de secours), renouvelables tous les trois ans.

Il est utile que la prescription d'un nouvel appareil passe par une consultation médico-technique spécialisée. L'emploi de nouveaux matériaux élargit constamment les possibilités d'appareillage, notamment pour les manchons d'interface moignon/emboîture, les genoux et pieds prothétiques. L'emploi de la fibre de carbone et du titane a allégé ces dispositifs. Le silicone, le gel copolymère, ou le gel de polyuréthane ont nettement amélioré le confort, l'effet contensif et le chaussage des manchons. Il existe toute une série de genoux sophistiqués, avec pour certains une régulation pneumatique dans la phase pendulaire assistée par microprocesseur pour différentes cadences de marche. De même, les pieds à restitution d'énergie se multiplient.

Ces nouveaux dispositifs ont un coût, les organismes payeurs ont parfois défini les conditions de prise en charge. C'est le cas par exemple des pieds à restitution d'énergie dont la prise en charge est assurée pour les patients dont le périmètre de marche en continu est supérieur à 500 mètres et la vitesse de marche est supérieure ou égale à 3 km/h. En dehors de ces cas, c'est à un spécialiste, en l'occurrence le médecin rééducateur de prescrire les composants les mieux adaptés aux besoins fonctionnels de l'amputé.

3.2 Appareillage du tronc

3.2.1 Colliers cervicaux de série

Ils sont destinés à limiter plus ou moins fortement l'amplitude des mouvements de rotation et/ou de flexion de la colonne cervicale et à diminuer la charge portée par la colonne cervicale.

Quatre modèles sont référencés au TIPS :

- C1 : collier cervical pour soutien léger, en mousse de polyéthylène, recouverte de jersey de coton ;
- C2 : collier cervical non réglable en hauteur pour soutien moyen, avec renfort mentonnier et occipital ;

- C3 : collier cervical réglable en hauteur pour soutien moyen, fait de bandes de polyéthylène ;
- C4 : collier cervical dit « mini-minerve ».

Ils sont indiqués pour les torticolis, les entorses cervicales bénignes et les poussées inflammatoires cervicarthrosiques pour leur rôle antalgique, thermique et décontracturant. Les névralgies cervico-brachiales et entorses de gravité moyenne relèvent d'une immobilisation plus stricte.

3.2.2 Ceintures médico-chirurgicales et corsets orthopédiques en tissu armé du petit appareillage

Ces orthèses sont classées, en fonction de leurs caractéristiques et de leur action thérapeutique :

- bandes-ceintures et ceintures de soutien lombaire (à visée essentiellement antalgique) de série ;
- ceintures de soutien abdominal sur mesure et de série (post-partum et post-opératoire) ;
- ceintures de maintien abdominal (obésité, éventration, stomie) ;
- ceintures de maintien lombaire (rachis à pathologie modérée sur mesure) ;
- corset d'immobilisation vertébrale, les CIV, en tissu inextensible renforcé de tuteurs en forme de cage 1/2 ouverte, fermée, ajourée, de niveau supérieur D6, D9 ou D12, sont destinés à un port au long cours (lombarthrose, ostéoporose fracturaire...).

Ces orthèses de petit appareillage restreignent de façon très relative la mobilité rachidienne, en limitant les secteurs de mobilité extrême et renforcent le caisson abdominal.

3.2.3 Corsets de scoliose et cyphose

L'indication d'un traitement par corset pour une scoliose relève du chirurgien orthopédique ou du médecin de Médecine Physique, spécialisé en appareillage.

Parmi les nombreux types de corsets existants (corset Lyonnais, à 3 ou 4 valves, Milwaukee, Boston...), le corset de Cheneau est l'un des plus prescrits.

3.2.4 Corsets de maintien en matériau thermoformable sur moulage

Réalisés en polyéthylène doublé de plastazote, bivalves, ils ont pour but l'immobilisation du rachis (spondylodiscite, post-opératoire, post-fracturaire).

3.2.5 Bandages herniaires

Ils figurent toujours au TIPS et ont pour finalité médicale de contenir les différentes sortes de hernies (inguinales, scrotales, crurales, ombilicales et épigastriques).

3.3 Appareillage du membre supérieur

3.3.1 Orthèses

Les orthèses statiques et dynamiques de main sont utilisées au cours de certaines pathologies traumatiques, rhumatologiques et neurologiques.

Elles sont le plus souvent réalisées sur le patient lui même par les médecins, les ergothérapeutes et les kinésithérapeutes de certains services de rééducation. Les matériaux thermo-plastiques basse température permettent de réaliser rapidement les orthèses statiques de posture. Pour les orthèses dynamiques, indiquées en traumatologie et en neurologie (par exemple lors d'une paralysie radiale), on y adjoint des systèmes à ressort, des élastiques, des lames (de Levame), de la corde à piano, des bandes élastiques et des systèmes d'attache. L'adaptation de l'orthèse est alors plus délicate et nécessite une surveillance quotidienne.

Il existe également des orthèses de séries, référencées au TIPS dans le cadre du petit appareillage.

En cas de déformations majeures, l'orthèse main-poignet peut être réalisée sur moulage, par un ortho-prothésiste et relève alors du grand appareillage.

Quelques orthèses statiques :

Orthèses digitales

– Les entorses des inter-phalangiennes proximales des doigts relèvent d'une immobilisation par orthèse pendant 3 semaines.

– Le doigt en maillet (rupture de l'extenseur commun au niveau de son insertion distale sur P3) est immobilisé par une orthèse de *Stack* (mettant en extension l'inter-phalangienne distale) pendant 6 semaines.

De nombreux autres modèles existent (orthèse de *Capner*, bandelette en tissu...) indiqués dans les suites de lésions traumatiques, musculo-tendineuses.

Orthèse de rhizarthrose : Cette orthèse est réalisée en matériau thermoformable à basse température (*Polysar, San splint...*), sur mesures ou appliquée à partir d'un module préfabriqué. Son but est d'immobiliser l'articulation trapézo-métacarpienne, permettre le libre jeu articulaire de flexion-extension, inclinaisons du poignet et de l'interphalangienne du pouce placé en opposition digitale. L'orthèse maintient l'ouverture de la première commissure (figure 13).

Orthèse main avant-bras : Essentiellement utilisée dans la polyarthrite rhumatoïde pour son effet antalgique et anti-inflammatoire, l'orthèse de repos et de posture s'étend du tiers moyen de l'avant-bras jusqu'à l'extrémité des doigts. Elle positionne le poignet en légère flexion dorsale (20° et tente de prévenir les déformations des doigts (déviation cubitale, col de cygne, boutonnière, pouce adductus et en Z). Elle est de port nocturne, alternée en cas d'atteinte bilatérale ; une surveillance cutanée des points d'appui anormaux est nécessaire.

Figure 13 : Orthèse en matériau thermoformable

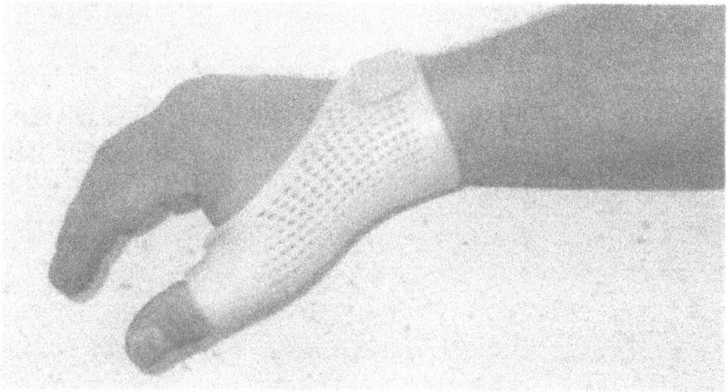

L'attelle bras-épaule est une orthèse de série d'immobilisation en abduction de l'épaule sont utilisées en post-opératoire (chirurgie de la coiffe des rotateurs, prothèse d'épaule).

3.3.2 Prothèses du membre supérieur

Il existe 3 types de prothèse du membre supérieur :

- ***la prothèse de vie sociale***, non fonctionnelle, où l'esthétique et la légèreté sont recherchées (gant de recouvrement en PVC ou silicone).
- ***la prothèse de service*** qui offre certaines possibilités fonctionnelles, grâce aux dispositifs intermédiaires (cupule de poignet, coude) et terminaux (mains et crochets mécaniques). Ces dispositifs peuvent être passifs (manipulés par la main controlatérale) ou actifs (traction sur un système gaine-câble relié à un harnais positionné sur l'épaule opposée).
- ***la prothèse myoélectrique*** destinée aux amputations de bras et d'avant bras d'origine congénitale ou traumatique. Les effecteurs de la prothèse (main, coude) sont activés par la dépolarisation volontaire de certaines zones d'unités motrices du moignon. Son attribution est subordonnée à l'avis favorable d'un médecin responsable de l'appareillage exerçant dans un service de médecine physique ; ce service doit disposer de l'équipe soignante (kinésithérapeute et ergothérapeute) et des équipements adaptés à la réalisation des tests et apprentissage de la technique d'utilisation du système myoélectrique.

CONCLUSION

Parmi les nombreux dispositifs médicaux existants (prothèses auditives, oculaires, stimulateurs cardiaques, endo-prothèses articulaires, pansements et accessoires de soins infirmiers...), l'appareillage orthopédique est régulièrement

prescrit par le médecin traitant, qui ne bénéficie pas, durant son cursus de formation médicale, d'un enseignement particulier dans ce domaine thérapeutique.
La prescription d'appareillage ne se limite pas seulement à faire bénéficier à son patient d'un dispositif médical, mais elle représente un des éléments thérapeutiques d'un acte global de réadaptation. Le médecin traitant, bien informé, joue un rôle fondamental dans le suivi et la bonne acceptation d'un appareillage.

TROISIÈME PARTIE

Prise en charge selon les pathologies

8 Rééducation des affections de l'appareil locomoteur

- Une demande de rééducation est extrêmement fréquente après traumatisme ostéoarticulaire, suite de chirurgie orthopédique ou affection rhumatologique.
- Le médecin prescripteur doit savoir ce qu'il peut attendre de la rééducation fonctionnelle et, sans être expert en techniques de rééducation, savoir juger de la qualité de celle-ci.

1 OBJECTIFS DE LA RÉÉDUCATION LOCOMOTRICE

1.1 Lutte contre la douleur

La douleur est bien souvent le symptôme qui passe au premier plan. Les techniques antalgiques de kinésithérapie n'ont qu'un effet transitoire et ne doivent donc pas être réalisées isolément.

1.2 Lutte contre les déficits élémentaires (déficience)

Ils concernent essentiellement le système tendino-musculaire et le système ostéo-articulaire.

1.2.1 Système musculaire

La faiblesse et l'amyotrophie sont les conséquences de la sous-utilisation d'une articulation douloureuse et immobilisée. Elles sont accessibles à la kinésithérapie. La force récupère souvent avant le volume musculaire.
La contracture musculaire est un phénomène complexe qui conduit à un raccourcissement permanent des fibres musculaires. Elle peut être levée assez rapidement par des manœuvres spécifiques, comme le tenu-relaché.
Il n'est est pas de même des *rétractions musculaires*, qui font parfois suite à des contractures, et qui correspondent à une adaptation du tissu fibreux à la position de raccourcissement musculaire. Le traitement kinésithérapique, à base d'étirement, sera beaucoup plus long.

1.2.2 Système ostéoarticulaire

L'enraidissement articulaire peut avoir des origines variées : lésions ostéochondrales, rétractions des éléments capsulo-ligamentaires ou encore diminution des capacités d'étirements des muscles. Lorsque la position articulaire spontanée ne correspond plus à la position physiologique de repos, on parle de position vicieuse. En dehors des limitations d'origine osseuse, la rééducation peut être efficace.

La laxité correspond à des mouvements articulaires d'amplitude excessive ou de direction anormale (exemple : récurvatum, mouvement de latéralité du genou). Elle est généralement due à une lésion des éléments capsulo-ligamentaires. À la laxité, notion anatomique peut correspondre une *instabilité* fonctionnelle. La rééducation proprioceptive vise à lutter contre l'instabilité. Elle n'est efficace que si la force musculaire est suffisante. Lorsque l'instabilité persiste malgré la rééducation, il faut contrôler la laxité, par des orthèses rigides.

1.3 Lutte contre les incapacités

La rééducation analytique des déficiences ne suffit pas forcément à retrouver une fonction normale. Chaque geste nécessite la mise en jeu simultanée d'actions élémentaires, et un entraînement avec mise en situation est en général indispensable.

La réadaptation, lorsque le patient ne peut retrouver toutes ses capacités, étudie des moyens de suppléance qui lui permettent de vivre aussi normalement que possible.

Lorsque le réentraînement aux activités de la vie quotidienne est l'objectif thérapeutique essentiel, il faut souvent avoir recours à un ergothérapeute, ce qui justifie une prise en charge en structure de Médecine Physique et Réadaptation.

1.4 Application à la prescription

Le médecin souhaiterait disposer d'une ordonnance type pour un diagnostic donné. Le problème se pose rarement en ces termes. Pour une même affection, les déficiences et le retentissement fonctionnel peuvent varier. Pour une gonarthrose par exemple, la prescription de kinésithérapie peut se justifier pour lutter contre la douleur, l'amyotrophie ou un enraidissement et une position vicieuse ou contre une instabilité, ou pour plusieurs de ces objectifs.

Indiquer les objectifs choisis sur l'ordonnance paraît indispensable pour s'assurer d'une identité de point de vue entre prescripteur et auxiliaire médical de rééducation.

2 CONDUITE D'UNE RÉÉDUCATION MOTRICE

Les techniques kinésithérapiques permettant de lutter contre les déficiences sont détaillées dans un chapitre spécifique. Ce paragraphe traite plutôt de la récupération des fonctions.

2.1 Mise en contrainte des structures lésées

Le praticien a souvent du mal à décider l'arrêt d'une immobilisation ou la reprise d'un travail kinésithérapique contre résistance. Quelques notions simples devraient l'aider.
C'est le plus souvent la cicatrisation du tissu conjonctif qui conditionne les prises de décision.
Après une déchirure, il faut environ trois semaines pour obtenir une restauration de continuité par un tissu fragile, il faut 6 semaines pour obtenir un tissu solide et 3 mois pour que les propriétés mécaniques soient totalement restaurées. Les qualités mécaniques du nouveau tissu sont influencées par les contraintes appliquées pendant la cicatrisation. L'immobilisation est nocive, des contraintes doivent stimuler et orienter la production des fibres collagènes, sans créer de nouvelles lésions.

En cas d'entorse ou de lésion musculaire, en fonction de la gravité des lésions et du risque de mise en traction par la mobilisation, on imposera donc une immobilisation minimale, de trois ou six semaines, ou même une mobilisation immédiate dans des directions ou des amplitudes n'exerçant pas de traction sur l'élément lésé. Pour les muscles, c'est la contraction statique dans une position de raccourcissement qui est le travail actif le moins traumatisant. Le travail excentrique est celui qui génère le plus de contrainte.
La cicatrisation nécessite une bonne vascularisation de la zone lésée, il faut donc lutter contre l'œdème très précocement, puis une fois le risque hémorragique écarté, en général après 48 heures, favoriser la circulation locale par massage et physiothérapie.

Pour les tissus osseux, un cal mou apparaît dès la 3e semaine, mais l'os ne sera solide qu'après 3 voire 4 mois. Pour un os long d'un membre inférieur, la reprise d'appui avant trois mois ne peut être décidée que si l'on est convaincu que le matériel d'ostéosynthèse peut à lui seul supporter les contraintes. C'est le cas de certains clous centro-médullaires. Il ne faut pas envisager seulement les contraintes axiales, mais aussi les contraintes perpendiculaires et rotatoires Il existe également des appareils externes guidant les contraintes osseuses, empêchant le déplacement secondaire de la fracture et permettant une reprise d'appui précoce.

2.2 Articulations des membres inférieurs

2.2.1 Hanche

Il faut 60 ° de flexion pour s'asseoir confortablement, 90 ° de flexion pour se chausser, 10 ° d'extension sont normalement utilisés pour la marche. La position d'ankylose optimale se situe autour de 20 ° de flexion. Les limitations des mouvements dans le plan sagittal sont compensées par la lordose-délordose lombaire.

Le muscle qui conditionne la stabilité du tronc lors de la marche est le moyen fessier. Il doit faire l'objet d'un renforcement spécifique dans la plupart des affections de la hanche.

2.2.2 Genou

Le genou n'est jamais en extension complète lors de la marche. Un flessum de 10 ° est toujours tolérable. Par contre, il faut 100 ° de flexion pour descendre un escalier confortablement.

La pathologie de l'articulation fémoro-patellaire est à l'origine de nombreuses prescriptions de kinésithérapie. La rééducation a deux objectifs : limiter l'hyperpression sur les surfaces articulaires en détendant ou étirant l'appareil extenseur, et recentrer le passage de la patella dans la trochlée. C'est le classique renforcement spécifique du vaste interne, ce peut parfois être l'allongement des ischio-jambiers externes, qui sont aussi rotateurs du tibia sur le genou et peuvent donc désaxer la tubérosité tibiale.

Dans les lésions du ligament croisé antérieur, il faut rechercher à ce que les éléments de stabilité musculaires compensent la faillite des structures ligamentaires. Il faut souvent renforcer les ischio-jambiers, travailler en co-contraction extenseurs et fléchisseurs de genoux, enfin réaliser une rééducation proprioceptive. En l'absence d'intervention orthopédique, 2 à 3 mois de kinésithérapie à raison de 3 à 5 séances par semaines sont nécessaires pour obtenir un bon résultat. Les activités à risque, comme le ski, seront pratiquées sous couvert d'une attelle.

2.2.3 Cheville

L'entorse de cheville est fréquente. Les orthèses rigides du marché contrôlent bien la mobilité dans le plan frontal et permettent une reprise de la marche voire de la course précoce. L'immobilisation plâtrée est devenue rare, pour des lésions étendues, et ne dépasse pas trois semaines. La kinésithérapie doit être débutée dès les premiers jours, avec une lutte contre l'œdème, puis un réveil des muscles périarticulaires en statique, et un entretien de la mobilité en flexion extension. La rééducation proprioceptive vient en fin de programme. Elle constitue par ailleurs bien souvent l'unique traitement des entorses bénignes à répétition, il n'est pas du tout prouvé que la dizaine de séances habituellement prescrite améliore suffisamment le temps de réaction du patient pour éviter un nouvel accident.

2.3 Remise à la marche

2.3.1 Remise en charge

Après chirurgie orthopédique, la reprise d'appui est souvent progressive. Trois méthodes permettent d'obtenir un appui partiel contrôlé :

La verticalisation progressive sur plan incliné : le poids supporté est fonction du sinus de l'angle d'inclinaison du plan. Cette méthode est largement utilisée en centre de rééducation mais demande un équipement spécifique.
L'immersion en piscine permet non seulement une remise en charge partielle mais également des déplacements.
L'appui contrôlé sur une balance est la méthode la plus simple au domicile et au cabinet du kinésithérapeute. Elle n'est pas sans risque de reprise d'appui brutale intempestive.

2.3.2 Travail des transferts

Progressivement le patient devra savoir se lever d'un siège surélevé avec accoudoirs puis d'un fauteuil, puis d'une chaise, puis d'un siège bas de salon. Ceci suppose une force musculaire suffisante et un bon équilibre debout.
Le travail du passage de la position debout à la position assise doit être particulièrement soigné, en particulier chez les personnes âgées car c'est souvent dans la combinaison de la flexion des membres inférieurs et du demi-tour que le patient peut louper le fauteuil et tomber.

2.3.3 Appui contrôlé lors de la marche

Très fréquemment le chirurgien demande une reprise de la marche avec appui progressif sur le membre inférieur, par exemple une augmentation de 10 kg par semaine. En pratique, il est assez illusoire d'espérer obtenir une vigilance de tous les instants de la part du patient Ceci est encore plus vrai chez la personne âgée.
La seule chose qui peut être obtenue avec une certaine fiabilité est le pas contact où on demande au patient de n'établir qu'un contact avec le sol et de dérouler le pied pour simuler l'appui qui est soulagé par des aides techniques de marche très stables. Ce pas contact a essentiellement un effet favorable sur la circulation et la restauration du schéma de marche.

2.3.4 Choix des aides à la marche

On dispose de cadres de marche, de cannes à appui axillaire, de cannes à appui antébrachial et de cannes en T.

Les cadres de marche permettent un élargissement du polygone de sustentation et donnent d'excellents appuis sur les membres supérieurs. Ils peuvent donc être utilisés lors de troubles de l'équilibre et lors d'un défaut d'appui marqué, chez les personnes dont la force et la coordination des membres supérieurs ne permettent pas l'usage de deux cannes. Ces cadres de marche sont donc essentiellement utilisés en gériatrie et dans certaines pathologies neurologiques centrales avec gros troubles de l'équilibre.
En cours de rééducation, le danger d'un cadre de marche est la création d'une dépendance et d'une peur de passer à une aide technique plus légère. Or, le

cadre de marche est encombrant et son utilisation dans un domicile exigu ou encombré peut s'avérer problématique.

Il existe plusieurs modèles de cadre de marche. Les cadres fixes sont très stables, mais ils doivent être soulevés pour avancer, et ils nécessitent donc une dépense énergétique importante. Les cadres articulés n'ont d'intérêt que parce qu'ils peuvent être utilisés dans certains passages exigus. Certains déambulateurs ont une roue à chaque pied. Ils sont peu stables, mais très facile à déplacer. Les modèles dont les roues se bloquent lorsqu'on appuie sur le cadre sont préférables à ceux qui sont munis de freins type vélo. Les meilleurs modèles pour une utilisation au long cours nous paraissent être ceux qui sont munis de roulettes uniquement à l'avant, procurant une bonne stabilité lors de l'appui, et une dépense énergétique modérée lors de la progression. Il existe des modèles pliants qui facilitent le transport en voiture, ou des modèles avec panier ou siège.

Les cannes axillaires ne sont guère utilisées en France. Elles ont la réputation de créer des compressions du paquet vasculo-nerveux dans le creux axillaire. En fait, cela se produit lorsqu'elles sont mal utilisées. Théoriquement, la canne doit appuyer sur le grill costal plusieurs centimètres en dessous de l'aisselle. Ces cannes sont très stables, elles permettent de déambuler aisément sur une jambe.

Les cannes anglaises, d'une stabilité un peu moins bonne, ont cependant la faveur des prescripteurs en France. La canne en T nécessite une bonne stabilité du poignet. Elle élargit le polygone de sustentation mais donne un soulagement d'appui modéré.

Assez souvent, au cours de la rééducation, on demande au patient d'utiliser d'abord deux cannes, puis une canne, puis plus de canne du tout. En fait, la stratégie est un peu plus complexe. Lors de l'utilisation de deux cannes, le patient réalisera d'abord une marche à trois temps. Le premier temps consiste à avancer les deux cannes simultanément, puis le patient avance un pied puis l'autre pour se rapprocher de la ligne tracée par les cannes et il avance à nouveau les deux cannes.

Lorsqu'il est particulièrement à l'aise dans cet exercice, on peut choisir d'abandonner une canne, ce qui améliore l'autonomie, mais crée obligatoirement une boiterie. On peut aussi choisir de réaliser une marche à quatre puis deux temps, avec l'avancée successive puis simultanée de la canne droite et de la jambe gauche puis de la canne gauche et du membre inférieur droit. Cette marche croisée a le mérite de travailler la symétrie de la marche et de corriger une boiterie résiduelle, au prix d'une rééducation un peu plus longue.

2.3.5 Activités de marche élaborée

La marche se fait d'abord sur terrain plat, on passe ensuite à des terrains plus instables lorsque c'est possible, des parcours extérieurs, et à la montée et descente des escaliers. Si on a un membre inférieur instable, l'exemple type étant l'amputé

de cuisse marchant avec un genou frein à verrou, l'utilisation des escaliers se fera marche par marche, la montée se fera en avançant d'abord le membre inférieur sain, la descente en avançant d'abord le membre inférieur instable.
Il faut se méfier des escaliers de rééducation qui comportent quelques marches. Lors de la descente, le patient en rééducation, et en particulier le patient âgé, a peur du vide antérieur et ses performances sont donc nettement influencées par le nombre de marches à descendre successivement. En gériatrie, il arrive de rencontrer des personnes qui n'accepteront de descendre les escaliers qu'à reculons.

2.4 Aspects spécifiques aux membres supérieurs

Si la restauration des capacités à se déplacer est l'objectif principal de la rééducation des membres inférieurs, la récupération des capacités de préhension et de leur utilisation dans les activités de la vie quotidienne est celui de la rééducation du membre supérieur.
L'épaule oriente le membre supérieur, le coude règle la distance entre la main et le reste du corps, la pronosupination et le poignet orientent la main, la main saisit, manipule et lâche les objets. L'ouverture de la main est aussi importante que sa fermeture pour que la préhension soit fonctionnelle.
Même si l'on a pu isoler un rôle dominant pour chaque articulation du membre supérieur, il existe une interrelation des articulations les unes par rapport aux autres. Ainsi un déficit de pronation peut-il être compensé par une abduction d'épaule. Enfin, l'efficacité des muscles polyarticulaires dépend du bon fonctionnement des articulations qu'ils croisent, la force de flexion des doigts est ainsi influencée par la position du poignet.

2.4.1 Épaule

L'épaule est une articulation extrêmement mobile. Elle doit l'essentiel de sa stabilité aux muscles péri-articulaires. En dehors des muscles, seules les articulations claviculaires solidarisent le membre supérieur au tronc. Tout problème musculaire conduisant à une mauvaise fixation de la scapula empêche l'élévation du membre supérieur.
Les tendinopathies de la coiffe des rotateurs sont un motif fréquent de prescription de kinésithérapie. Le kinésithérapeute cherche d'abord à éviter l'accrochage du trochiter sur le ligament acromio-coracoïdien, en apprenant à effacer ce trochiter par une rotation humérale lors de l'élévation du membre supérieur. Mais l'essentiel de son rôle sera de compenser la faiblesse du susépineux, qui ne joue plus correctement son rôle dans le recentrage de la tête humérale. Il faut apprendre à mettre en jeu lors de l'abduction, de façon volontaire puis automatique, les muscles abaisseurs de la tête humérale, comme le grand pectoral ou le grand dorsal. Cette rééducation est longue, elle dure plusieurs mois.

La luxation d'épaule nécessite une immobilisation de trois semaines puis une kinésithérapie de renforcement des muscles rotateurs internes (en cas de luxation antérieure). À partir de six semaines de l'accident, on peut rechercher une amplitude dans les mouvements qui étirent la capsule lésée (rotation externe), et entamer une rééducation proprioceptive.

2.4.2 Coude

Le danger principal est l'enraidissement. Les immobilisations après traumatisme du coude sont donc minimales, dépassant rarement trois semaines, et les mobilisations passives ou actives aidées sont débutées précocement. Les orthèses articulées permettent la réalisation de postures alternées.

2.4.3 Poignet

La priorité est donnée à la stabilité et l'indolence, qui conditionnent une bonne force de préhension. Le renforcement musculaire, en statique et contre résistance manuelle, est la technique la plus utilisée.
Le gain d'amplitude articulaire fait appel à des mobilisations dans les amplitudes physiologiques, mais aussi à des manœuvres de traction et de glissement. La position de fonction optimale est en légère extension, mais certains gestes d'hygiène intime nécessitent une légère flexion.

2.4.4 Doigts

En traumatologie, c'est bien sûr la mobilité qui est recherchée, par des mobilisations sélectives et l'application d'orthèses dynamiques. La fin de la rééducation est dédiée à la restauration fonctionnelle, force de préhension, manipulation d'objets.
En rhumatologie, c'est la prévention de l'aggravation des déformations articulaires qui est l'objectif principal. Cela passe par une éducation ergonomique et la réalisation d'orthèses de repos ou de travail. L'ergothérapie est ici particulièrement indiquée.

CONCLUSION

Même en ne connaissant pas beaucoup les techniques de kinésithérapie, le médecin peut fixer les objectifs de la rééducation. Il est ainsi à même de justifier sa prescription auprès de l'auxiliaire médical, mais aussi auprès de son patient, ce qui favorise nettement l'observance.
Il est assez facile par l'interrogatoire du malade d'avoir une idée de l'adéquation des techniques rééducatives utilisées aux objectifs fixés. Le bilan kinésithérapique de début et de fin de traitement est également une source d'information précieuse pour décider de la poursuite de la rééducation ou de son arrêt.

9 Rééducation et réadaptation du lombalgique

- **Une lombalgie est définie comme une douleur lombo-sacrée médiane latéralisée avec possibilité d'irradiations proximales vers les membres inférieurs. Ce n'est pas une maladie, mais un symptôme. Définir un groupe de malade par son symptôme principal témoigne bien de l'échec relatif de la médecine à déterminer les causes du mal de dos, et donc de proposer un traitement adapté.**
- **La prévalence de lombalgies au cours de l'existence dans la population européenne est d'environ des 2/3. On parle de lombalgie chronique lorsque la douleur évolue depuis plus de trois mois. Avant ce délai, on parle de lombalgie aiguë.**

1 CONDUITE À TENIR DEVANT UNE LOMBALGIE AIGUË

Il faut d'abord éliminer les lombalgies symptomatiques, puis éviter le passage à la chronicité, qui concerne encore une lombalgie aiguë sur dix.

1.1 Démarche diagnostique

Lorsque le patient arrive au cabinet du médecin pour une première poussée de lombalgie, il faut éliminer une cause inflammatoire, infectieuse, traumatique ou tumorale : l'interrogatoire et l'examen clinique suffisent en général. Un bilan biologique peut être justifié en fonction des présomptions cliniques. Des radiographies standards face et profil sont à réaliser après une ou deux semaines d'échec d'un traitement symptomatique. Elles n'ont d'intérêt que pour la recherche d'une lombalgie secondaire.
Les troubles statiques et les lésions arthrosiques qui peuvent être constatés sur les radiographies ne sont pas corrélés au syndrome douloureux.

1.2 Démarche thérapeutique

Neuf fois sur dix, on conclut à une lombalgie commune, le traitement est alors purement symptomatique.
Antalgiques, anti-inflammatoires et myorelaxants n'ont montré une efficacité qu'à court terme. Il en est de même des infiltrations et des manipulations. Les médecines douces n'ont jamais été correctement évaluées.

Le repos, autrefois largement recommandé n'a plus sa place. Il faut conseiller au patient de reprendre le maximum d'activité, dans les limites de la tolérance douloureuse.
Lorsque l'arrêt de travail lié aux douleurs lombaires se prolonge au-delà de 6 ou 7 semaines, le risque de désinsertion professionnelle devient majeur.
Faute d'études de qualité suffisante, l'ANAES a déconseillé le recours à la kinésithérapie pour une lombalgie aiguë. Dans la mesure où la priorité est d'éviter une période d'inactivité prolongée, le recours à des techniques physiothérapiques associées à une remise en confiance par des exercices dirigés et progressifs peut être envisagé précocement.

2 CONDUITE À TENIR DEVANT UNE LOMBALGIE CHRONIQUE

On parle de lombalgie chronique après 2 ou 3 mois de persistance des douleurs. Le traitement symptomatique a bien su toujours sa place. La décision d'une prise en charge rééducative nécessite un bilan clinique spécifique.

2.1 Examen du lombalgique chronique

2.1.1 Interrogatoire

Il permet de se faire une idée de l'intensité de la douleur, du vécu émotionnel du patient face à son symptôme ainsi que du retentissement fonctionnel. Il est recommandé d'associer des mesures quantitatives, Échelle Visuelle Analogique, ou l'échelle Eifel (document 9) auto-questionnaire de Dallas (document 10).

Document 9 : Échelle d'incapacité fonctionnelle pour l'évaluation des lombalgiques

NOM : **PRÉNOM :** **DATE :**

Nous aimerions connaître les répercussions de votre douleur lombaire sur votre capacité à effectuer les activités de la vie quotidienne.

Si vous êtes cloué au lit par votre douleur lombaire, cochez cette case et arrêtez-vous là. ❑

En revanche, si vous pouvez vous lever et rester debout au moins quelques instants, répondez au questionnaire qui suit.

Une liste de phrases vous est proposée. Ces phrases décrivent certaines difficultés à effectuer une activité physique quotidienne directement en rapport avec votre douleur lombaire. Lisez ces phrases une par une avec attention en ayant bien à l'esprit l'état dans lequel vous êtes aujourd'hui à cause de votre douleur lombaire. Quand vous lirez une phrase qui correspond bien à une difficulté qui vous affecte aujourd'hui, cochez-la. Souvenez-vous bien de ne cocher que les phrases qui s'appliquent à vous-même aujourd'hui.

1. Je reste pratiquement tout le temps à la maison à cause de mon dos ❑
2. Je change souvent de position pour soulager mon dos ❑

3. Je marche plus lentement que d'habitude à cause de mon dos ❑
4. À cause de mon dos, je n'effectue aucune des tâches que j'ai l'habitude de faire à la maison ❑
5. À cause de mon dos, je m'aide de la rampe pour monter les escaliers ❑
6. À cause de mon dos, je m'allonge plus souvent pour me reposer ❑
7. À cause de mon dos, je suis obligé(e) de prendre un appui pour sortir d'un fauteuil ❑
8. À cause de mon dos, j'essaie d'obtenir que d'autres fassent des choses à ma place ❑
9. À cause de mon dos, je m'habille plus lentement que d'habitude ❑
10. Je ne reste debout que de courts moments à cause de mon dos ❑
11. À cause de mon dos, j'essaie de ne pas me baisser ni m'agenouiller ❑
12. À cause de mon dos, j'ai du mal à me lever d'une chaise ❑
13. J'ai mal au dos la plupart du temps ❑
14. À cause de mon dos, j'ai des difficultés à me retourner dans mon lit ❑
15. J'ai moins d'appétit à cause de mon mal de dos ❑
16. À cause de mon mal de dos, j'ai du mal à mettre mes chaussettes (ou bas/collants) ❑
17. Je ne peux marcher que sur de courtes distances à cause de mon mal de dos ❑
18. Je dors moins à cause de mon mal de dos ❑
19. À cause de mon dos, quelqu'un m'aide pour m'habiller ❑
20. À cause de mon dos, je reste assis(e) la plus grande partie de la journée ❑
21. À cause de mon dos, j'évite de faire de gros travaux à la maison ❑
22. À cause de mon dos, je suis plus irritable que d'habitude et de mauvaise humeur avec les gens ❑
23. À cause de mon dos, je monte les escaliers plus lentement que d'habitude ❑
24. À cause de mon dos, je reste au lit la plupart du temps ❑

Score sur 24, compter un point par case cochée.
Incapacité maximale si 24 points.

Document 10 : Auto-questionnaire de Dallas (Dallas pain questionnaire)

NOM : **PRÉNOM :** **DATE :**

À lire attentivement : ce questionnaire a été conçu pour permettre à votre médecin de savoir dans quelle mesure votre vie est perturbée par votre douleur. Veuillez répondre personnellement à toutes les questions en cochant vous-même les réponses.

Pour chaque question, cochez en mettant une croix à l'endroit qui correspond le mieux à votre état sur la ligne continue.

1. La douleur et son intensité

Dans quelle mesure avez-vous besoin de traitement contre la douleur pour vous sentir bien ?

Pas du tout — Parfois — Tout le temps

0 % |____|____|____|____|____|____| 100 %

2. Les gestes de la vie quotidienne

Dans quelle mesure votre douleur perturbe-t-elle les gestes de votre vie quotidienne (sortir du lit, se brosser les dents, s'habiller, etc.) ?

Pas du tout (pas de douleur) — Moyennement — Je ne peux sortir du lit

0 % |____|____|____|____|____|____| 100 %

3. La possibilité de soulever quelque chose

Dans quelle mesure êtes-vous limité(e) pour soulever quelque chose ?

Pas du tout (comme avant) — Moyennement — Comme avant

0 % |____|____|____|____|____|____| 100 %

4. La marche

Dans quelle mesure votre douleur limite-t-elle maintenant votre distance de marche par rapport à celle que vous pouviez parcourir avant votre problème de dos ?

Je marche comme avant — Presque comme avant — Presque plus — Plus du tout

0 % |____|____|____|____|____|____| 100 %

5. La position assise

Dans quelle mesure votre douleur vous gêne-t-elle pour rester assis(e) ?

Pas du tout — Moyennement — Je ne peux pas rester assis(e)

0 % |____|____|____|____|____|____| 100 %

6. La position debout

Dans quelle mesure votre douleur vous gêne-t-elle pour rester assis(e) ?

Pas du tout — Moyennement — Je ne peux pas rester debout

Je reste debout comme avant

0 % |____|____|____|____|____|____| 100 %

7. Le sommeil

Dans quelle mesure votre douleur gêne-t-elle votre sommeil ?

Pas du tout — Moyennement — Je ne peux pas dormir du tout

(je dors comme avant)

0 % |____|____|____|____|____| 100 %

Total X 3 = % de répercussion sur les activités quotidiennes

8 Activité sociale

Dans quelle mesure votre douleur perturbe-t-elle votre vie sociale (danser, jeux et divertissement, repas ou soirées entre amis, sorties, etc.) ?

Pas du tout (ma vie sociale est comme avant) — Moyennement — Je n'ai plus aucune activité sociale

0 % |___|___|___|___|___|___|___|___| 100 %

9 Les déplacements en voiture

Dans quelle mesure votre douleur gêne-t-elle vos déplacements en voiture ?

Pas du tout (je me déplace comme avant) — Moyennement — Je ne peux pas me déplacer en voiture

0 % |___|___|___|___|___|___|___| 100 %

10 Les activités professionnelles

Dans quelle mesure votre douleur perturbe-t-elle votre travail ?

Pas du tout (elle ne gêne pas) — Moyennement — Je ne peux pas travailler

0 % |___|___|___|___|___|___|___|___| 100 %

Total X 5 = % de répercussion sur le rapport activités professionnelles/loisirs

11 L'anxiété, le moral

Dans quelle mesure estimez-vous que vous parvenez à faire face à ce que l'on exige de vous ?

Je fais entièrement face (pas de changement) — Moyennement — Je ne fais pas face

0 % |___|___|___|___|___|___|___| 100 %

12 La maîtrise de soi

Dans quelle mesure estimez-vous que vous arrivez à contrôler vos réactions émotionnelles ?

Je les contrôle complètement (pas de changement) — Moyennement — Je ne les contrôle pas du tout

0 % |___|___|___|___|___|___|___|___| 100 %

13 La dépression

Dans quelle mesure vous sentez-vous déprimé(e) depuis que vous avez mal ?

Je ne suis pas déprimé(e) — Je suis complètement déprimé(e)

0 % |___|___|___|___|___|___|___|___| 100 %

Total X 5 = % de répercussion sur le rapport anxiété/dépression

14 Les relations avec les autres

Dans quelle mesure pensez-vous que votre douleur a changé vos relations aux autres ?

Pas de changement — Changement radical

0 % |___|___|___|___|___|___|___|___| 100 %

15 Le soutien dans la vie de tous les jours

Dans quelle mesure avez-vous besoin du soutien des autres depuis que vous avez mal ?

Aucun soutien nécessaire — Soutien permanent

0 % |___|___|___|___|___|___|___| 100 %

16 Les réactions défavorables des proches

Dans quelle mesure estimez-vous que votre douleur provoque chez vos proches, de l'irritation, de l'agacement, de la colère à votre égard ?

Pas du tout — Parfois — Tout le temps

0 % |___|___|___|___|___|___|___|___| 100 %

Total X 5 = % de répercussion sur la sociabilité

Échelle divisée en 4 parties indépendantes : activités quotidiennes, activités professionnelles et de loisir, anxiété/dépression, sociabilité.
Le score de chaque question comporte plusieurs niveaux : case 1 = 0 point, case 2 = 1 point, case 3 = 2 points...
Pour chacune des 4 parties du Dallas, le pourcentage est obtenu en sommant le score de chaque question et en le multipliant par le coefficient qui lui correspond.
Exemple : (question 1 = 2) + (question 2 = 0) + (question 3 = 2) + (question 4 = 5) + (question 5 = 3) + (question 6 = 2) + (question 7 = 4) = 18 X 3 = 54 % de répercussion des lombalgies sur les activités quotidiennes
Lorsqu'un patient ne coche pas la case mais le trait séparant deux cases, la valeur supérieure est retenue.

2.1.2 Statique et dynamique générale

L'examen clinique commence toujours par une évaluation de la statique du sujet, des courbures rachidiennes et des axes et longueurs des membres inférieurs. La mobilité du tronc est ensuite évaluée en prenant en compte la douleur provoquée, l'amplitude et l'harmonie des mouvements. Les mesures cliniques (distance doigt-sol, indice de Schöber) ont une faible reproductibilité, les mesures des mouvements du tronc à l'aide d'un inclinomètre semblent plus fiables, mais ne sont pas encore passées dans la pratique courante.

2.1.3 Examen segmentaire du rachis

Il recherche des points douloureux à la pression directe des épineuses, à la pression latérale contrariée des épineuses, à la pression directe des articulaires postérieures. Lors de cet examen, on palpe aussi les masses paravertébrales qui peuvent être le siège d'une contracture. S'il est classique de recueillir ces données, il a été montré que leur valeur diagnostique était très faible.

2.1.4 Évaluation de la fonction musculaire

L'extensibilité et l'endurance musculaire sont au cœur des préoccupations des rééducateurs et peuvent être évaluées par une série de tests. Le sujet est stimulé et encouragé pendant toute la durée de ces tests. Un sujet normal tient ces manœuvres plus d'une minute.

Extensibilité des ischio-jambiers (en cm)

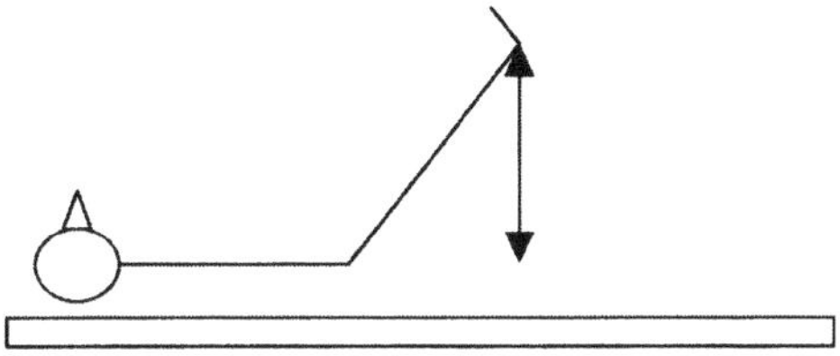

Mesure centimétrique de la distance table-talon lors de la flexion maximale de hanche en décubitus dorsal, genou tendu avec le membre controlatéral en extension posé sur la table d'examen.

Extensibilité des fléchisseurs de hanche (en °)

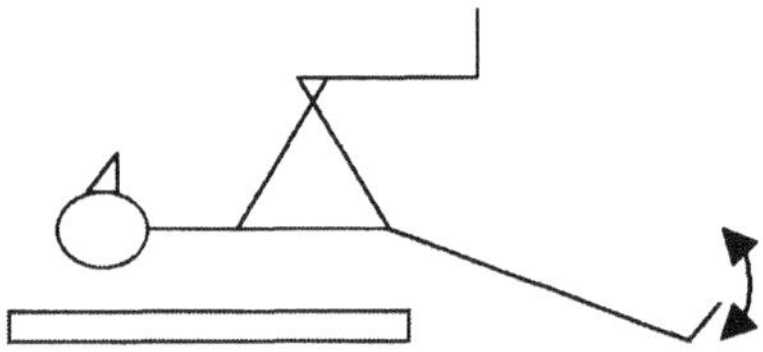

Mesure goniométrique de l'extension maximale de hanche (mesure par rapport à l'horizontale), genou tendu, bassin positionné en bord de table, membre controlatéral fléchi et maintenu par le sujet au niveau du genou.

Extensibilité des droits antérieurs (en cm)

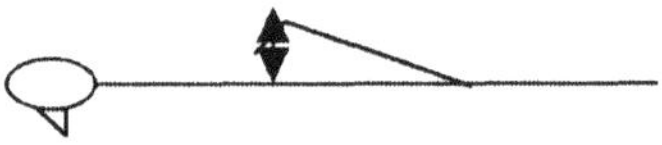

Mesure de la distance verticale talon-cuisse, genou fléchi en décubitus ventral.

Extensibilité des adducteurs (en cm)

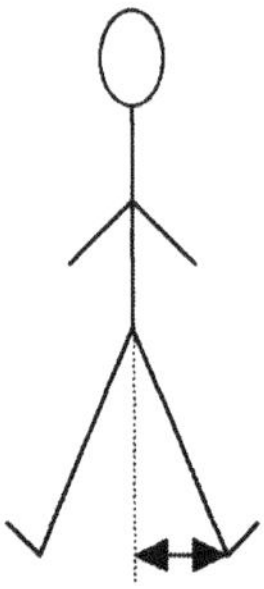

Mesure de la distance entre la ligne médiane et le talon, membre tendu et positionné en abduction maximale, sans bascule du bassin.

L'endurance musculaire est assez simple à apprécier en cabinet :

Endurance des abdominaux (test de Ito)

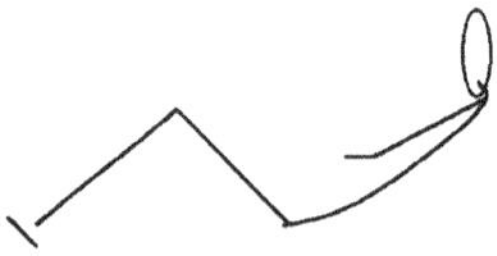

Sujet en décubitus dorsal, genoux fléchis à 90 ° et pieds à plat sur la table, bras croisés sur la face antérieure du thorax. Le sujet est invité à fléchir le tronc et à décoller le dos du plan de la table jusqu'au niveau des épines iliaques postéro-supérieures. Il doit maintenir la position tronc fléchi.

Endurance des spinaux (test de Sorensen modifié)

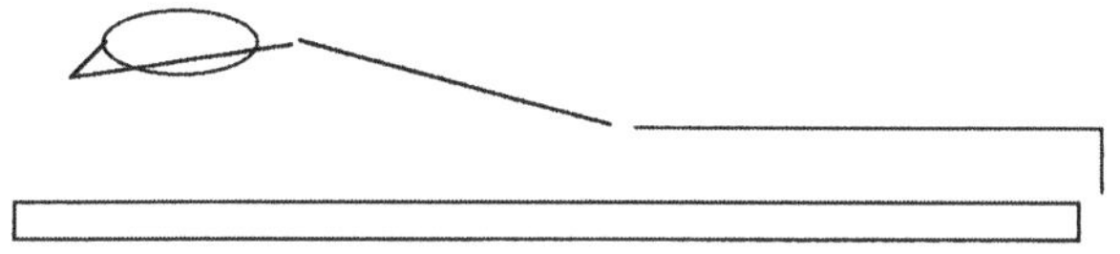

Sujet en décubitus ventral, mains croisées au niveau du front, le corps est en appui total sur le plan de la table. Le sujet soulève le haut du corps (mains décollées de la table) et maintient la position le plus longtemps possible. Le test est interrompu lorsque le sujet repose les mains sur la table.

Endurance des carrés des lombes

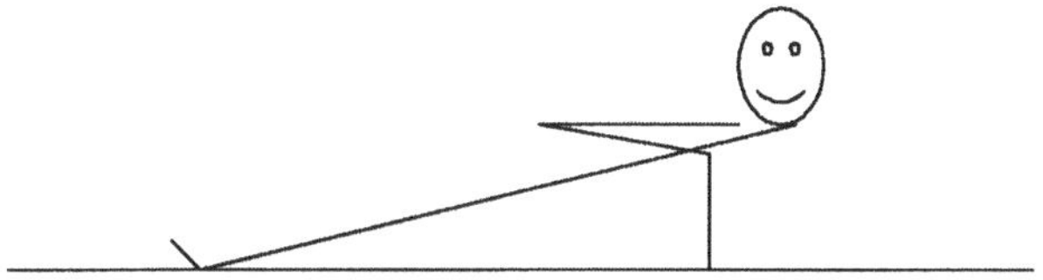

Sujet en décubitus latéral, membres inférieurs tendus, pieds l'un au-dessus de l'autre. Le sujet est invité à décoller les hanches de la table en soulevant le bassin (bassin dans l'alignement des membres inférieurs) et s'appuyant sur le coude et l'avant-bras fléchis. Le membre supérieur controlatéral est maintenu contre le thorax, la main est posée sur l'épaule en appui. Le test est interrompu lorsque la hanche inférieure repose sur la table.

Endurance des membres inférieurs (test de la chaise)

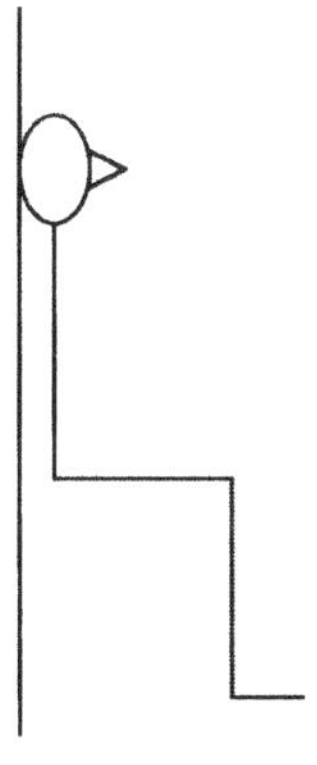

Sujet est debout, dos appuyé sur un plan dur, pieds décalés de ce plan d'une cinquantaine de centimètres vers l'avant. Le sujet glisse progressivement vers le bas jusqu'à la position hanches et genoux fléchis à 90°, les mains ne devant pas

être appuyées sur les cuisses. Le sujet maintient la position le plus longtemps possible.
La force musculaire est évaluée dans les centres sur dynamomètres isocinétiques, cette méthode d'évaluation et d'entraînement n'est encore accessible qu'en centre spécialisé et n'entre pas dans l'évaluation habituelle du lombalgique.
Le contrôle et la perception de la posture sont assez difficiles à évaluer en clinique. Il faut demander au patient un mouvement de bascule du bassin en ante et rétroversion donne cependant une idée de la qualité de la commande motrice de la région lombo-sacrée.

C'est au terme de ce bilan rapporté à l'environnement social et professionnel de l'individu et à ses aspirations que l'on peut prescrire la rééducation.

2.2 Traitements rééducatifs de la lombalgie chronique

La rééducation doit être commencée auprès d'un kinésithérapeute libéral. En cas d'échec, la prise en charge globale et multidisciplinaire du patient devient indispensable. Deux grands types de prise en charge ont été proposés, les écoles du dos et le reconditionnement à l'effort.
L'échec de la prise en charge rééducative fait orienter le patient vers une consultation de la douleur.

2.2.1 Kinésithérapie de ville

Son efficacité a été démontrée. Il existe une multitude de techniques kinésithérapiques concernant la colonne vertébrale. Aucune n'a fait l'objet d'étude de qualité suffisante pour démontrer sa supériorité. La prescription initiale d'une quinzaine de séances est suffisante. Bien que l'on ait la possibilité de laisser au kinésithérapeute toute liberté dans la conduite de sa kinésithérapie, il paraît utile de fixer des objectifs à la rééducation, ne serait-ce que pour s'assurer d'une conception unique de la prise en charge du patient par le médecin et l'auxiliaire médicale.
La lutte contre la douleur ne justifie pas à elle seule la prescription de kinésithérapie. Massages et physiothérapie n'ont montré qu'une efficacité à court terme et ne sauraient résumer une séance de rééducation.
La lutte contre les contractures musculaires fait appel à des massages ou des exercices de contractions relaxations.
Le réveil musculaire, puis les exercices de co-contraction des abdominaux et des spinaux « en verrouillage lombaire » constituent une phase initiale du traitement et doivent être systématiquement appris au patient réalisant des activités à risque.
Des exercices actifs sollicitant les chaînes musculaires antérieures et postérieures sont généralement incorporés au traitement. Le choix des exercices en cyphose ou en lordose se fait essentiellement en fonction de la tolérance du patient.

La correction posturale peut faire appel à :
Des étirements visant à rééquilibrer les chaînes musculaires antérieures et postérieures, des auto agrandissements.
La maîtrise de la bascule du bassin est la première étape d'un contrôle de la lordose lombaire. Cependant, la *correction durable des courbures rachidiennes* par la seule kinésithérapie est illusoire.
La restauration de la mobilité peut nécessiter des techniques d'étirement, des techniques de mobilisation globale, ou encore des techniques de mobilisation segmentaire comme celles développées par Sohier ou Maitland.
La rééducation proprioceptive cherche à développer des automatismes posturaux. Elle ne peut être commencée qu'après avoir obtenu un réveil musculaire de bonne qualité et des amplitudes articulaires suffisantes.
Des conseils d'ergonomie rachidienne de base sont également donnés au cours des séances.

En fin de traitement, le kinésithérapeute doit confier un programme d'exercices personnels au patient. Ce programme doit être court et simple si l'on veut qu'il soit réalisé. Dans les formes chroniques, la kinésithérapie peut être répétée par courtes séries, une ou deux fois par an.

2.2.2 Écoles du dos

Elles sont en fait très polymorphes. L'évaluation des formes les plus simples, ne comportant qu'un apprentissage de l'anatomie, de la physiologie du rachis et des règles ergonomiques a été décevante. On peut considérer cette technique comme insuffisante.
Les écoles du dos se sont ensuite enrichies d'exercices variés faisant découvrir au patient des activités physiques et des traitements susceptibles de les aider. Des techniques de thérapie comportementale, cherchant à faire acquérir au patient un certain nombre d'attitudes adaptées à l'intensité douloureuse sont de plus en plus intégrées à ces programmes.
Ces écoles du dos plus complètes donnent des résultats un peu plus intéressants, surtout lorsqu'elles sont intégrées au sein d'une entreprise, avec une collaboration étroite entre la médecine du travail et les équipes de rééducation. Dans la plupart des cas cependant la détérioration des résultats est relativement rapide, ce qui justifierait de courtes sessions de rappel.
Les écoles du dos sont encore un ensemble hétérogène. La détermination d'un programme optimal, dans sa durée et son contenu, reste à faire.

2.2.3 Reconditionnement à l'effort

L'objectif premier de cette technique d'origine nord-américaine est de remettre le patient lombalgique au travail. Le programme est constitué d'activités physiques soutenues, permettant de restaurer les qualités musculo-squelettiques de force et de souplesse, apportant une augmentation globale des

performances, indépendamment de l'évolution douloureuse. Ce programme nécessite une hospitalisation complète ou de jour, et dure 3 à 5 semaines.
Les programmes de reconditionnement à l'effort donnent d'excellents résultats sur des populations bien spécifiques, composées de malades présentant des signes nets de déconditionnement à l'effort, avec plusieurs mois d'arrêt d'activité professionnelle, mais une possibilité de retour au travail immédiat après l'hospitalisation.

2.2.4 Réinsertion

Les mesures de réinsertion des lombalgiques chroniques n'ont rien de spécifique. Le lecteur peut donc se reporter au chapitre consacré à ce sujet dans cet ouvrage. Il est cependant important de rappeler que la mise en route des démarches de mise en invalidité, reconnaissance de travailleur handicapé ou établissement d'un taux d'Incapacité Permanente doivent intervenir après que l'on a épuisé les possibilités thérapeutiques.
En aucun cas une prise en charge multidisciplinaire ne peut intervenir alors qu'une demande de mise en invalidité, par exemple, est en cours. Un tel conflit d'intérêt pour le malade ne peut qu'engendrer l'échec du traitement rééducatif.

CONCLUSION

Il est difficile à l'heure actuelle de proposer une conduite thérapeutique bien systématisée chez le lombalgique chronique. Beaucoup de traitements sont efficaces à court terme, seuls les traitements intensifs en centre de rééducation démontrent une efficacité prolongée. Notre système de santé n'est cependant pas organisé pour que l'ensemble des lombalgiques chroniques puisse bénéficier d'un programme thérapeutique aussi lourd.
Pour le médecin traitant, la mesure la plus efficace est sans doute une prise en charge attentive du patient lombalgique récent, orientée non pas vers la recherche d'une sédation complète de la douleur, mais vers une remise en activité la plus précoce possible.

10 Troubles de la statique rachidienne de l'enfant

1 SCOLIOSES

1.1 Définition

La scoliose est une déformation tridimensionnelle du rachis qui comprend :
- dans le plan horizontal : une rotation vertébrale ;
- dans le plan sagittal : une extension des vertèbres les unes par rapport aux autres, entraînant un dos plat, puis un dos creux ;
- dans le plan frontal : une inclinaison latérale.

Figure 14 : Aspect tridimensionnel de la scoliose

1.2 Clinique et paraclinique

1.2.1 Examen clinique

Beaucoup de scolioses sont repérées trop tard. L'examen du dos doit faire partie de l'examen général systématique réalisé chez l'enfant, notamment en période pré-pubertaire et pubertaire.

Diagnostic positif

L'examen clinique doit se faire l'enfant étant debout et en slip.

Le poids, la taille debout et assise (croissance propre du rachis) doivent être mesurés.

L'inspection recherche en position debout une asymétrie des épaules et des plis de taille.
La palpation des épines iliaques postéro-supérieures met en évidence une éventuelle inégalité de longueur des membres inférieurs.
L'examen au fil à plomb mesure :
- dans le plan frontal, le déséquilibre latéral avec la distance entre la 1ère vertèbre thoracique et le pli inter- fessier,
- dans le plan sagittal, la cyphose et la lordose, le fil à plomb affleurant normalement en D7 et S2. Les flèches sont mesurées en C7, D12, et L2.

Figure 15 : Mesure des flèches

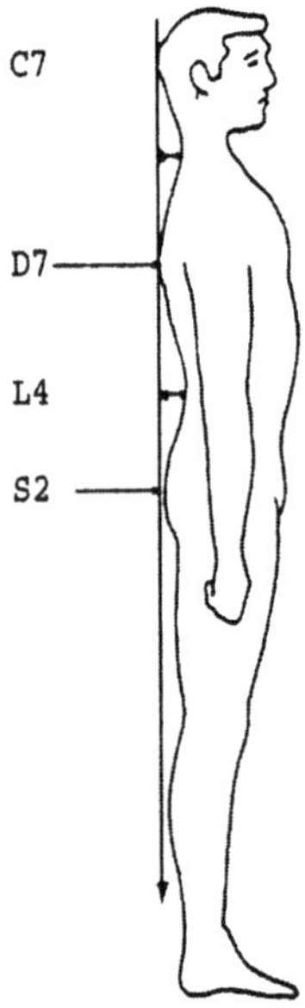

La gibbosité se recherche après avoir corrigé avec une cale une inégalité de longueur de membres inférieurs (ILMI) (une ILMI peut en effet entraîner une petite gibbosité lombaire qui disparaît avec la correction de l'ILMI). L'enfant est placé pieds joints ; il se penche en avant en tendant les genoux, et enroule lentement son rachis cervical, puis dorsal, puis lombaire, en allant toucher ses pieds. L'examinateur est placé derrière le patient. Il ne faut pas hésiter à renouveler plusieurs fois l'examen, notamment si l'enfant se penche trop vite. On note une asymétrie de hauteur entre les deux côtés par rapport à la ligne des épineuses. On précise le côté, la localisation, la hauteur en millimètre (avec l'aide d'un niveau à bulle et d'un centimètre), l'aspect mousse ou angulaire.

Figure 16 : Mesure de la gibbosité

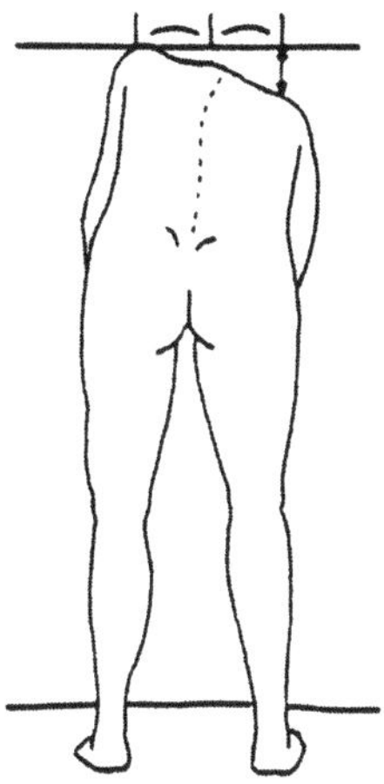

La gibbosité affirme la rotation vertébrale, donc la scoliose, et fait le diagnostic différentiel avec l'attitude scoliotique.

Appréciation du retentissement fonctionnel

Il se fait essentiellement par l'*interrogatoire* ; on recherche des douleurs dorsales ou lombaires, des antécédents familiaux de scoliose, s'informer des activités sportives et du cursus scolaire. Si la scoliose a déjà été dépistée antérieurement par un autre médecin (médecine scolaire, autre médecin généraliste...), on doit se renseigner sur les traitements éventuellement effectués.

Recherche étiologique

Les scolioses les plus fréquemment rencontrées sont idiopathiques. Cependant, une étiologie doit toujours être recherchée.

- *un examen neurologique* (réflexes ostéo-tendineux, réflexe cutané plantaire, réflexes cutanés abdominaux, force musculaire...),
- l'examen des pieds (pieds creux ?),
- la recherche d'une hyperlaxité,
- la recherche de taches café au lait,
- la recherche de signes cutanés évoquant un dysraphisme spinal (touffe de poil, fossette sacrée)...

1.2.2 Examen radiologique

Indications

La radiographie permet d'affirmer et de quantifier la déformation du rachis, ainsi que de déceler une étiologie malformative.

Lorsqu'on a dépisté une gibbosité à l'examen clinique, il faut demander systématiquement une téléradiographie de rachis en charge face et profil, avec compensation d'une éventuelle différence de longueur de membres inférieurs. Une simple radiographie de rachis dorsal ou lombaire ne suffit pas à évaluer correctement une courbure, une contre courbure.

Ce bilan radiographique de départ est indispensable pour faire le point sur la scoliose, et donc pour pouvoir juger de l'évolutivité ultérieure.

Analyse des clichés

Sur la radiographie de face :

- la statique du bassin, une inégalité de longueur de membres inférieurs ;
- la localisation de la courbure principale et des contre-courbures ;
- les malformations vertébrales ;
- l'angle de Cobb : angle que forment les deux vertèbres les plus inclinées avec l'horizontale. On mesure celui de la courbure principale, de la contre courbure, d'une éventuelle deuxième courbure structurale.

Figure 17 : Mesure de l'angle de Cobb

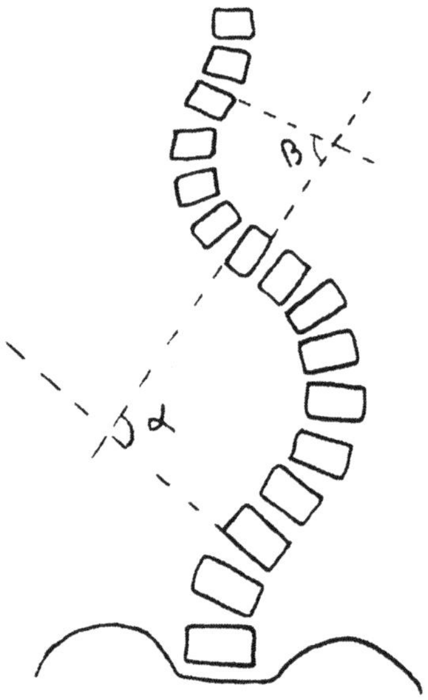

- Les limites de la courbure, le côté, la vertèbre sommet, la contre-courbure.
- La rotation vertébrale : elle se mesure soit avec un torsiomètre de Perdriolle, soit en appréciant la rotation des pédicules de manière plus globale, en la cotant +, ++, +++.

Figure 18 : Torsiométrie de R. Perdriolle

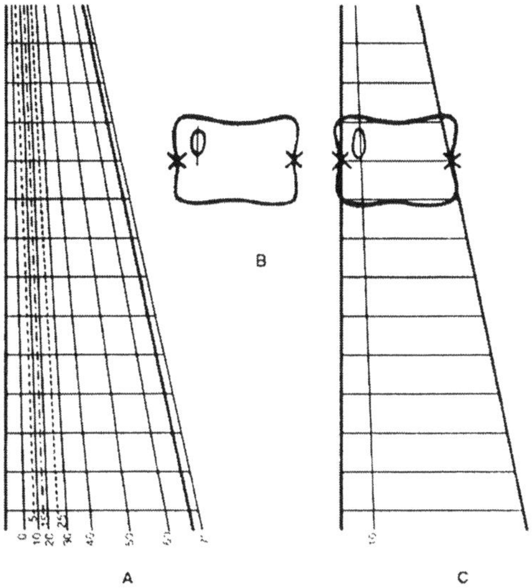

- Le test de Risser : il est évalué sur la radiographie de bassin de face, et permet de connaître la maturation osseuse.

Figure 19 : Test de Risser

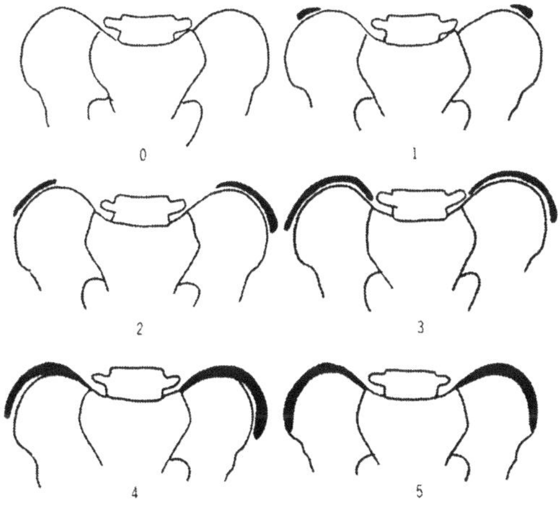

Sur la radiographie de profil :

- les malformations vertébrales ;
- les critères de gravité que sont les dos plats, voire creux ;

- l'angle de Cobb de la cyphose, se mesurant entre D4 et D12, et normalement compris entre 20° et 40° ;
- l'angle de Cobb de la lordose, se mesurant entre L1 et le plateau inférieur de L5, et normalement compris entre 30° et 50°.

Clichés dynamiques

Ils ne se font pas de manière systématique, mais dans des scolioses à fortes angulations, ou en pré-chirurgical. Ils peuvent se faire en suspension, ou en inclinaison latérale. Une scoliose est souple si elle est réductible de plus de 50 %.

Autres examens complémentaires

Ils ne sont justifiés qu'en cas de suspicion clinique de scoliose secondaire ou en préopératoire, et sont affaire de spécialiste.

1.3 Classification des scolioses

1.3.1 Attitude scoliotique : le diagnostic différentiel

Lors d'une attitude scoliotique, il n'y a pas de gibbosité et pas de rotation sur la radiographie.
L'attitude scoliotique est généralement secondaire à une inégalité de longueur de membres inférieurs, peut être secondaire à un défaut de convergence occulaire, à une attitude asthénique.
On peut parfois observer cliniquement une gibbosité vraie, avec une radiographie sans inclinaison latérale : l'examen clinique prime alors, et un suivi est donc indispensable.

1.3.2 Classification selon la localisation de la courbure

Il faut tout d'abord déterminer :
- la courbure principale : c'est celle qui a l'angulation la plus forte et la rotation la plus marquée ;
- la courbure mineure : c'est celle qui a l'angulation et la rotation la moins marquée ;
- la courbure de compensation : il n'y a pas de rotation, cette courbure existe pour rééquilibrer le rachis dans le plan frontal.

On détermine de manière arbitraire le côté de la courbure comme étant celui de la convexité.
La scoliose peut alors être classée en scoliose dorsale, dorso-lombaire, lombaire, double ou cervico- dorsale.

Scolioses dorsales

Elles sont assez fréquentes (25 %) et ont un potentiel évolutif important. Elles se situent entre les vertèbres D4 et D12, de sommet D9 et ont une rotation et une gibbosité souvent importantes.

Elles s'accompagnent fréquemment d'un dos plat, voir creux, pouvant avoir des répercussions cardio-respiratoires.
Elles sont généralement à convexité droite. Une convexité gauche doit rendre très vigilant quant à l'examen neurologique et à la recherche d'une étiologie, et faire demander une IRM médullaire au moindre signe neurologique.

Scolioses dorso-lombaires

Leur fréquence est de 19 % et elles se situent entre les vertèbres D7 et L2, vertèbre sommet D10. La rotation et la gibbosité sont souvent importantes. On retrouve souvent un dos plat, un déséquilibre latéral. Elles sont souvent à convexité droite.

Scolioses lombaires

Elles sont fréquentes (25 % des scolioses) et se situent entre les vertèbres D11 et L4, vertèbre sommet L2. La gibbosité est discrète, on observe une asymétrie des plis de taille. Leur apparition est souvent tardive. Elles sont souvent à convexité gauche. Elles peuvent devenir douloureuses à l'âge adulte.

Scolioses doubles majeures

Elles sont fréquentes (30 %). Ce sont deux courbures d'angulations voisines. On retrouve souvent une courbure dorsale droite et une courbure lombaire gauche. Elles passent longtemps inaperçues car les deux courbures s'équilibrent. Leur évolutivité est souvent importante. Il existe parfois des doubles dorsales, sévères, des triples courbures.

Scolioses cervico-dorsales

Elles sont rares (1 % des scolioses) et se situent entre les vertèbres D1 et D7. Elles entraînent un déséquilibre important des épaules. Leur traitement est difficile, nécessitant un corset avec minerve (Milwaukee). Il faut rechercher une étiologie malformative ou neuromusculaire.

1.3.3 Classification temporelle

Les scolioses peuvent être classées en fonction de l'âge de l'apparition de la courbure :

Scolioses du nourrisson

Elles sont à différencier des attitudes scoliotiques, fréquemment associées à des torticolis posturaux. Elles sont découvertes avant l'âge de 1 an et sont plus fréquentes chez le garçon. Elles entrent souvent dans le cadre d'une asymétrie de tonus ou d'une hémiparésie. Elles sont résolutives dans 90 % des cas, et sont le plus souvent traitées par kinésithérapie. Les courbures continuant à évoluer sont très sévères.

Scolioses infantiles

Elles sont découvertes entre un et trois ans et sont rares. Leur potentiel évolutif est grand et le traitement doit durer jusqu'à la fin de la croissance. 80 % des scolioses infantiles doivent être opérées, et sans traitement elles dépassent toutes 90°.

Scolioses juvéniles

Elles apparaissent entre 4 ans et le début de la puberté et représentent 15 % des scolioses idiopathiques. Elles sont évolutives, d'autant plus que l'enfant est jeune. Le traitement chirurgical est nécessaire dans près de 50 % des cas.

Scolioses de l'adolescent

Ce sont les plus fréquentes des scolioses idiopathiques. Elles sont découvertes après les premières règles. Le sex-ratio est de 4 à 10 filles pour 1 garçon. La prévalence est de 2,5 % des adolescents.

1.3.4 Classification étiologique

La scoliose idiopathique est de loin la plus fréquente, mais il faut toujours rechercher une affection causale. Les scolioses secondaires peuvent être malformatives, neurologiques, thoracogéniques, histodysplasiques.

Tableau 9 : Classification étiologique de la scoliose

Congénitales	Hémivertèbre Bloc vertébral Vertèbre papillon
Maladies neurologiques neuro-musculaires	Affection neurologique intrarachidienne Myopathie deDuchenne Dégénerescence médullaire Infirmité Motrice Cérébrale
Thoracogéniques	Thoracotomie Radiothérapie
Histodysplasiques	Maladie de Marfan Maladie de Recklinghausen

1.4 Risque évolutif

– Le risque évolutif dépend de l'âge de début de la scoliose, de l'étiologie, de la localisation et de l'angulation de la courbure, de l'importance de la gibbosité, de l'aspect du dos dans le plan sagittal. Le traitement sera fonction du risque évolutif.

– Les scolioses non idiopathiques sont généralement très évolutives.

– En fonction de la localisation, le risque évolutif est de manière décroissante : dorsale, double, dorso-lombaire, lombaire.

– Une gibbosité anguleuse, un dos plat sont signes d'une déformation importante dans les plans sagittal et horizontal, éléments fondamentaux pour évaluer le risque évolutif.

– Une angulation importante est de mauvais pronostic car, à partir d'une certaine angulation, la courbure tend spontanément à s'aggraver.
– L'âge de début de la scoliose et le stade pubertaire sont fondamentaux dans l'évaluation du risque évolutif de la scoliose.

Figure 20 : Évolutivité des courbures scoliotiques d'après Mme Duval-Beaupère

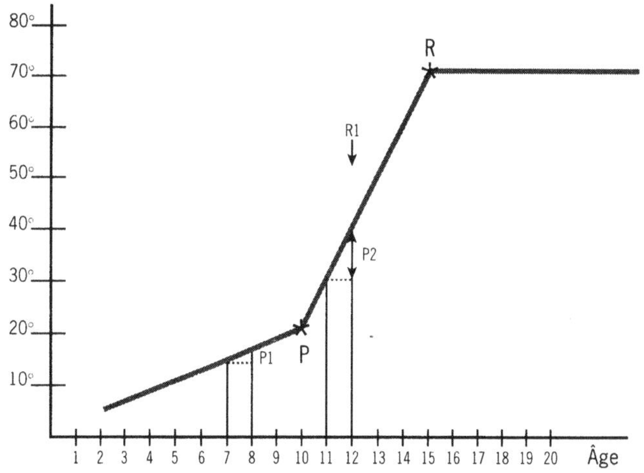

Il est donc important de se repérer au stade pubertaire, à l'âge osseux, à la date d'apparition des premières règles, à la courbe de croissance, au test de Risser.
Les premières règles apparaissent 2 ans et 1/2 après le point p, vers 13 ans d'âge osseux. Elles apparaissent un à deux ans avant la fin de la puberté.
Le test de Risser est corrélé à la croissance rachidienne. Il représente l'évolution du noyau d'ossification des crêtes iliaques. La croissance rachidienne est considérée comme terminée à Risser 4.

1.5. Conduite à tenir

1.5.1 Surveillance

Elle peut être assurée par le médecin généraliste.
Lorsque la scoliose est dépistée, le suivi doit se faire tous les 6 mois, ou tous les 4 mois lors des phases pré-pubertaires, ou pour les scolioses qui paraissent très évolutives.
Ce suivi doit comprendre un examen clinique (examen du dos, examen neurologique), une radiographie de rachis complet de face en charge, et une fois par an une radiographie de rachis complet de profil en charge. Il faut au moins trois examens cliniques et radiologiques pour déterminer l'évolutivité de la scoliose. Cependant, à partir de 30°, la plupart des équipes s'accordent à traiter d'emblée par corset orthopédique.

1.5.2 Traitement

Les scolioses dont l'angulation est inférieure à 10°-12° ne nécessitent pas de traitement, mais une surveillance rigoureuse.

Kinésithérapie

Au-delà de 10°-12°, des séances de kinésithérapie doivent être prescrites à un rythme de 2 fois par semaine, et ce en continu jusqu'à la fin de la croissance. Ces séances pourront être espacées, puis arrêtées après la preuve d'une non évolutivité sur une période d'au moins un an.

Les séances de kinésithérapie doivent être fondées sur :

- des exercices de correction posturale dans le plan frontal et sagittal ;
- des auto-grandissements ;
- des assouplissements du rachis ;
- du renforcement des abdominaux, des spinaux, du psoas côté convexe ;
- des étirements des muscles péri-articulaires de hanches ;
- des exercices asymétriques ;
- des exercices respiratoires, en cherchant à recréer la cyphose dorsale ;
- un travail de proprioception rachidienne.

Ces séances de kinésithérapie doivent être réalisées seules pour les petites courbures, en association avec un corset pour les courbures plus importantes, en pré et en post-opératoire si il y a lieu.

Corsets

Les indications de prescription d'un corset orthopédique dépendent de nombreux facteurs. Il est classique de dire que si une scoliose atteint 30°, elle doit être traitée par corset orthopédique. Mais pourquoi attendre cet angle si l'on est sûr que l'évolution va nous y conduire ? Lorsqu'une scoliose a fait la preuve de son évolutivité, elle sera traitée par corset dès 17°-20°. Pour ces petites courbures, on peut se contenter au départ d'un port uniquement nocturne et ne passer au port continu que si l'évolutivité n'est pas contrôlée. Même en cas de port continu, on autorise l'ablation du corset pour la toilette et le sport.

Le choix du corset dépend de la localisation de la courbure, de l'âge de l'enfant et des habitudes des équipes. Les corsets agissent soit par distraction, soit par appui sur la gibbosité et la contre gibbosité, soit en hypercorrection. Le corset de Milwaukee, agissant par distraction, est adapté pour les enfants jeunes et pour les courbures cervicales ou dorsales hautes. Les corsets thoraco-lombo-pelviens agissent par appui sur les gibbosités : *Cheneau, Boston, 3 valves, Lyonnais, 3D,...* Le corset de Charleston agit en hypercorrection (port nocturne). Ils sont prescrits jusqu'à la fin de la croissance, et doivent être portés toute la journée ou seulement la nuit en fonction des indications. Ils sont mis en place sur un tee-shirt porté à l'envers ou sans couture. Les rougeurs au niveau des points d'appui sont fréquentes, notamment au début du traitement (une période d'adaptation de 2-3 semaines est souvent nécessaire). On peut appliquer localement de la teinture de Benjoin. Si le corset entraîne une douleur, il doit être rectifié par l'appareilleur.

Chirurgie

Les interventions à type d'arthrodèse vertébrale sont indiquées pour les fortes angulations, en général à partir de 40°, parfois plus tôt dans les scolioses non idiopathiques. Elles sont réalisées par des équipes spécialisées.

Il faut parfois effectuer une double intervention (arthrodèse antérieure et postérieure), notamment pour les scolioses à angulation importante, ou pour les scolioses opérées jeunes, afin d'éviter « l'effet vilbrequin ».

Ces interventions se font lors d'une hospitalisation d'une dizaine de jours. Avec les instrumentations modernes, il n'est généralement pas nécessaire de mettre en place de corset après l'intervention, sauf dans certains types de scolioses, notamment d'origine neuro-musculaire. Le sport ne doit pas être repris pendant la première année qui suit l'intervention. Le suivi reste nécessaire jusqu'à la fin de la croissance notamment pour surveiller la bonne tolérance du matériel qui n'est généralement pas enlevé.

Sport

Le sport ne doit pas être contre- indiqué lors d'une scoliose, notamment lors des scolioses idiopathiques.

Seules les scolioses comportant un risque pour la moelle doivent inciter à la prudence.

Même lors d'un traitement par corset, l'activité sportive doit être poursuivie. Il se pose parfois le problème de l'ablation et de la mise en place du corset par le jeune dans les vestiaires collectifs, qui entraîne une gêne par rapport aux autres jeunes, associées aux difficultés de mise en place nécessitant l'aide d'une personne. Si le sport scolaire est alors arrêté, celui-ci doit être compensé par des activités sportives périscolaires, le corset pouvant alors être retiré au domicile.

1.6 Quand adresser au spécialiste ?

La prescription d'un corset justifie le recours à une consultation spécialisée. On a vu que la question se pose pour des courbures de moins de 20°, si la scoliose est évolutive. Le suivi d'un enfant sous corset se fait également en milieu spécialisé.

Deux types de spécialistes sont concernés par le traitement de la scoliose : les orthopédistes pédiatres et les rééducateurs pédiatres, exerçant en secteur libéral, en secteur hospitalier, ou en cliniques privées.

2 TROUBLES DANS LE PLAN SAGITAL : LES HYPERCYPHOSES

2.1 Définition

Il s'agit de l'augmentation de la cyphose dorsale au-delà des angles considérés physiologiques, soit au-delà de 40°. Cette hypercyphose peut être associée ou non à d'autres déséquilibres dans le plan frontal ou sagittal, peut être régulière ou angulaire, posturale ou non.

2.2 Clinique et paraclinique

2.2.1 Examen clinique

L'examen clinique comprend :
- la mesure des flèches cervicale, dorsale, lombaire ;
- l'antéversion ou la rétroversion du bassin ;
- la possibilité de correction en auto-grandissement ;
- l'aspect du dos l'enfant penché vers l'avant, ce qui permet de faire mieux apparaître la cyphose et d'éliminer une scoliose associée ;
- la palpation des épineuses recherche des douleurs provoquées ;
- l'examen des membres inférieurs, l'examen neurologique.

2.2.2 Retentissement fonctionnel

L'interrogatoire recherche la notion de douleurs mécaniques, de fatigabilité, d'antécédents familiaux, de traumatisme.

2.2.3 Examens complémentaires

Il s'agit avant tout des radiographies. Des radiographies de rachis complet de face et de profil en charge sont demandées systématiquement en bilan initial devant une hypercyphose clinique. Des radiographies de profil seront ensuite réalisées tous les 6 mois lors du suivi.

Des clichés en hyperextension sont utiles pour évaluer la réductibilité de l'hypercyphose, réalisés en décubitus avec un billot sous le sommet de la cyphose.

La radiographie de face permet d'éliminer une scoliose associée.

La radiographie de profil permet :
- de mesurer l'angle de Cobb de la cyphose et de la lordose. Ceux-ci sont mesurés entre les vertèbres D4 et D12, et entre les vertèbres D12 et L5 ;
- de déceler :
  - une cyphose angulaire,
  - une cunéiformisation des vertèbres,
  - des lésions d'épiphysites de Scheuermann,
  - des malformations vertébrales.

2.3 Classification

Les étiologies diffèrent en fonction de la morphologie de la cyphose.

Tableau 10 : Classification étiologique de la cyphose

Cyphoses régulières	Cyphose posturale Cyphose idiopathique Maladie de scheuermann Cyphose neurologique Achondroplasie Maladie de Lobstein Ostéoporose Histodysplasie
Cyphoses angulaires	Malformations Traumatisme Infection Laminectomie Radiothérapie Tumeur Achondroplasie Neurofibromatose

2.3.1 Cyphoses régulières

Cyphoses posturales. Il s'agit d'une attitude asthénique qui peut disparaître avec le temps.
Elle reste réductible lorsque le patient fait un effort d'autograndissement. Le sport est avant tout à favoriser.

Cyphoses idiopathiques. Ce sont des cyphoses régulières thoraciques ou thoraco-lombaires. Leur caractère familial est fréquent. L'aspect des vertèbres est préservé. Ces cyphoses peuvent devenir raides. L'angle de courbure de la cyphose peut devenir important et nécessiter un traitement orthopédique.

Maladie de Scheuermann. Elle est fréquente dans la population et parfois responsable de douleurs et de cyphose. La plupart des hypercyphoses structurales sont secondaires à une maladie de Scheuermann.
Ces lésions sont caractérisées radiologiquement par :
- un aspect cunéiforme des vertèbres ;
- un aspect feuilleté des plateaux vertébraux ;
- des hernies intraspongieuses de Schmorl ;
- un rétrécissement des espaces intervertébraux.

Il faut une cunéiformisation d'au moins 5° au niveau de 3 vertèbres adjacentes pour parler de maladie de Scheuermann.

Le caractère familial de la maladie est fréquent.
La réductibilité de la cyphose est variable.
Il est souvent nécessaire de prescrire un traitement orthopédique.
Le préjudice est essentiellement esthétique.
Le risque neurologique est exceptionnel.

Autres cyphoses régulières. Les cyphoses non idiopathique ou non secondaire à une maladie de Scheuermann sont particulièrement à surveiller et à prendre en charge, tout comme les scolioses. En effet, le risque évolutif est plus important dans le cadre des hypercyphoses secondaires. Ces cyphoses sont du domaine des spécialistes.

2.3.2 Cyphoses angulaires

Les cyphoses angulaires sont localisées sur quelques vertèbres. Il existe un changement brusque de direction dans le plan sagittal des vertèbres. Ces cyphoses sont secondaires à une infection, un traumatisme, une malformation, une laminectomie...
Le risque neurologique est important lorsqu'il y a une instabilité ou une forte angulation.
Le traitement chirurgical avec arthrodèse est souvent nécessaire.
Ces cyphoses sont du domaine des spécialistes.

2.4. Évolutivité

- Le risque évolutif est lié à l'âge, à l'étiologie, à l'angulation de la cyphose, à la raideur, à l'aspect angulaire ou régulier. Le traitement sera lié aux douleurs et/ou au risque évolutif.
- Les cyphoses angulaires ont un risque évolutif très important, et peuvent nécessiter un traitement préventif (arthrodèse ou traitement orthopédique).
- Le risque évolutif dans la maladie de Scheuermann est lié à l'atteinte des vertèbres, à la raideur et à l'âge. Il peut être important.
- Les cyphoses non idiopathiques et non liées à une maladie de Scheuermann sont particulièrement à surveiller.
- Une angulation importante est de mauvais pronostic.

2.5 Traitement

Il dépend des douleurs, de l'angle de Cobb de la cyphose, de l'étiologie, de l'évolutivité, de la maturation osseuse du patient.

2.5.1 Surveillance

Elle peut être assurée par le généraliste, notamment dans les cyphoses régulières, idiopathiques ou liées à une maladie de Scheuermann.

Lorsqu'une hypercyphose est dépistée, ou s'il existe un risque d'hypercyphose, le suivi doit se faire tous les 6 mois, ou tous les 4 mois lors des phases pré-pubertaires, ou pour les cyphoses qui paraissent très évolutives.
Ce suivi doit comprendre un examen clinique (examen du dos, examen neurologique, taille), une téléradiographie du rachis de profil en charge, et si nécessaire une téléradiographie de rachis de face. Il faut au moins trois examens cliniques et radiologiques pour déterminer l'évolutivité de la cyphose. Cependant, s'il existe une atteinte vertébrale importante et que le risque d'évolution est net, il peut être nécessaire de traiter d'emblée, pour un angle de Cobb de la cyphose de l'ordre de 50°, voire pour un angle dans les limites physiologiques.

2.5.2 Kinésithérapie

Elle est prescrite dans un but d'assouplissement du rachis, de correction posturale, d'auto-grandissements, d'ampliation thoracique, de tonification des muscles spinaux, d'étirements des muscles péri-articulaires de hanches, de proprioception.
Les séances se feront deux fois par semaine, souvent jusqu'à la fin de la croissance rachidienne.

2.5.3 Corsets

Un traitement par corset orthopédique sera associé en cas de cyphose (dès 50° de cyphose) ou de douleurs importantes, en fonction des lésions d'épiphysites de Scheuermann (ou d'autre type de lésions), et de la maturation osseuse. Ces corsets anti-cyphotiques permettent un redressement du tronc, et permettent une moindre cunéiformisation des corps vertébraux.

2.5.4 Sport

Il pourra généralement être poursuivi, mais certains sports comportant beaucoup de réceptions devront parfois être évités. La natation devra dans tous les cas être favorisée.

CONCLUSION

Le médecin généraliste a une place fondamentale dans le dépistage et le suivi des troubles de la statique rachidienne. L'examen du dos doit faire partie de l'examen systématique pratiqué chez l'enfant et l'adolescent. On peut agir avant la fin de la croissance en stoppant l'évolution de la courbure. Celle-ci doit donc être traitée le plus tôt possible, dès la preuve de l'évolutivité. Le spécialiste prendra alors le relais, pour un traitement orthopédique ou chirurgical, ou dans les troubles de la statique rachidienne non idiopathique nécessitant une surveillance particulière.

11 Réentraînement à l'effort

- **Bien souvent les incapacités fonctionnelles résultant d'une maladie entraînent une période de repos puis une réduction durable des activités motrices qui aboutissent à une diminution de la capacité aérobique, avec des modifications du transport de l'oxygène et du muscle périphérique.**
- **Lorsque le handicap le permet, le réentraînement à l'effort apparaît salutaire car il évite la sédentarité, la prise de poids et ses risques cardiovasculaires. La participation à une activité physique en groupe facilite la réinsertion sociale, améliore le bien-être psychologique. Par ailleurs, au déconditionnement lié à la maladie s'ajoutent souvent les conséquences du vieillissement par l'intermédiaire d'un certain nombre de changements structuraux et fonctionnels bien précis, mais que l'activité physique permet de ralentir, de stopper, voire d'améliorer.**

1 RÉADAPTATION CARDIO-VASCULAIRE ET RESPIRATOIRE

1.1 Bénéfices liés à la réadaptation

La réadaptation permet le ralentissement du processus athéromateux coronaire par une prévention secondaire multifactorielle. Il a été mis en évidence une diminution globale des coûts de santé à moyen et long terme et même une diminution de la mortalité à long terme chez les patients réadaptés au décours d'un infarctus myocardique.

En France, 2,5 millions de sujets sont atteints de BPCO. Un tiers environ de ces sujets présentent un trouble ventilatoire obstructif et 20 % environ ont une hypoxémie de repos. L'approche thérapeutique médicamenteuse des BPCO répond mal à la plainte majeure des patients qu'est la dyspnée. Ceux-ci entrent dans un cercle vicieux de désentraînement – détérioration physique – aggravation de la dyspnée – altération de la qualité de vie, spécifiquement appelée spirale de la dyspnée. La réhabilitation respiratoire permet de rompre ce cercle vicieux grâce à une prise en charge multidisciplinaire du patient et de sa pathologie, incluant optimisation du traitement bronchodilatateur, éducation à la santé, sevrage tabagique, diététique, relaxation et réentraînement. Les objectifs du traitement des patients atteints de BPCO sont : l'amélioration des symptômes et de la qualité de vie, le ralentissement du déclin de la fonction respiratoire, la prévention et le traitement des complications, l'augmentation de la durée de la survie, l'évitement ou la minimisation des effets secondaires du traitement.

1.2 Phases de la réadaptation

La réadaptation cardiorespiratoire est classiquement divisée en 3 phases :
phase 1 ou phase hospitalière, limitant les complications de décubitus
phase 2 post-hospitalière immédiate, dite de convalescence active durant 3 à 6 semaines en unité de réadaptation cardiorespiratoire
phase 3 ou phase de maintenance, comportant le maintien d'une activité physique régulière et l'observation des conseils hygiéno-diététiques.

1.3 Indications

– Maladies coronariennes : suite de chirurgie coronaire, suite d'infarctus du myocarde, angor stable, suite d'angioplastie transluminale percutanée ;
– L'insuffisance cardiaque chronique avec gêne fonctionnelle correspondant aux classes 2 et 3 de la NYHA et fonction ventriculaire gauche systolique altérée ;
– Greffe cardiaque : la réadaptation est indispensable chez les greffés cardiaques pour tirer le meilleur parti du geste chirurgical, mais également lorsque cela est possible pour préparer le patient à l'intervention ;
– Cardiopathie valvulaire opérée ou non ;
– Cardiopathie congénitale opérée à l'âge adulte ;
– Hypertension artérielle légère ;
– Artériopathie des membres inférieurs aux stades évolutifs 2 et 3 de la classification de Leriche et Fontaine ;
– Insuffisance respiratoire en phase stable (oxygénodépendante ou non) :
  - Syndrome obstructif (BPCO, emphysémateux, asthmatiques, ...) ;
  - Syndrome restrictif (fibrose, séquelles pleurales, suites de thoracotomie, ...).

1.4 Contre-indications au reconditionnement à l'effort

Certaines contre-indications absolues sont à respecter :
– angor instable ;
– insuffisance cardiaque décompensée ;
– arythmie ventriculaire sévère ;
– hypertension artérielle pulmonaire ;
– hypertension artérielle sévère ;
– thrombus intracavitaire volumineux et/ou pédiculé ;
– épanchement péricardique de moyenne et à grande abondance ;
– antécédent récent de thrombophlébite avec ou sans embolie pulmonaire ;
– myocardiopathie obstructive sévère ;
– rétrécissement aortique serré ou symptomatique ;
– affection inflammatoire ou infectieuse évolutive.

1.5 Modalités pratiques

1.5.1 Contenu du programme

La réadaptation cardiorespiratoire représente un ensemble d'interventions comprenant :
- évaluation fonctionnelle ;
- stratification du risque du patient ;
- prescription d'un programme de reconditionnement adapté ;
- prise en charge des facteurs de risques ;
- aide à la réinsertion professionnelle ;
- éducation des patients.

1.5.2 Reconditionnement à l'effort

L'évaluation des capacités à l'effort et de l'intensité de l'entraînement de chaque patient nécessite la réalisation d'une épreuve d'effort.

Celle-ci doit répondre aux critères de sécurité retenus pour les épreuves d'effort chez les cardiaques en général. Ce test s'effectue sur *cycloergomètre*. On relève les *signes subjectifs* (degré de pénibilité, dyspnée, douleur thoracique...). On surveille la *fréquence cardiaque et la pression artérielle*. Sur *l'électrocardiogramme*, on détecte les troubles de la repolarisation ventriculaire, les arythmies supraventriculaires ou ventriculaires, les troubles conductifs et leur degré de sévérité. On recherche des modifications hémodynamiques anormales, en particulier chute ou absence d'élévation tensionnelle.

La *mesure des échanges gazeux* couplée au test d'effort permet l'évaluation de la consommation maximale d'oxygène et du seuil ventilatoire anaérobie ou seuil de dyspnée.

En phase 2 de réadaptation cardiorespiratoire, l'effort demandé doit atteindre 60 % de la VO_2 max, soit une fréquence cardiaque d'entraînement de 70-75 % de la fréquence cardiaque maximale obtenue lors du test d'effort (ce qui correspond habituellement au seuil de dyspnée).

Lorsque la prescription de bêtabloquants rend difficile l'utilisation de la fréquence cardiaque comme repère, on s'aide au mieux des sensations ventilatoires et surtout de la mesure du seuil de dyspnée lors du test d'effort.

1.5.3 Organisation pratique des sessions en endurance

La fréquence des séances préconisée est de 3 à 5 par semaine pour un nombre minimal de 20 séances si on veut obtenir une amélioration mesurable en phase 2. Ces séances se dérouleront dans un premier temps en hospitalisation (complète ou de jour en fonction de la proximité du centre de rééducation) dans des structures habilitées et permettant de dispenser l'ensemble du programme pluridisciplinaire (travail en endurance, kinésithérapie respiratoire, renforcement musculaire, ergothérapie, prévention des facteurs de risque).

Le programme des séances comprend une période d'échauffement de 5 à 10 minutes qui permettra l'augmentation graduelle de la fréquence cardiaque jusqu'à la fréquence cardiaque d'entraînement. La phase d'endurance proprement dite peut être maintenue en plateau à charge constante ou en faisant alterner des périodes de moindre intensité et des pics d'activité. Une période de récupération d'au moins 5 minutes termine la séance.
Les types d'activité doivent répondre aux critères d'activité aérobie et pouvoir être à long terme facilement accessibles et agréables pour le patient (activité de marche rapide, jogging, cyclisme, natation, cyclorameur, etc.). Parallèlement à ces séances d'endurance, des cours de gymnastique, éventuellement en milieu aquatique, viendront compléter le reconditionnement à l'effort par un travail incluant les membres supérieurs et améliorant la coordination, la souplesse et la force musculaire.
La surveillance des premières séances s'effectue obligatoirement sous contrôle électrocardiographique qui est progressivement abandonné au profit d'une autosurveillance par le patient, afin d'envisager la poursuite de l'activité physique à long terme.

1.5.4 Éducation du patient

Parallèlement à la lutte contre la sédentarité, la correction des autres facteurs de risque est indispensable (diététique, sevrage tabagique, méthodes de relaxation, informations sur les différentes pathologies, etc.).

1.5.5 Poursuite de l'activité physique après le séjour en centre

Le réentrainement en centre n'est qu'un préalable et doit impérativement être relayé par une activité physique pratiquée au long cours, au choix du patient, idéalement selon les mêmes paramètres (fréquence, intensité, durée).

1.5.6 Évaluation des possibilités de reprise du travail

Les caractéristiques du poste de travail seront évaluées et confrontées aux capacités de récupération du patient et à sa motivation.
La visite de pré-reprise est souhaitable pour chaque patient avec son médecin du travail pour réaliser cette réinsertion dans les meilleurs délais et conditions. Avec l'accord du patient, les informations nécessaires à la reprise du travail seront communiquées au médecin du travail afin que ce dernier puisse favoriser l'aménagement d'un poste adapté.

2 RÉADAPTATION À L'EFFORT EN GÉRIATRIE

2.1 Intérêt du réentraînement à l'effort

Le premier intérêt est représenté par l'amélioration des constantes physiologiques (cardiovasculaires, musculo-squelettiques, humorales, neuropsychologi-

ques, etc.) qui permettra d'améliorer les capacités fonctionnelles ou retarder leur dégradation pour obtenir en fin de compte une amélioration de la qualité de vie. La progression de la vitesse de marche, l'amélioration de l'équilibre et du système neurosensoriel permettent de diminuer la morbidité par chute ou par accident de la voie publique.
Le second intérêt est l'action socialisante de ces activités de groupe.

2.2 Obstacles

Dans un pays où les générations antérieures ont assez peu eu le culte de l'activité physique, l'accès à une activité physique régulière se heurte à certaines barrières, en particulier le manque de motivation *a priori* des personnes âgées et le manque de structures adaptées. De plus, si les programmes d'activités physiques pour personnes âgées sont en développement, ils ne concernent encore le plus souvent que les personnes valides. On se doit de développer aussi des modalités de pratiques adaptées en fonction des pathologies et de la dépendance. Enfin, il ne faut pas oublier la barrière financière qui est non négligeable pour un certain nombre de personnes.

2.3 Évaluation

Elle est indispensable compte tenu de la fréquence des pathologies associées et la variabilité interindividuelle des capacités. Cette évaluation commence par un entretien qui évaluera les antécédents médicaux et chirurgicaux, le mode de vie, les activités physiques antérieures et la motivation. Ensuite, on pratique un examen clinique complet avec étude des appareils locomoteur, neurologique, cardiaque et vasculaire.
À cause de la grande fréquence des problèmes cardiaques infracliniques, une évaluation poussée du système cardiovasculaire et une épreuve d'effort sont un prérequis à l'institution d'un programme d'exercices en recherchant un problème coronarien, une dysrythmie, un problème valvulaire, une incompétence myocardique d'effort, une hypertension artérielle, etc.

2.4 Constitution d'un protocole

L'objectif premier est d'améliorer la tolérance à l'effort. Des trois filières énergétiques, c'est la filière aérobique qui doit être développée.
Une fréquence de 3 fois par semaine semble nécessaire pour obtenir une progression des constantes physiologiques. Un rythme plus faible ne permet pas la conservation des acquis tandis qu'une fréquence trop élevée entraîne une augmentation de l'incidence des complications.
L'intensité des exercices se situe autour de 65 à 70 % de la VO_2 max, ce qui permet d'augmenter de 5 à 15 % cette dernière. En pratique on se repère le plus souvent sur la fréquence cardiaque de travail qui doit évoluer de 60 à

75 % de la fréquence cardiaque maximale pour l'âge mais qui peut atteindre 85 % pour certains. Il est important à ce niveau-là d'encourager et d'apprendre la prise du pouls par le patient lui-même afin de surveiller l'intensité de l'exercice. Le pourcentage de l'intensité minima de la stimulation efficace correspond aux maxima des critères d'entraînement traditionnel. Les niveaux d'entraînement sont souvent sous estimés quand ils sont déterminés à partir des échelles de référence du sportif adulte.

La durée des séances se situe entre 30 minutes et 1 heure, elles doivent être précédées d'un échauffement de 10 à 15 minutes qui comportera des mouvements de stretching et des exercices calisthéniques qui permettent également d'améliorer la souplesse articulaire et musculaire. Ensuite, les exercices aérobiques s'effectueront à travers un travail progressif de marche ou de jogging ou en fauteuil roulant, réglé pour atteindre la fréquence cardiaque de travail. La durée pourra augmenter de 20 à 40 minutes sur 8 à 12 semaines. Chaque séance se terminera par une période de détente pour un retour progressif au repos. Enfin, le choix d'un protocole dépendra bien évidemment des possibilités fonctionnelles et du passé médical mais aussi des goûts et des aspirations de chacun.

En dehors de tout protocole, et si l'état de santé le permet, la personne pourra s'investir dans des activités moins réglées qui pourront apporter un enrichissement du schéma corporel (gymnastique volontaire, tai chi chuan, etc.) et/ou une amélioration du potentiel énergétique (jogging, vélo, ski de fond, etc.), sans risque si elle est bien informée, bien encadrée, bien surveillée.

3 RÉADAPTATION À L'EFFORT ET PATHOLOGIES MÉTABOLIQUES

Le diabète, l'obésité ou les dyslipidémies ne sont pas un motif de séjour en centre de rééducation pour reconditionnement à l'effort. L'activité physique y est cependant fortement recommandée, et le médecin a un rôle à jouer dans l'information initiale du patient et dans sa surveillance.

3.1 Diabète

3.1.1 Effet de l'activité physique sur le métabolisme glucidique

L'activité physique régulière améliore la sensibilité à l'insuline chez le sujet normal, chez les obèses non diabétiques, ainsi que chez les patients diabétiques insulinodépendants et non insulinodépendants.

L'exercice physique augmente de 7 à 20 fois la captation du glucose par le muscle. En aucun cas il ne faudra limiter l'activité physique et sportive chez le sujet diabétique insulinodépendant mais plutôt l'encourager.

3.1.2 Prescription d'une activité physique chez le patient diabétique

Chez un patient diabétique de plus de 50 ans ou présentant d'autres facteurs de risque associés, il sera conseillé de demander une épreuve d'effort à la recherche d'une éventuelle ischémie myocardique silencieuse avant la reprise d'une activité physique.
La majorité des sports peut être pratiquée par les patients diabétiques insulinodépendants. Cependant, pour des raisons de sécurité, on déconseillera les activités telles que le vol à voile ou l'alpinisme.
Il faut privilégier les exercices d'endurance (cyclisme, jogging, marche à pieds, natation, ski de fond, golf) par opposition aux efforts de résistance (musculation, haltérophilie). L'intensité de l'exercice devra être faible au début puis progressivement croissante pour atteindre en moyenne 70 % de la puissance maximale aérobie.
La fréquence minimale recommandée est de trois séances d'exercices par semaine. La durée de l'exercice doit être supérieure à 30 minutes pour pouvoir permettre de produire des effets métaboliques favorables. Les périodes d'échauffement et de récupération active après l'exercice doivent durer 5 à 10 minutes.
Il est conseillé de faire indiquer par le patient diabétique sur son carnet d'autosurveillance glycémique ses différentes activités physiques au cours de la semaine.
Ceci renforce très souvent la compliance du patient et lui fait percevoir nettement les effets bénéfiques de l'activité physique sur son équilibre glycémique. Il sera parfois utile d'adapter le traitement hypoglycémiant pour éviter les hypoglycémies. Lorsque les sujets sont traités par sulfamides hypoglycémiants, il sera parfois nécessaire de réduire la dose. Dans tous les cas, la pratique d'une activité sportive par un patient diabétique insulinodépendant nécessite de renforcer son éducation afin qu'il puisse réaliser les adaptations nécessaires de ses apports nutritionnels et de ses doses d'insuline en fonction de ses activités physiques.

3.2 Activité physique et dyslipidémie

L'activité physique améliore significativement le profil lipidique. On observe après activité physique aérobique régulière une réduction du nombre de particules LDL denses de petites tailles, dont on connaît le rôle athérogène, et une augmentation du HDL cholestérol se produit au profit des lipoprotéines HDL 2 qui présentent des propriétés anti-athérogènes connues.
Plus que l'intensité de l'exercice physique, c'est l'énergie consommée et la régularité qui apparaissent comme les deux facteurs essentiels en cause dans les effets de l'activité physique sur le métabolisme lipidique.

3.3 Réentraînement à l'effort et obésité

L'augmentation progressive de la fréquence de l'obésité est davantage liée à la sédentarité qu'au niveau d'apports alimentaires en énergie. L'approche de la personne doit être une approche globale, associant à l'augmentation du niveau d'activité physique une prescription diététique adaptée, la mise en place éventuelle de techniques ou thérapies cognitives ou comportementales, le recours parfois à certains médicaments dans des circonstances particulières, en s'entourant de toutes les sécurités possibles, et de façon très spécifique parfois le recours à la chirurgie dans certains cas d'obésité massive. Cette approche nécessitera une surveillance médicale attentive et soutenue pour que ces divers traitements puissent se révéler efficaces dans la durée.

3.3.1 Augmentation de l'activité physique

Elle peut se faire par la pratique d'un sport. On recommande les sports d'endurance à la fréquence de trois séances de 30 à 45 minutes par semaine, à une intensité correspondant au seuil de dyspnée. Les activités seront de type aérobie (marche rapide, golf, jogging, natation, bicyclette, etc.). Les pathologies articulaires dégénératives des membres inférieurs peuvent conduire à choisir une activité physique en décharge relative, en milieu aquatique ou la bicyclette.

Mais augmenter l'ensemble des actes de la vie quotidienne a aussi un effet très significatif. Il est possible d'augmenter la dépense énergétique en majorant le travail effectué lors d'actes courants, comme utiliser les escaliers à la place de l'ascenseur, marcher plutôt que prendre sa voiture, jardiner, etc.

Le cumul de dépense énergétique généré par une modification des activités de la vie quotidienne peut quantitativement être aussi important que la pratique d'un sport sur un temps limité.

Il est cependant important d'expliquer que l'activité physique n'a pas une vertu amaigrissante directe. Elle contribue, lorsqu'elle est régulière et prolongée, à réguler les réserves d'énergie et à minimiser le stockage des graisses dans le tissu adipeux. Le but d'un programme d'activité physique est donc situé dans le long terme. En outre, elle augmente les capacités à l'effort et donc apporte un réel confort dans la réalisation des actes de la vie quotidienne.

3.3.2 Surveillance

Une bonne connaissance des antécédents et un examen clinique attentif sont indispensables avant d'encourager toute activité physique.

La surveillance de l'appareil cardiovasculaire passe par une consultation spécialisée, avec réalisation d'une épreuve d'effort avec enregistrement électrocardiographique et détermination du profil tensionnel.

L'insuffisance coronarienne et l'hypertension artérielle sont en effet souvent associées à l'obésité. Le traitement médicamenteux pourra être adapté car la pression artérielle est très sensible à la perte des premiers kilos. L'insuffisance cardiaque ou une pathologie rythmique rend souvent délicate la pratique d'une activité physique.

L'insuffisance respiratoire chronique représente une difficulté supplémentaire vis-à-vis du réentraînement à l'effort. Lorsqu'elle est au moins en partie liée à la surcharge pondérale, l'amélioration de la fonction respiratoire se fera en parallèle avec l'amaigrissement.

Le diabète non insulinodépendant traité est fréquemment associé à l'obésité. Comme nous l'avons indiqué plus haut, il est conseillé de faire indiquer par le patient diabétique sur son carnet d'autosurveillance glycémique ses différentes activités physiques au cours de la semaine. Il sera parfois utile d'adapter le traitement hypoglycémiant pour éviter les hypoglycémies, en particulier lorsque les sujets sont traités par sulfamides hypoglycémiants.

4 LOMBALGIES

Le principe d'un reconditionnement à l'effort du lombalgique chronique a révolutionné la prise en charge de cette affection (§ 2.2.3, chapitre 9, page 107)

CONCLUSION

Il est maintenant reconnu que le réentraînement à l'effort permet au patient présentant des affections invalidantes stables, une amélioration de l'état de santé et une diminution des complications en l'absence de risque majeur. Pour peu que les facteurs de risque aient été évalués et que le programme de réentraînement ait été conçu de façon individualisée, l'activité physique au long cours permettra d'augmenter le niveau de capacité énergétique du sujet, de maintenir l'autonomie dans les activités quotidiennes, de maintenir l'ensemble des capacités fonctionnelles et de développer les systèmes de suppléance, d'assurer un entraînement physique et de diminuer les restrictions psychologiques. Ce type d'activité permet également d'entretenir une relation sociale, de développer l'autonomie fonctionnelle, et en particulier les possibilités de déplacement, et de participer au soutien psychologique en permettant au patient de réinvestir son corps.

12 Réadaptation et prise en charge en cas d'atteinte neurologique centrale

- **Les affections du système nerveux central ont des expressions extrêmement polymorphes. Les déficiences sont très variables en fonction de l'étendue et de la diffusion des lésions aux structures cérébrales, mais aussi du mode évolutif des lésions. De nombreux éléments opposent bien sûr les conséquences des atteintes aiguës et celles des maladies d'installation progressive.**
- **Malgré cette grande diversité, la prise en charge obéit à des schémas communs. Un point essentiel doit être présent à l'esprit : l'action à mettre en œuvre n'a pas pour but premier d'améliorer les déficiences élémentaires du patient, en cas d'hémiplégie, mais d'accroître le mieux possible sa participation aux activités élémentaires de la vie quotidienne, puis aux activités domestiques et sociales, à la conduite automobile, à l'activité professionnelle éventuelle. Elle comporte donc un volet médico-social très important qui doit être géré pour l'essentiel par le corps médical.**

1 ÉVALUATION

Elle s'adresse aux niveaux principaux identifiés par la classification internationale des handicaps (ICIDH), c'est-à-dire l'atteinte des fonctions et des structures corporelles (déficiences et lésions), et la réduction des activités et de la participation (réalisation dans des environnements standards et possibilité de mener des actions dans le milieu de vie réelle). Cette évaluation doit également prendre en compte l'environnement du patient, et en particulier son lieu de vie et son entourage, notamment familial.
En cas de lésion aiguë, cette évaluation se fait le plus souvent après un séjour du patient dans un service médical de court séjour. Dans certains cas, il a été admis secondairement dans un service de médecine physique et de réadaptation où une partie de cette évaluation a généralement été réalisée. Pour les malades présentant une affection neurologique chronique, le médecin traitant peut être amené à effectuer cette évaluation en première intention.
L'évaluation doit bien sûr être répétée. Cependant elle est coûteuse en temps. Si celui-ci est limité, il faut préférentiellement s'attacher à l'évaluation des points les plus importants, la participation et l'environnement.

1.1 Interrogatoire

L'interrogatoire du patient et de son entourage est un préalable à l'évaluation détaillée. Il renseigne d'abord sur la nature des lésions.

1.1.1 En cas de lésion aiguë

Il faut connaître :

Les capacités antérieures du patient : la rééducation ne pourra faire progresser le patient au-delà de son état antérieur. Un point important de cette évaluation est constitué par les capacités cognitives antérieures surtout chez les patients âgés de plus de 60-65 ans, qui ont un risque de démence dégénérative. La présence d'éléments cliniques en faveur d'une telle dégradation cognitive est un élément péjoratif majeur en cas d'accident vasculaire cérébral.

La sévérité initiale maximum des déficiences neurologiques : la présence de troubles de la vigilance, l'importance des atteintes motrices et perceptives élémentaires, d'une désorientation temporo-spatiale, de la communication, d'une éventuelle négligence spatiale.

Le profil évolutif de ces troubles et leur vitesse de récupération : la durée du coma en cas d'accident vasculaire cérébral ou de traumatisme crânien et la durée de l'amnésie post traumatique sont des éléments très importants du pronostic tardif.

1.1.2 En cas de lésion d'installation progressive

Il faut également connaître :

La date d'installation des premiers symptômes, la qualité des premiers troubles.

L'évolution : Il est souvent difficile de reconstituer une histoire clinique. On s'attache à certains points importants, comme la date du premier usage d'une canne, ou d'un déambulateur puis d'un éventuel fauteuil roulant.

1.2 Évaluation des fonctions et déficiences

Compte tenu de leur importante et de leur retentissement sur les autres fonctions, nous envisagerons d'abord la vigilance et les fonctions mentales.

1.2.1 Vigilance

Elle s'évalue par l'échelle de Glasgow (*cf.* chapitre Bilans). Il est rare qu'un patient présentant des troubles de la vigilance soit pris en charge au domicile. Ceci est néanmoins possible quand les locaux le permettent et que l'entourage le souhaite. Certains patients présentent un état végétatif durable, ils ont généralement les yeux ouverts spontanément, mais n'ont pas d'expression orale, ni d'exécution des ordres simples à la commande. Les états pauci-relationnels sont proches des précédents, avec une communication minimale.

L'exécution des ordres n'est obtenue qu'avec une extrême lenteur, et pas toujours dans tous les segments corporels. Le patient s'exprime peu oralement.

1.2.1 Fonctions mentales

Parmi les fonctions mentales, les premières sont globales et leur atteinte peut retentir sur toutes les capacités cognitives. En dehors de la vigilance, citons l'orientation, les fonctions intellectuelles générales, la personnalité, la fonction d'énergie et de motivation. Parmi les fonctions intellectuelles spécifiques, il faut d'abord citer l'attention, les apprentissages et la mémoire, les fonctions émotionnelles, la reconnaissance perceptive, puis les fonctions de niveau supérieur (abstraction, planification, jugement), le langage, le calcul, l'expérience de soi et du temps.

L'évaluation de ces troubles n'est pas toujours facile, mais lors d'un examen clinique, on peut dépister le trouble et se faire une idée grossière de son importance.

Les troubles de l'attention concernent soit la focalisation, ils se manifestent alors par une distractibilité comportementale importante, soit la division empêchant de réaliser certaines tâches doubles.

La perte d'initiative se manifeste dans le comportement au niveau des activités élémentaires et surtout des activités domestiques et sociales.

Les troubles de l'orientation et de la mémoire peuvent être évalués simplement avec le passage du Mini-Mental-State (MMS).

Les troubles du langage peuvent s'évaluer cliniquement par les ordres simples effectués au niveau du corps, puis par la désignation et la dénomination d'objets de l'environnement et des parties du corps, puis par la compréhension de phrases complexes à réponses simples « oui-non ». Il est important de ne pas méconnaître les déficits de la lecture, qui dans certains cas de lésions postérieures sont un élément dominant.

Les difficultés dans la résolution de problèmes simples peuvent être évaluées par des tâches logico-mathématiques, mais il faut tenir compte du niveau antérieur du sujet (exemple : *il y a au total 18 livres sur deux étagères d'une bibliothèque, et deux fois plus sur celle du haut. Combien y-a-t-il de livres sur chaque étagère ?*).

La constatation de tels troubles justifie la réalisation d'un bilan complémentaire par un orthophoniste ou un neuropsychologue. L'atteinte de certaines de ces fonctions est plus fréquente dans certains types de pathologies centrales.

– Les traumatismes crâniens présentent plus fréquemment des perturbations de certaines composantes attentionnelles, en particulier la focalisation (distractibilité) et la division de l'attention, un manque d'initiative, principalement dans des activités élaborées, des troubles de la mémoire, principalement antérograde, des difficultés sévères dans la résolution de problèmes nouveaux, mais aussi et parfois surtout des perturbations de la personnalité et du comportement. Ces troubles cognitifs sont parfois les seules séquelles.

– Après un accident vasculaire cérébral hémisphérique, les troubles les plus prégnants sont l'aphasie dans les lésions hémisphériques gauches, la négligence spatiale dans les lésions droites. Les infarctus et les hémorragies antérieures du cerveau donnent un tableau clinique proche de celui observé après traumatisme crânien. Il en est de même des anoxies cérébrales et de certaines formes de sclérose en plaques.

– Les encéphalites herpétiques, affectant principalement les structures temporales d'importants troubles de la mémoire, antérogrades et parfois rétrogrades, y sont généralement l'élément dominant.

– La sclérose en plaques est fréquemment source de déficits de l'attention, de la mémoire, de la résolution de problèmes, et d'un manque d'initiative.

1.2.3 Fonctions perceptives et douleurs

L'évaluation se fait par l'examen clinique conventionnel, qui doit toujours être comparatif, côté par côté, et demande la participation du patient et souvent une réponse orale. Les troubles sévères de la communication les rendent très difficiles à évaluer.

Pour la vision, il s'agit plus spécifiquement de la perception œil par œil, du champ visuel, mais aussi des fonctions associées à la motricité oculaire. L'atteinte de la partie antérieure du système visuel donne plus fréquemment une baisse d'acuité visuelle monoculaire (sclérose en plaques), celle de sa partie postérieure une amputation du champ visuel (infarctus de l'artère cérébrale postérieure, attrition occipitale par contre coup, anoxie cérébrale).

Pour l'audition, de la perception des sons élémentaires, et surtout des sons complexes.

La perception des odeurs et du goût se rencontre en particulier après traumatisme crânien antérieur, mais parfois également dans des lésions bulbaires ou thalamiques, de nature vasculaire.

Pour la somesthésie, il s'agit aussi de la perception élémentaire des stimuli tactiles, du sens des positions, de stimuli vibratoires, de la chaleur et de la douleur. Il faut analyser le seuil perceptif pour chaque modalité et effectuer une comparaison de ces seuils, territoire par territoire.

On évalue aussi les stimulations complexes, en particulier la reconnaissance de la qualité des objets placés dans la main. En cas de troubles de la communication sévères, on peut analyser la réponse aux stimulations douloureuses.

Les douleurs sont relativement fréquentes et invalidantes. Il s'agit principalement des douleurs articulaires, notamment chez l'hémiplégique au niveau de l'épaule ou éventuellement du poignet. Mais il faut également citer les douleurs favorisées par la spasticité, fréquemment associées à un enraidissement articulaire. Plus rarement, il s'agit typiquement de douleurs neurologiques, principalement dans les lésions thalamiques et bulbaires latérales. L'évaluation de la douleur utilise préférentiellement l'échelle visuelle analogique (*cf.* chapitre 2).

1.2.4 Motricité

Les capacités motrices comprennent la force musculaire, le tonus, la fatigabilité, la coordination gestuelle, le contrôle postural, la marche.

Toutes les affections neurologiques peuvent perturber les capacités motrices et la qualité des troubles est fonction de la localisation des lésions. L'atteinte du motoneurone supérieur (« pyramidal ») donne un déficit de la force musculaire, mais également de la coordination gestuelle. Les lésions extra pyramidales sont à l'origine de troubles de la coordination et de la posture. Les atteintes cérébelleuses sont également à l'origine de perturbations de la coordination, de la posture et de la marche, et génèrent souvent une diminution partielle de la force musculaire. Toutes ces atteintes peuvent être à l'origine d'un syndrome de fatigue.

L'évaluation de la force utilise une cotation de 0 à 5 (*cf.* chapitre 2). Les manœuvres neurologiques classiques sont utiles dans le cadre d'un dépistage mais ont peu d'intérêt en rééducation.

La coordination gestuelle s'évalue lors de manœuvres de pointage sur une cible corporelle ou extra corporelle, ce qui permet de préciser la présence d'une dysmétrie et d'une hypermétrie.

Le contrôle postural s'évalue assis et debout, en analysant l'inclinaison spontanée du tronc, le côté éventuel d'une chute et les réactions lors de stimulations déséquilibrantes. Il faut distinguer le contrôle statique du contrôle dynamique, lors des changements de position, plus fréquemment perturbé.

1.2.5 Fonctions de la voix et de la parole

La voix et la parole peuvent être perturbées par une dysphonie ou une dysarthrie. Elles sont relativement fréquentes, surtout dans les lésions du cervelet, du tronc cérébral et de la capsule interne. Toutes les affections, vasculaires, traumatiques, dégénératives, peuvent donner de tels troubles. Ils sont plus fréquents et surtout plus durables en cas de lésions bilatérales.

L'évaluation de la voix porte sur la hauteur, l'intensité et le timbre. Celle de l'articulation porte sur l'imprécision des consonnes, la nasalisation, les troubles du rythme. Chaque dysarthrie a des caractéristiques spécifiques. Un bilan orthophonique est utile.

1.2.6 Fonctions de la nutrition

La fonction de la nutrition est principalement affectée par les troubles de la déglutition, au sens large du terme, qui comprennent la mastication puis les opérations permettant le passage du bol alimentaire au niveau des différentes parties anatomiques du système, jusqu'à l'œsophage.

Les troubles de la déglutition sont principalement observés dans les lésions bulbaires et pseudo-bulbaires, de nature vasculaire, mais également dans la sclérose en plaques et les maladies dégénératives extra pyramidales évoluées. Ils sont fréquents chez les traumatisés crâniens graves. On doit les évoquer systématiquement devant une toux apparaissant après ingestion, même apparemment banale, la présence d'infections bronchiques répétées. Ils s'évaluent à un niveau élémentaire en analysant la motricité des différents organes, langue, pharynx, larynx, puis leur coordination. Les complications essentielles sont les fausses routes et la dénutrition.

1.2.7 Fonctions génito-urinaires

La fonction urinaire est très fréquemment affectée, avec des modifications des sensations de besoin, parfois une tendance à la rétention avec difficultés d'émission, plus souvent une difficulté de contrôle avec des émissions trop faciles et des impériosités mictionnelles (hyper réflectivité du détrusor). Toutes les atteintes neurologiques peuvent générer de tels problèmes, qui sont évalués d'abord par l'interrogatoire, la tenue d'un calendrier mictionnel, puis par l'enregistrement cysto-manométrique (*cf.* chapitre 2).
L'atteinte de la fonction génitale est également fréquente et sous estimée, avec parfois des perturbations de l'érection mais aussi et surtout par des modifications de la libido, qui vont généralement dans le sens d'une réduction.

1.3 Évaluation de la participation

Au domicile du patient, le problème le plus important est celui de l'évaluation de la participation.

1.3.1 Participation aux activités élémentaires de la vie

On analyse d'abord la participation et l'importance de l'aide éventuelle apportée dans les actions élémentaires de la vie quotidienne : prise alimentaire, toilette du visage, toilette du corps, habillage des parties supérieure et inférieure du corps, WC, déplacements en terrain plat et dans les escaliers, transferts. Cette évaluation peut être aidée par certains outils et en particulier *l'index de Barthel et la Mesure de l'Indépendance Fonctionnelle* (*cf.* chapitre bilans). *L'index de Barthel* est, *a priori*, plus facilement utilisable au domicile. On constate souvent une limitation sévère de la participation à ces activités. Elle est principalement liée aux déficiences physiques, mais les troubles cognitifs sont dans certains cas très invalidants, principalement le manque d'initiative et les détériorations intellectuelles globales, plus rarement les apraxies.

1.3.2 Activités élaborées

La participation aux activités élaborées est sans doute l'élément le plus sensible aux dysfonctionnements centraux mineurs. On distingue les activités

domestiques, puis les activités effectuées en dehors du domicile (réalisation des courses, promenades), puis les contacts sociaux, les déplacements utilisant une voiture ou un moyen de transport, l'activité professionnelle.
Toutes sont certainement affectées par les différentes atteintes neurologiques, y compris par la présence de troubles cognitifs isolés. Mais une diminution d'activité peut aussi être en rapport avec un phénomène dépressif, secondaire ou non à la lésion neurologique.
Il y a peu d'échelles spécifiques pour cette évaluation. La principale est a priori celle de *Frenchay* (*cf.* chapitre 2).

1.4 Évaluation de l'environnement

1.4.1 Environnement matériel

Au domicile, on s'attache d'abord à l'accessibilité générale, avec éventuellement des escaliers, un ascenseur, des marches d'entrée, puis à l'accessibilité interne avec notamment la largeur des portes et des couloirs, la présence d'un escalier pour accéder à la chambre et à la salle de bain, éventuellement au jardin. L'évaluation s'effectue ensuite pièce par pièce, tout d'abord pour celles indispensables aux besoins élémentaires de la vie quotidienne, les WC et la salle de bain, puis pour la chambre, les pièces de vie, la cuisine. L'analyse de l'espace de déplacement est particulièrement importante en cas d'utilisation d'un fauteuil roulant. L'évaluation du domicile peut se poursuivre par l'accessibilité des systèmes de rangements, du plan de travail de la cuisine.

1.4.2 Environnement humain

L'évaluation porte sur l'entourage du patient, en terme d'existence, de présence, du nombre, mais également pour les personnes les plus signifiantes, dans leur acceptation des difficultés du patient, leur tendance éventuelle surprotectrice, leurs problèmes de santé personnels.

2 RÉÉDUCATION ET RÉADAPTATION

La réadaptation est un processus lent et progressif. Elle se fonde sur la définition d'objectifs, sur un certain nombre de principes généraux à respecter, puis sur les techniques à mettre en œuvre pour obtenir ces objectifs et enfin sur une surveillance et une évaluation de ces mêmes objectifs.

2.1 Définition des objectifs

Avant de prescrire le traitement, il faut définir ce qu'on en attend. Soigner un malade neurologique chronique à domicile ne consiste pas seulement en la prescription des traitements médicaux ou chirurgicaux de la maladie elle-même, s'ils existent. Il s'agit aussi de mettre en œuvre toutes les mesures visant à corriger ou amoindrir les symptômes pénibles et leurs incidences fonctionnelles gênantes. Une part essentielle de l'intervention du médecin est ici de contribuer à ce que la vie quotidienne du patient et de ses proches soit rendue la moins difficile possible.

Les objectifs doivent :

- être concrets et fonctionnels,
- avoir un sens pour le patient et son entourage familial,
- être raisonnables par rapport à ses difficultés physiques et cognitives,
- porter sur le court et le moyen termes,
- être redéfinis régulièrement avec le patient, sa famille et l'ensemble des thérapeutes contribuant à la prise en charge, notamment le kinésithérapeute et l'orthophoniste.

La réalisation de synthèses réunissant ces participants est un élément important de la prise en compte des difficultés et de la formalisation des objectifs. Ceux-ci porteront à la fois sur le malade et son environnement.

Pour les patients les plus atteints, les objectifs concerneront des éléments très élémentaires de l'autonomie tels que :

- retournement au lit,
- transfert au fauteuil,
- utilisation du fauteuil roulant,
- amélioration du confort du patient et de son entourage,
- diminution des complications et en particulier des douleurs.

Pour ceux ayant des troubles de sévérité moyenne, il s'agira d'optimiser au mieux l'autonomie dans les actions élémentaires de la vie quotidienne :

- prise alimentaire,
- toilette,
- habillage,
- déplacements en terrain plat,
- utilisation éventuelle d'une aide technique.

Pour les patients les moins atteints, cet objectif pourra se définir par rapport à des déplacements plus complexes, par exemple dans les escaliers ou en dehors du domicile, pour la réalisation des courses proches, puis éventuellement de la conduite automobile, des visites sociales, de la reprise d'activité professionnelle.

Mais le niveau de performance de chacun dépend non seulement de ses capacités propres mais aussi du niveau d'exigence qu'impose son environnement. Des mesures permettent d'améliorer cet environnement dans ses différentes composantes, techniques, architecturales, sociales.... N'oublions pas l'environnement humain, en particulier les proches et le fonctionnement systémique familial : l'installation d'une dépendance réciproque, d'un épuisement et d'un découragement chez les proches, risquent de compromettre le projet mis en place.

2.2 Mise en place et prescriptions

Quand l'objectif aura été défini de façon explicite, il sera possible d'effectuer des prescriptions correspondantes pour la kinésithérapie, éventuellement l'orthophonie, mais également pour les aides techniques et les orthèses.

2.2.1 Kinésithérapie

Les objectifs du masseur-kinésithérapeute seront de deux ordres : analytique et fonctionnel.

On peut citer parmi les **objectifs analytiques** :

- l'entretien articulaire,
- la lutte contre le parasitage tonique, spastique ou extrapyramidal,
- la sédation musculaire,
- l'aide au retour veineux et au transit intestinal par une massothérapie abdominale,
- le travail des possibilités motrices, par un exercice analytique équilibrant autant que possible les versants agonistes et antagonistes de chaque plan directionnel articulaire,
- la liberté des voies aériennes etc.

Il y a de quoi occuper une séance, mais ces objectifs analytiques ne suffisent pas. Ils doivent leur être associés des ***objectifs fonctionnels*** qui peuvent être selon les cas :

- travailler les retournements au lit,
- les transferts de la position allongée à la position assise puis de la position assise à la position debout,
- la verticalisation avec ou sans appareil,
- la station correcte au fauteuil roulant et les déplacements avec celui-ci,
- puis le contrôle de la position debout et la marche, avec éventuellement apprentissage de l'utilisation d'une aide technique de marche.

Il ne faut pas oublier les membres supérieurs, notamment les activités que sont le blocage, le transport, puis la manipulation distale des objets utilisables dans la vie quotidienne, en commençant par ceux qui sont nécessaires à la prise alimentaire et à la toilette.

Il faut obtenir que le temps passé auprès du patient corresponde effectivement aux 30 minutes prévues dans la nomenclature. Un temps de 15 à 20 minutes est totalement inacceptable pour une séance de rééducation neurologique. Les tâches sans bénéfice direct peuvent être limitées au maximum, y compris les massages, et l'effort doit porter sur les activités de la vie quotidienne. Quand le patient a des déficits modérés, le travail doit également s'effectuer en dehors du domicile. Il ne faut alors pas hésiter à écrire parmi les objectifs thérapeutiques la pratique des escaliers ou celle d'une déambulation extérieure dans le jardin ou sur le trottoir. Selon les besoins et la charge en soins, la fréquence des séances de masso-kinésithérapie s'échelonne en général entre 2 et 5 séances par semaine, 6 ou 7 séances peuvent être justifiées pour des patients neurologiques ventilés à domicile.

2.2.2 Orthophonie

L'orthophonie peut être indiquée dans des situations nombreuses : troubles phasiques (concernant l'expression orale ou écrite), troubles arthriques, troubles praxiques bucco-linguo-faciaux, troubles phoniques, troubles de déglutition.

Même s'il semble que les progrès en rééducation orthophonique puissent se prolonger dans le temps, l'approche de ce thérapeute doit ne pas se limiter à l'analytique. Il ne s'agit pas seulement de rechercher la parole ou l'écriture mais surtout le rétablissement d'une modalité de communication efficace. Le travail doit essentiellement s'attacher à obtenir la *participation du patient à la communication*, d'abord avec l'entourage familial, puis avec les personnes plus étrangères, en groupe, au téléphone. La communication écrite, lecture de lettres ou d'articles de journaux et l'expression écrite doit également être travaillée spécifiquement.

Dans certains autres cas, l'orthophonie sera prescrite pour des perturbations de l'articulation et son but sera alors d'améliorer l'intelligibilité.

L'orthophoniste peut être sollicitée pour des *troubles de la déglutition*. Le but, toujours très fonctionnel, sera d'obtenir que le malade puisse ingérer un repas en réduisant au mieux le risque de fausse route. L'orthophoniste pourra conseiller une adaptation des modalités alimentaires, sur le plan quantitatif (répartition des repas, etc.) surtout sur le plan qualitatif (aliments mixés, liés, en sauce, boissons rafraîchies, gazeuses, aromatisées, gélifiées etc.). Les données posturales cervico-céphaliques ont également une influence sur la qualité de la déglutition : positionner la tête légèrement fléchie en avant est favorable, par exemple.

L'orthophoniste pourra également s'attacher aux difficultés associées qui concernent la mémoire verbale, l'attention, l'utilisation du raisonnement et de la logique par rapport aux situations de la vie quotidienne.

Où est-il préférable d'effectuer cette prise en charge ? On demande en général que les soins orthophoniques et/ou neuropsychologiques soient assurés au domicile sauf cas particulier nécessitant la venue au cabinet pour isolement ou recours techniques nécessaires. La fréquence de l'orthophonie dépend bien sûr du potentiel de travail et de progrès du patient : elle est souvent comprise entre 2 et 3 séances par semaine.

2.2.3 Ergothérapie

L'ergothérapie est une discipline majeure dans la lutte contre le handicap en situation de vie. Nous avons vu au chapitre 6 que malgré l'absence de nomenclature de ses actes, l'accès à l'ergothérapie en milieu ordinaire n'était pas totalement impossible. L'ergothérapeute a une compétence toute particulière dans la prescription des aides techniques, l'aménagement du lieu de vie. À côté de l'ergothérapie de conseil et d'adaptation, il existe une ergothérapie sanitaire de réentraînement fonctionnel de la personne et de confection d'orthèse sur mesure, qu'il convient de développer à domicile.

2.2.4 Orthèses et aides techniques

Des orthèses de confort peuvent être mises en place chez les patients les plus atteints, notamment pour maintenir un membre en bonne position ou pour éviter une mobilité excessive voire même la subluxation d'une articulation. Pour l'épaule il pourra s'agir d'un système de type omotrain ou d'une attelle. Pour le poignet et la main, il peut s'agir d'une orthèse distale en plastique thermoformé. Elles sont généralement portées pendant un temps limité, et peuvent être placées le jour ou parfois la nuit, surtout si le patient garde des capacités motrices distales utilisables en journée.

Les orthèses de maintien ou de plâtres successifs peuvent parfois être intéressantes, mais leur mise en place doit être prudente, avec une bonne surveillance des points d'appui. De façon générale, il faut préférer des systèmes relativement souples, par exemple en mousse, aux systèmes rigides, en particulier au niveau du genou, du coude et de la cheville.

Les orthèses fonctionnelles de marche assurent un maintien du pied et de la cheville en position correcte, en limitant l'équin et l'instabilité. Il peut s'agir d'une orthèse légère de type releveur en plastique thermoformé. Les modèles standards, relevant du petit appareillage, sont souvent efficaces, mais dans certains cas on préférera une orthèse sur moulage, éventuellement articulée. Elles peuvent être placées à l'intérieur d'une chaussure de type basket, basse ou montante (une taille au-dessus de la taille antérieure), voire dans certains cas d'une chaussure orthopédique.

Les chaussures orthopédiques ne sont prescrites que lorsque la situation est stabilisée. Elles permettent de contrôler efficacement l'équin, le varus et la griffe des orteils et stabilisent le pied. Elles sont le plus souvent à tige montante, avec un aménagement de la semelle pour tenir compte de l'équin, du varus, d'une griffe distale des orteils ou d'une déformation du pied. Elles se font sur moulage. La fermeture pourra se faire par laçage ou par velcros. Ces différents éléments doivent impérativement figurer sur la prescription.

D'autres orthèses peuvent être mises en place, en fonction des besoins. Il faut au maximum éviter les orthèses trop rigides, trop lourdes, qui réduisent les capacités du patient et sont souvent mal supportées.

Les cannes et autres aides à la déambulation sont très souvent prescrites. La canne tripode est généralement indispensable pour les malades les plus lourdement atteints et présentant une instabilité ou une appréhension. La canne anglaise est peu utilisée ou uniquement pendant un temps très transitoire, on lui préfère généralement une canne en T, plus discrète pour les sorties. Le déambulateur est utilisé préférentiellement pour les patients présentant des troubles bilatéraux, affectant en particulier le contrôle postural, et gardant des capacités de préhension correctes.

Les fauteuils roulants (voir pages 79 et 164)

La verticalisation d'un patient paralysé peut être obtenue par l'appareil modulaire de verticalisation (ou « standing-up ») ou un fauteuil roulant verticalisateur.

Les aides à la vie quotidienne élémentaires sont placées dans différentes pièces du domicile en fonction des différentes activités élémentaires. Pour la prise alimentaire, il s'agira notamment d'un tapis anti-dérapant, d'un rebord d'assiette, d'un verre à anse, d'une adaptation simple des manches des couverts, rendus plus épais, voire de mise en place d'un couvert sur mesure. Pour le sommeil, d'un lit médicalisé électrique à hauteur variable, pour faciliter les transferts. Pour la grande toilette, de l'aménagement de la douche (fauteuil plastique) ou de la baignoire, avec utilisation en particulier d'une planche de transfert, d'un fauteuil de baignoire, d'un relève-malade de baignoire. Pour les WC, d'un rehausse siège et de barres d'appui. Pour les déplacements dans les escaliers, de rampes de chaque côté. L'accès au domicile ou à certaines pièces peut être favorisé par la mise en place d'un plan incliné et d'une rampe. Des barres d'appui peuvent également être placées dans d'autres pièces, en fonction des besoins.

Des aides à la communication sont parfois nécessaires. Il faut de façon générale préférer les systèmes simples aux systèmes sophistiqués, de type micro-ordinateur. Par exemple, un casque léger associé à un laser permet au patient de cibler des lettres ou plutôt des syllabes disposées sur une feuille placée devant lui. Une simple ardoise magique rend parfois de grands services.

Ces aides techniques doivent faire l'objet d'une évaluation de leur intérêt spécifique par rapport aux problèmes du patient, d'une analyse de la motivation du patient et de son entourage, mais aussi et surtout d'un apprentissage effectué en situation de vie, notamment par le thérapeute présent, le kinésithérapeute ou si c'est possible l'ergothérapeute. Les CICAT trouvent ici toute leur utilité. La recherche d'un financement pour ces aides techniques est parfois longue et fastidieuse, avec parfois plusieurs financeurs potentiels et autant de dossiers à remplir. Les dispositifs départementaux de site pour la vie autonome avec ses équipes labellisées d'évaluation et de prescription et son principe de guichet unique pour les financements publics simplifient la tâche du médecin traitant et réduit les délais de moitié.

2.3 Organisation des soins neurologiques lourds

La performance de notre système de santé, génère la survie de personnes qui autrefois seraient décédées et demeurent maintenant en vie dans un état séquellaire très lourd. Pour l'instant nos structures sanitaires et médico-sociales n'ont pas de réponses institutionnelles identifiées à proposer à ces situations extrêmes. Qu'elles ou leurs familles choisissent le retour à domicile ou qu'elles y aient été contraintes par fin de séjour hospitalier imposée, la situation à la maison est extraordinairement lourde, dédiée jour et nuit à ce grand malade, avec l'aide si possible d'une succession d'intervenants de toutes natures, dans une organisation que le médecin traitant doit essayer de mettre en place et de coordonner avec les moyens dont il peut disposer.
L'organisation du nursing est très importante. Elle fait intervenir l'entourage du patient et souvent des aides externes. Les différentes personnes devront être formées aux soins, y compris les membres de la famille.
Des changements de position réguliers sont assurés, y compris au lit, si possible toutes les 3 heures. Il faut suivre des positionnements pré-établis indiqués sur une feuille de position élaborée avec le kinésithérapeute. Ils comprennent des mises au fauteuil. Une aide aux transferts est fréquemment justifiée, de préférence électrique. Il ne faut pas placer le patient sur une escarre ou une rougeur accentuée s'il y en a.
L'alimentation est apportée soit par la bouche, soit souvent par une sonde. On préfère les sondes gastriques transpariétales aux sondes oesophagiennes, source de lésions oesophagiennes inférieures, de reflux et de douleurs de la région pharyngée et parfois nasale. L'alimentation par sonde justifie souvent l'utilisation de pompe sinon elle peut se faire avec des seringues de gros volume (50 ml). De l'eau est également apportée par la seringue.
En cas de *trachéotomie*, il faut préférer les canules souples, généralement non fenêtrées et sans ballonnet. Elles sont changées deux fois par semaine. Des aspirations trachéales éventuelles se font avec des appareils portables.
Les éliminations se font le plus souvent dans des couches, associées chez l'homme à un collecteur d'urines.
Pour l'organisation de ces soins lourds, il est parfois intéressant de faire appel de façon transitoire à un système d'hospitalisation à domicile. Par ailleurs, l'éducation de la famille et du patient peut être réalisée par le service de Médecine Physique et Réadaptation.

3 INTERVENTIONS THÉRAPEUTIQUES CIBLÉES

Les traitements médicaux ont une place très importante dans la prise en charge et certaines thérapeutiques peuvent parfois avoir des effets sur plusieurs des complications présentes chez un patient.

3.1 Traitement des douleurs

Les douleurs neurologiques sont souvent résistantes au traitement médical. Celui-ci doit tester l'efficience de la clomipramine (*Anafranil*) et éventuellement d'autres anti-dépresseurs, et par ailleurs du clonazépam (*Rivotril*), de la gabapentrine (*Neurontin*), éventuellement de la carbamazépine (*Tegretol*).
Les douleurs liées à la spasticité justifient des médications orales classiques, puis éventuellement des blocs, nous les envisagerons ultérieurement.
Les douleurs non neurologiques pourront éventuellement bénéficier d'antalgiques classiques, voire d'anti-inflammatoires non stéroïdiens.
En cas de syndrome épaule-main entrant dans le cadre d'une algodystrophie, la calcitonine doit être proposée par cures successives de 15 jours à raison d'une injection par jour, puis de 15 autres jours à raison de 2 injections par semaine. Des nausées sont assez fréquentes. En cas de résistance à ces traitements, la corticothérapie peut avoir un effet intéressant, sous forme de méthylprednisolone (*Solu-medrol*), 40 mg par jour pendant 15 jours, puis 2 fois par semaine pendant 15 jours.

3.2 Traitement des problèmes articulaires

Les paraostéoarthropathies sont relativement fréquentes chez le patient ayant présenté un coma. Elles intéressent principalement la hanche. Elles justifient de l'usage presque systématique d'antalgiques, éventuellement d'anti-inflammatoires non stéroïdiens. Les biphosphonates n'ont généralement pas montré d'efficacité. Il faut essayer de préserver les positions fonctionnelles de l'articulation, qui dépendent de l'état de dépendance et du fait que le patient peut ou non utiliser la station debout et la marche. En cas de limitation sévère des amplitudes articulaires et l'attitude vicieuse, on peut envisager un geste chirurgical, à réaliser après un délai d'au moins six mois par rapport à la survenue du problème. Cette intervention est réalisée si un but de confort ou un but fonctionnel peut être défini de façon explicite et si le patient est capable de collaborer à la rééducation postopératoire.

3.3 Traitement des troubles du tonus

3.3.1 Traitement de la spasticité

L'hypertonie spastique comporte une composante musculaire et une composante neurologique. Les indications thérapeutiques dépendent principalement du bilan des incapacités et des buts fonctionnels recherchés en fonction du mécanisme responsable.

Figure 21 : Stratégie thérapeutique de la spasticité

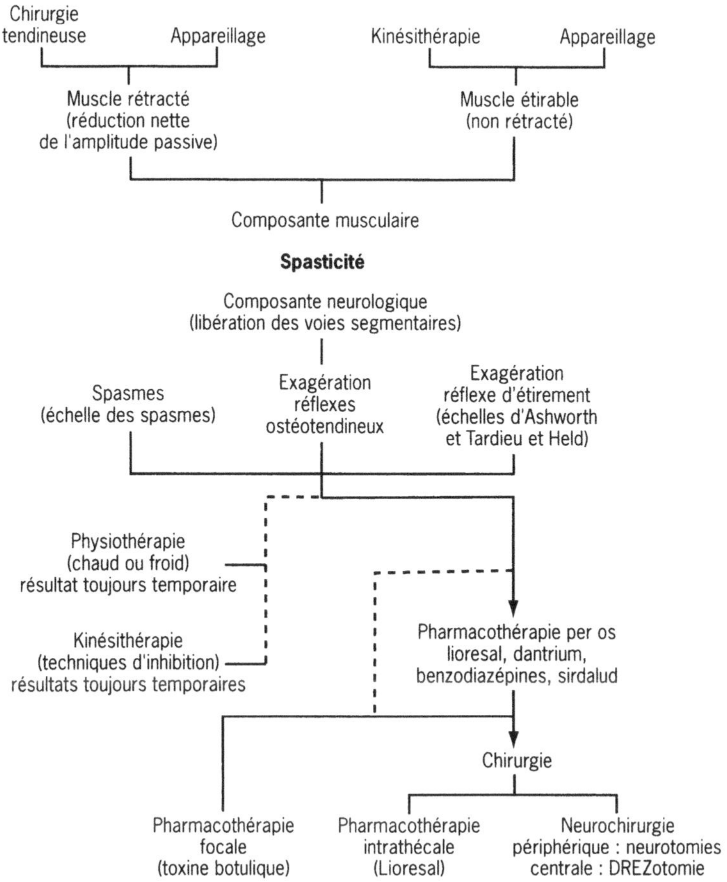

La prévention des rétractions musculaires passe par les orthèses de maintien et la kinésithérapie. Cette dernière n'a pas fait la preuve d'une efficacité directe sur le phénomène de spasticité, même avec les techniques dites d'inhibition (Bobath).

Les traitements médicaux oraux doivent être essayés de façon systématique. Ils comprennent le baclofène (*Lioresal*), le dantrolène (*Dantrium*), mais aussi éventuellement les décontracturants musculaires comme le tétrazépam (*Myolastan*) ou le thiocolchicoside (*Miorel, Coltramyl*), ainsi que la gabapentine (*Neurontin*). Une polythérapie est possible.

Les traitements médicaux focaux de la spasticité peuvent être particulièrement utiles au patient, ils relèvent de consultations spécialisées. Les *blocs nerveux* à l'alcool ou au phénol peuvent être effectués au niveau des nerfs moteurs, nerf obturateur pour réduire l'hypertonie des adducteurs de la cuisse, nerf du grand pectoral. Les blocs de nerfs mixtes sont moins bien tolérés, du fait de la possibilité de douleurs. Ils sont néanmoins utiles chez les patients comateux, notamment au niveau des ischio-jambiers, du tibial postérieur, voire du médian et du cubital. Actuellement, la *toxine botulique* est de plus en plus souvent utilisée pour traiter la spasticité mal contrôlée des membres, source de douleurs et de difficultés dans la réalisation des soins primaires, particulièrement au membre supérieur, ou de difficultés de déambulation pour le membre inférieur (équin et varus). Son utilisation est limitée par la nécessité d'effectuer des injections tous les 5-6 mois. Des appareils de postures peuvent être associés à ces traitements focaux.

Les traitements chirurgicaux peuvent et doivent également être envisagés :

Les neurotomies sont réalisables au niveau du membre inférieur (nerf tibial postérieur, nerf obturateur), voire dans certains cas du membre supérieur. Elles constituent une alternative plus définitive aux traitements médicaux focaux. Elles peuvent d'ailleurs leur succéder, l'alcoolosation ou l'injection de toxine botulinique ayant alors eu un rôle de test.

Les ténotomies et allongements tendineux sont indiqués en cas de raccourcissement musculaire irréductible occasionnant une gêne fonctionnelle.

L'implantation d'une pompe pour injection intrathécale d'un antispastique peut être proposée lorsque la spasticité est globale, et que le traitement per os est insuffisant,. Pour l'instant, c'est le Baclofène qui est le produit le plus utilisé. L'objectif d'un tel traitement peut être l'amélioration de la marche, mais souvent il s'agit d'améliorer le confort des positions assise et couchée.

3.3.2 Traitement des dystonies

La dystonie post hémiplégique est relativement fréquente, parfois associée à une spasticité. Les phénomènes dystoniques peuvent dans certains cas être améliorés par certaines thérapeutiques anti-spastiques ou les myorelaxants. Mais les deux principaux traitements des dystonies sont les anticholinergiques, sous forme de trihexyphénidine (*Artane*) ou de tropatépine (*Lepticur*), et la lévodopa-bensérazide (*Modopar*).

3.4 Troubles thymiques

3.4.1 Traitement du syndrome anxieux ou dépressif

L'anxiété est relativement fréquente chez les patients présentant une atteinte neurologique aiguë. Elle peut également exister dans les pathologies chroniques. Elle ne doit être traitée qu'en cas de retentissement évident sur la vie quotidienne et l'action de rééducation. Les thérapeutiques orales les plus utilisées restent les benzodiazépines.

La dépression est assez fréquente. Le plus souvent, elle est à son maximum après le retour au domicile, lorsque le patient prend progressivement conscience de ses difficultés de participation à la vie domestique, sociale et professionnelle. Elle justifie un traitement. La clomipramine (*Anafranil*), la sertraline (*Zoloft*), la paroxétine (*Déroxat*) ont fait preuve de leur efficacité dans certaines affections neurologiques. Il faut également prendre en compte les phénomènes anxio-dépressifs pouvant survenir chez le conjoint ou les proches.

3.4.2 Traitement de l'irritabilité et de l'agressivité

L'irritabilité et l'agressivité sont assez fréquentes après un traumatisme crânien. Leur traitement est souvent difficile. Les benzodiazépines ont généralement une efficacité modeste. La carbamazépine (*Tégretol*) peut être essayée. Il faut se méfier des neuroleptiques, qui peuvent induire des effets secondaires durables.

3.4.3 Traitement de l'apathie

L'apathie est fréquente dans les lésions frontales, chez les traumatisés crâniens, après anoxie cérébrale. La lévodopa-bensérazide (*Modopar*) a pu être proposée avec des résultats discrets mais parfois intéressants chez des patients traumatisés crâniens ou après anoxie cérébrale. D'autres molécules sont parfois utilisées, notamment les anti-dépresseurs.

3.4.4 Traitements non médicamenteux

Parallèlement aux recours médicamenteux éventuels, une psychothérapie (de soutien) peut être souhaitable, par exemple pour accompagner l'évolution favorable d'un travail de deuil des modalités perdues, avec tentative de construction d'un nouveau projet de vie. Le retour à domicile et la confrontation avec la réalité, après les fols espoirs intérieurs du temps hospitalier de rééducation, peuvent ouvrir à cet égard une phase fragile.
À côté des possibilités d'un suivi spécialisé libéral, les consultations médico-psychologiques sectorisées (CMP) offrent des réponses inégales, mais beaucoup peuvent être sur ce plan un partenaire appréciable.

3.5 Traitement des troubles viscéraux

3.5.1 Troubles digestifs

La constipation est favorisée par l'alitement. Elle justifie des mesures d'hygiène diététique. Des lavements peuvent parfois être proposés, voire des thérapeutiques orales.

3.5.2 Problèmes vésicaux et sphinctériens

Le problème vésical le plus fréquent est l'hyperréflectivité du detrusor. Elle se manifeste par des envies impérieuses et parfois des pertes sphinctériennes, sans dysurie. Le traitement de première intention est généralement l'oxybutinine (*Ditropan*). La présence d'une dyssynergie vésico-sphinctérienne justifie l'introduction d'un alpha-bloquant.

3.5.3 Problèmes sexuels

Les lésions centrales donnent souvent une réduction de la libido. Avant de traiter, il faut s'assurer que les taux sanguins de testostérone et de FSH-LH sont normaux. Chez certains patients ayant des troubles de l'érection, il est possible de proposer du sildénafil (*Viagra*).

3.6 Traitement de l'épilepsie

L'épilepsie, généralement à point de départ focal, peut survenir dans de nombreuses affections centrales. Elle justifie un traitement par la carbamazépine (*Tégretol*), ou la gabapentrine (*Neurontin*), plus rarement l'acide valproïque (*Depakine*).

4 MESURES SOCIALES DES PRISES EN CHARGE DU HANDICAP NEUROLOGIQUE

L'accompagnement par un(e) assistant(e) social(e) habitué(e) à ce type de situation est l'un des supports les plus importants d'un malade neurologique chronique à domicile Les aides sociales qui peuvent être apportées au patient dépendent de la sévérité du handicap.

4.1 Mesures financières

4.1.1 Soins

Tout ce qui relève d'une prescription peut bénéficier dans ces affections chroniques d'une exonération du ticket modérateur par la demande de la *mise en ALD*.
L'obtention de la carte d'invalidité s'accompagne d'une affiliation à l'assurance maladie.

4.1.2 Revenus

La mise en invalidité de première, deuxième ou troisième catégorie est décidée par l'Assurance Maladie et donne droit à une pension. En cas d'affection acquise, il n'est pas forcément nécessaire d'attendre les trois ans réglementaires pour passer de la « longue maladie » à l'invalidité, une demande anticipée peut être justifiée.
La COTOREP statue sur l'octroi de l'Allocation Adulte Handicapé, l'allocation logement et l'allocation tierce personne. Certaines situations neurologiques évolutives, et en particulier la sclérose latérale amyotrophique doivent faire l'objet

d'un traitement accéléré de la demande. Il faut indiquer sur le dossier envoyé la mention « maladie évolutive justifiant un traitement urgent du dossier ».
Pour une personne de plus de 60 ans, une demande d'allocation personnalisée d'autonomie (APA) pourra être effectuée auprès du Conseil Général.
La COTOREP décide aussi de l'octroi de la carte d'invalidité qui donne droit à quelques avantages fiscaux.

4.2 Réadaptation à la vie professionnelle

Si le retour à l'emploi pose problème, il faut saisir la COTOREP qui se prononcera sur l'aptitude au travail ou le statut de travailleur handicapé. Elle a aussi pour mission de proposer des mesures en vue de la réinsertion professionnelle. Les patients cérébro-lésés posent des problèmes très spécifiques dans ce domaine, du fait de leurs troubles de l'attention et du comportement. C'est pour eux qu'ont été conçus les UEROS (*cf.* chapitre 17, Réinsertion professionnelle, page 216).
La présence de troubles comportementaux justifie souvent la poursuite de l'interruption professionnelle jusqu'à ce qu'une stabilisation effective soit obtenue. Il est en effet catastrophique pour la carrière d'un patient de montrer, dans l'environnement social d'une entreprise, des troubles du comportement, même légers.
Une reprise à mi-temps, pour une durée qui est généralement de 3 mois (renouvelable une fois) est très utile, du fait du syndrome de fatigue physique et psychologique qui suit la plupart des accidents cérébraux aigus. La demande doit généralement être faite auprès de la caisse d'assurance maladie, en collaboration avec le service de médecine du travail et l'entreprise dont dépend le patient.

4.3 Entourage

Le maintien en milieu ordinaire de vie d'un patient en perte d'autonomie passe souvent par l'implication des proches. Cette nouvelle responsabilité modifie considérablement la vie de l'entourage. À une charge de travail parfois pénible, s'associe une souffrance psychique où se mêlent angoisse de mal faire, culpabilité, dépression... La personne handicapée peut percevoir les souffrances de ses proches, et culpabiliser à son tour. Une réinsertion réussie passe par une prise en compte de la qualité de vie de l'entourage.

4.3.1 Éducation des proches

Elle doit concerner la maladie et les gestes techniques qui s'y rapportent. Une information sur les associations de famille peut être utile.

4.3.2 Organisation des aides humaines

Ces différents aides et services sont importants à considérer : ils peuvent non seulement être une aide pour la personne, mais également soulager

« l'aidant » des tâches ménagères quand il veut se consacrer lui-même à l'assistance à apporter à son proche, ou en lui permettant un peu de liberté salutaire dans la semaine. Sans revenir sur les aides humaines potentielles d'origine sanitaire que sont les infirmiers et les aides-soignants d'un service de soins infirmiers à domicile, les plus spécifiques parmi les aides humaines potentielles d'origine sanitaire sont les auxiliaires de vie. Les *auxiliaires de vie* dépassent la fonction ménagère en pouvant aider à la réalisation des actes élémentaires de la vie quotidienne (lever, coucher, soins d'hygiène, prise des repas).

Les services d'auxiliaires de vie peuvent répondre à la demande en étant « prestataires » ou « mandataires ». Dans le système prestataire, la personne ne rémunère pas directement l'auxiliaire de vie mais paye à l'association-employeur de l'auxiliaire de vie un taux horaire qui correspond au salaire et à toutes les autres charges et frais de gestion. Dans le système mandataire, c'est la personne qui est l'employeur de la personne présentée par l'association ; elle la rémunère donc au tarif convenu ; l'association s'occupe de la gestion mais la personne doit assumer toutes les contraintes d'un employeur (pas de remplacement en cas d'absence, congés à payer, prime éventuelle de licenciement). Une autre modalité d'emploi d'une personne à domicile est le recours aux « chèques emploi-service », que chacun peut acquérir à sa succursale bancaire, mais ils limitent l'emploi possible à un mi-temps. En outre il faut trouver soi-même la personne à employer.

À côté des auxiliaires de vie, les autres aides humaines susceptibles d'être sollicitées sont les acteurs plus habituels du maintien à domicile : *aide ménagère* ou *aide à domicile*, titulaires du certificat d'aptitude à la fonction d'aide à domicile (CAFAD), qui peuvent intervenir si la personne a plus de 65 ans (ou plus de 60 ans en cas d'inaptitude au travail) ; *travailleuse familiale*.

D'autres services peuvent être mis en place, bien connus du médecin généraliste : *téléalarme, repas à domicile*.

4.3.3 Relais et répits familiaux

Quand la dépendance de la personne neurologique est lourde, que toute la vie quotidienne est centrée sur cette assistance et organisée en fonction d'elle (situations de très grand handicap), il est souvent nécessaire de pouvoir proposer, une ou plusieurs fois dans l'année, un séjour institutionnel momentané destiné à permettre aux proches de refaire leurs forces. Donner une réponse positive à cette proposition engendre souvent chez eux un sentiment de culpabilité. Il y a de ce fait beaucoup d'hésitations avant la première acceptation. C'est pourtant salutaire pour leur santé physique et parfois leur équilibre psychologique et cela leur permet de se préserver dans le temps. En outre, il n'est pas rare que dans les situations très lourdes vécues avec lucidité par le patient (sclérose latérale amyotrophique évoluée par exemple), la charge que leur maladie impose à leurs proches leur soit pénible à vivre. Dans ces cas, ce séjour de répit pour les proches est aussi vécu avec un certain soulagement par le malade. Il n'est pas rare que le second séjour soit alors plus facilement envisagé par tous.

Où demander ce séjour ? Les deux réponses les plus fréquentes sont un service de soins de suite ou un service de soins palliatifs. Le service de soins de suite sollicité peut être de type convalescence, mais un patient neurologique chronique peut tirer avantage d'une petite « remise à niveau » annuelle dans un service de MPR, au moins sur le plan de son état physique analytique. Une demande d'entente préalable est nécessaire auprès de la caisse d'assurance maladie. Pour les patients les plus lourdement dépendants, ou dont l'évolutivité de la maladie entraîne un refus d'admission en milieu de MPR, certains services de soins palliatifs ont développé ce concept de séjour de répit familial (en général de trois semaines), éventuellement itératif dans l'année.

4.4 Déplacements

4.4.1 Conduite automobile

La reprise de la conduite automobile est un besoin fréquemment exprimé. La présence de troubles perceptifs, notamment visuels (hémianopsie), de désordres moteurs, de troubles cognitifs et comportementaux francs, de complications comme l'épilepsie, justifie la demande auprès de la préfecture d'un passage devant la *Commission Médicale du Permis de Conduire*. Celle-ci sollicite généralement une ou plusieurs expertises. Elle peut demander l'installation d'aides techniques au niveau du véhicule. Un entraînement à l'utilisation du véhicule aménagé auprès d'une auto école spécialisée peut être nécessaire. Une mise en situation de conduite avec les aménagements éventuels précède la délivrance du permis temporaire. Le permis de conduire du patient lui est retiré quand il formule sa demande administrative.

Le système souffre de nombreuses imperfections, liées en particulier au fait que le patient peut ne pas être mis en situation de conduite automobile avant la décision de la Commission Médicale. Certains centres de réadaptation disposent d'un simulateur de conduite automobile voire d'un véhicule aménagé qui permet d'apprécier les principales difficultés, parfaire la réadaptation, et participer à la définition des stratégies compensatrices avant le dépôt du dossier devant la commission.

4.4.2 Aménagement du véhicule

Là encore, les binômes ergothérapeutes et assistants sociaux hospitaliers ou associatifs faciliteront la concrétisation d'un tel projet, mené en partenariat avec un équipementier automobile spécialisé.

Les aménagements ont bien sûr un coût, et aucune prise en charge n'est en général prévue. Dans le cas particulier d'une poursuite d'activité professionnelle qui impose le recours à la voiture personnelle pour se rendre sur les lieux du travail, un financement des frais occasionnés par l'aménagement du véhicule peut être sollicité auprès de l'AGEFIPH (association pour la gestion des fonds pour l'insertion professionnelle des personnes handicapées).
Les aménagements peuvent aussi concerner un véhicule conduit par un proche ou un tiers, mais qui devra être adapté pour rendre possible l'accès et le transport dans de bonnes conditions.

CONCLUSION

La réadaptation d'un patient présentant une atteinte neurologique centrale est un processus long, souvent éprouvant pour lui même et plus encore pour son entourage familial. Il est très important qu'il se fasse par la définition d'objectifs qui évoluent dans le temps et qui soient clairement opérationalisables et adaptés aux besoins à court terme et à moyen termes. S'il a été pris en charge au stade secondaire dans un service de réadaptation fonctionnelle, il est logique que le suivi du handicap soit effectué par ce service, en étroite collaboration avec le médecin traitant et les autres thérapeutes. Le travail sur l'environnement, au niveau des infrastructures et des personnes est un facteur clé de la réussite.

13 Patient ayant une atteinte médullaire au domicile

- **L'incidence annuelle des lésions médullaires traumatiques est d'environ 900. Parmi celles-ci 60 % sont d'origine traumatique par accident de la voie publique avec une augmentation progressive du nombre de tétraplégiques. S'ajoutent aux paraplégies traumatiques les paraplégies médicales par lésions inflammatoires (SEP), ischémie médullaire, compression extrinsèque (hernie, tumeur, épidurite), tumeur médullaire primitive ou secondaire.**
- **Les principaux éléments de la prise en charge médicale au domicile des blessés médullaires se rapportent soit aux dysfonctionnements inhérents à la déconnexion des centres moteurs ou neurovégétatifs médullaires de leurs contrôles supraspinaux (automatismes médullaires), soit à la prévention ou au traitement des complications.**

1 PROBLÈMES EN RELATION AVEC LES AUTOMATISMES MÉDULLAIRES

1.1 Motricité volontaire et réflexe

Les troubles de la motricité comportent :
- les troubles de la commande musculaire,
- les troubles du tonus,
- l'exagération des réflexes spinaux.

1.1.1 Déficit moteur

L'immobilité, surtout lorsqu'elle est associée à une réduction du tonus musculaire est un facteur de risque majeur pour les complications cutanées (voir § 2.2) et pour les complications thromboemboliques exceptionnelles après 6 mois. Le traitement anticoagulant préventif est arrêté à 3 mois de l'accident en l'absence de complication. Toute nouvelle immobilisation implique la prescription d'anticoagulants à dose préventive.
La kinésithérapie quotidienne est justifiée uniquement en cas d'atteinte haute des 4 membres ou en cas de complication ou en cas d'atteinte incomplète en évolution.

Tableau 11 : Indications et fréquence de kinésithérapie au-delà de la période de rééducation initiale

Pathologie	Habituellement	Spasticité +	Complication
Paraplégie complète on non simple	0	2 à 5 j /7	5 à 7 j /7
Tétraplégie complète simple	2	5 j /7	5 à 7 j /7
Tétraplégie complète avec IRC	5 j /7	id	5 à 7/7
Pathologie incomplète en évolution	3 à 5 j /7	id	5 à 7 j /7

1.1.2 Troubles du tonus

L'hypotonie est rare. Elle résulte d'une lésion étendue en cas d'atteinte médullaire ou d'une atteinte périphérique associée (polyneuropathie ou atteinte de la queue de cheval).

L'hypertonie spastique est très fréquente. Son traitement est détaillé dans le chapitre consacré aux maladies neurologiques chroniques. Les traitements per os sont indiqués chez les patients ayant une spasticité faible ou une atteinte incomplète. Si la spasticité est importante, le traitement *per os* est souvent insuffisant et en cas de gêne fonctionnelle une pharmacothérapie intrathécale est indiquée.

1.1.3 Réflexes de flexion ou spasmes

Les spasmes sont des contractions musculaires spontanées et involontaires. Ils sont très fréquemment associés à l'hypertonie spastique. Leur mécanisme est lié à l'activation de circuits spinaux polysynaptiques automatiques impliqués dans la marche. Leur présentation clinique peut être en flexion (triple retrait) ou en extension. Souvent peu sensibles au traitement antispastique *per os*, une pharmacothérapie intrathécale par Baclofène est indiquée lorsqu'il existe une gêne fonctionnelle.

1.1.4 Insuffisance respiratoire

Outre les atteintes pulmonaires non spécifiques, toute paraplégie de niveau supérieur à D10 comporte une atteinte sévère des muscles abdominaux et augmente donc le risque de complication respiratoire. L'insuffisance respiratoire restrictive n'est présente que dans la mesure où les muscles inspirateurs accessoires sont sévèrement atteints. Les tétraplégiques présentent tous cette insuffisance respiratoire qui, associée à l'impossibilité à tousser par déficit des abdominaux, donne un risque d'encombrement bronchique élevé. Une insuffisance respiratoire mixte apparaît avec risque de décompensation vitale.

Chez le tétraplégique, un entretien de la mobilité de la cage thoracique est indispensable associé à un drainage bronchique quotidien. Tout encombrement bronchique nécessite immédiatement le renforcement de la kinésithérapie respiratoire si nécessaire 2 fois par jour. La vaccination antigrippale doit être pratiquée.

1.2 Troubles neuro-végétatifs

La plupart des atteintes médullaires associent troubles moteurs et troubles neurovégétatifs. Ceux ci comportent les troubles vésico-sphinctériens, les troubles digestifs, les troubles génito-sexuels et les troubles cardio-vasculaires.

1.2.1 Vessie et système vésico-sphinctérien

La presque totalité des patients ayant des séquelles d'une atteinte médullaire a des troubles vésico-sphinctériens. Leur prise en charge fait l'objet de bilans paracliniques et de traitements ciblés en fonction de la nature et de l'origine du dysfonctionnement.

Il existe physiologiquement un équilibre entre détrusor et sphincter. Cet équilibre s'accompagne de réflexes dont le contrôle central est :

- soit inhibiteur par exemple: la contraction du détrusor est déclenchée par la réplétion vésicale,
- soit facilitateur : la contraction du détrusor entraîne un relâchement du sphincter strié et une ouverture du col vésical. L'activation du détrusor est essentiellement sous contrôle cholinergique et celle du sphincter urétral essentiellement adrénergique alpha. Les principaux dysfonctionnements chez le blessé médullaire sont la *dysynergie vésicosphinctérienne* (presque constante) et *l'hyperactivité du détrusor.*

La miction ne s'effectuant pas normalement, diverses méthodes de vidange vésicale peuvent être proposées. La rétention, même incomplète est à éviter car elle est source d'infection. Par ailleurs, le souillage des vêtements par les urines est un handicap social très lourd. De plus, il favorise l'apparition de lésions cutanées. Ce n'est qu'en cas de lésions très incomplètes que le traitement médical seul permet de retrouver des mictions normales.

Le mode mictionnel de référence pour les blessés médullaires est le sondage intermittent. Il garantit une autonomie mictionnelle et permet une vidange vésicale complète. Pour éviter les fuites, il doit être souvent associé à une déconnexion pharmacologique du détrusor par un traitement anticholinergique. Il fait appel presque systématiquement aux sondes autolubrifiées qui ont démontré une réduction des complications urétrales par rapport aux sondes sèches lubrifiées manuellement.

D'autres modes mictionnels sont possibles mais sont à réserver lorsque le sondage intermittent est impossible médicalement ou en raison d'un environnement peu favorable.

Tableau 12 : Stratégie thérapeutique de vidange vésicale chez le médullo-lésé

	Capacités manuelles préservées ou tierce personne		Capacités manuelles altérées	
Détrusor	Synergie	Dyssynergie	Synergie	Dyssynergie
Hyperactif	Anticholinergiques Ou appareillage (collecteur) Ou traitement invasif	Alphabloquants +/– Anticholinergiques ou Anticholinergiques +AS Ou traitement invasif	Anticholinergiques + collecteur ou traitement invasif	Alphabloquants +/– anticholinergiques + collecteur ou traitement invasif
Normal		Alphabloquants +/– AS	Collecteur seul	Incontinentation + collecteur ou traitement invasif
Hypoactif	Autosondage (AS)	AutoSondage	Incontinentation + collecteur ou traitement invasif	Incontinentation + collecteur ou traitement invasif

La sonde à demeure doit rester l'exception lorsqu'une alternative existe. Elle correspond toutefois au choix unique possible pour de nombreuses femmes tétraplégiques.

L'apparition de traitements locaux invasifs mais beaucoup plus actifs sur l'hyperactivité vésicale permet actuellement de proposer des alternatives. Le traitement invasif peut être soit chirurgical, soit médical.

Tableau 13 : Possibilité de traitements locaux en cas de troubles vésico-sphinctériens chez le médullo-lésé

Type d'acte	Miction	Continence
Toxine botulique intradétrusorienne	non	oui
Dextroferatoxine	non	oui
Radicotomie postérieure S2 à S4	non	oui
Radicotomie + neurostimulation	oui	oui
Sphinctérotomie	oui	non
Endoprothèse urétrale	oui	non

Le tableau ci-joint donne la périodicité des examens à réaliser chez un sujet ayant des troubles vésico-sphinctériens après lésion médullaire. L'urographie intraveineuse peut être utilement remplacée par l'uréthro-cystographie rétrograde et mictionnelle (quand il existe une possibilité de miction). Les éléments morphologiques dynamiques qu'elle donne, complètent utilement le bilan urodynamique. C'est l'examen de choix pour la recherche d'un reflux vésico-urétéral. La périodicité des examens indiquée dans le tableau ci-dessous est minimale.

Tableau 14 : Périodicité des examens

Type d'examen	Périodicité
Échographie des voies urinaires	1 an
Urographie intraveineuse	2 ans
Bilan urodynamique	2 ans

1.2.2 Transit

Les troubles digestifs sont la première préoccupation des blessés médullaires après 40 ans. Ils sont de 3 ordres : la progression des selles, la continence, l'évacuation.

Tableau 15 : Les différentes indications thérapeutiques

Progression des selles	Hygiène alimentaire +/- mucilage ou laxatifs osmotiques.	
Continence	Régularité de l'évacuation	
Evacuation	Périnée flasque	Périnée spastique
	Lubrifiant par voie basse +/– évacuation manuelle	Déclenchement par stimulation locale ou suppositoire dégageant un gaz (*Eductyl*)

L'importance de l'hygiène alimentaire est majeure. Une bonne hydratation, un régime riche en fibres sont indispensables. Il faut éviter toute utilisation chronique de laxatifs lubrifiants.

1.2.3 Troubles génito-sexuels

Chez la femme, ces troubles se résument à la modification de l'orgasme et à des troubles de la libido pouvant être secondaires à l'anesthésie périnéale.

Ils sont par contre la première préoccupation des blessés médullaires masculins avant 40 ans. Leur prise en charge nécessite la distinction entre les troubles de l'érection (absence ou instabilité) et les troubles de l'éjaculation. La plupart des tétraplégiques n'ont pas de trouble majeur de l'érection. Ceux-ci sont beaucoup plus fréquents et plus sévères chez les paraplégiques. Si la lésion est supérieure à D10, l'érection et l'éjaculation réflexes peuvent être obtenues. Si la lésion est au niveau D10 ou en dessous les troubles de l'érection et de l'éjaculation sont nettement plus difficiles à équilibrer même sous traitement. Leur prise en charge est affaire de spécialiste.

L'érection peut être obtenue par vibromassage, par traitement *per os* type *Viagra*, par injection intracaverneuse ou par des moyens mécaniques.

La procréation ne pose pas de problème particulier pour les femmes en dehors du contrôle de la colonisation bactérienne des voies urinaires.

Après lésion médullaire, une interruption initiale temporaire des cycles menstruels est habituelle. La persistance d'une aménorrhée au-delà de 12 mois doit faire pratiquer un bilan hormonal avec avis gynécologique.

Chez l'homme, l'obtention de l'éjaculation se heurte à plusieurs obstacles. Une éjaculation spontanée est parfois observée chez les sujets tétraplégiques. Elle est rare en cas de paraplégie. Elle peut être provoquée par masturbation et ou vibromassage. En cas d'échec, une électrostimulation endoanale peut être proposée mais le plus souvent sous anesthésie générale. En cas d'échec, un prélèvement chirurgical est possible.

Dans les lésions dorsales basses (D10-L2), la dénervation testiculaire risque d'entraîner une hypospermie. Des prélèvements précoces doivent donc être faits.

Une éjaculation rétrograde peut aussi être observée. Elle est liée à la dyssynergie sphinctérienne. Elle peut être combattue par pharmacothérapie alphastimulante. En cas d'échec, le recueil de sperme dans les urines est possible.

1.2.4 Système cardiovasculaire

À la phase aiguë les blessés médullaires présentent une *hypotension orthostatique*. Celle-ci disparaît habituellement au cours de la première année. Les blessés médullaires hauts gardent une plus grande fragilité. Un traitement palliatif par *bas de contention et ceinture élastique abdominale* peut être proposé. Les blessés médullaires gardent une difficulté d'adaptation cardiovasculaire à toute agression en particulier infectieuse.

L'une des particularités de tout patient présentant une lésion médullaire supérieure à D7 est de pouvoir développer un phénomène d'*hyper-réflexie autonome*. Il s'agit d'une crise neurovégétative provoquée par un stimulus nociceptif externe (lésion cutanée) ou interne (lithiase, rétention aiguë d'urines, fécalome, pathologie infectieuse, escarre...). Les symptômes comportent un érythème le plus souvent en plaques, une horripilation, une sudation focalisée (sus ou sous lésionnelle) ou généralisée, une mydriase, des céphalées et une hypertension artérielle pouvant être maligne avec ou sans bradycardie. Le traitement est étiologique avant tout. La vidange vésicale est systématique. Le contrôle tensionnel sera réalisé au mieux par la clonidine (*Catapressan*) qui agit sur les interneurones médullaires dorsaux régulant la pression artérielle. Une hospitalisation peut être nécessaire.

2 COMPLICATIONS

2.1 Complications urinaires

Elles sont essentiellement le fait de la stase vésicale. Elles nécessitent un traitement spécifique et une vérification du fonctionnement vésico-sphinctérien (*cf.* § 1.2.1).
Il ne faut pas traiter une infection urinaire non symptomatique (fièvre, aggravation de la spasticité, douleurs) chez un blessé médullaire sous auto ou hétéro sondages.
Un bon signe d'alerte est l'aggravation de la spasticité.
Le tableau suivant résume les complications, les signes d'alerte et la conduite à tenir. La survenue d'une complication doit faire réaliser des bilans morphologiques et urodynamiques pour réévaluer les modes d'évacuation vésicale.

Tableau 16 : Complications, les signes d'alerte et la conduite à tenir en fonction de la complication urinaire

Type	Rétention aiguë d'urine	Infection	Lithiase	Reflux vésico-urétéral
Symptômes	Malaise général Douleur abdominale Hyper-réflexie autonome ++ (cf. plus haut)	LE PLUS SOUVENT RIEN Syndrome infectieux Aggravation de la spasticité	Malaise Douleurs Hyper-réflexie autonome Aggravation de la spasticité	Aucun
Conduite à tenir en urgence	Évacuation des urines	UNIQUEMENT SI SYMPTOMATIQUE Antibiotique après prélèvement	Y PENSER Traitement Non spécifique	Rechercher une hyperpression vésicale
Conduite ultérieure	Bilan morphologique et urodynamique	Isolée: Rien Répétée : lithiase ou stase importante	Rechercher une stase	Revoir le mode mictionnel

2.2 Complications cutanées

Réflexe : réagir vite, supprimer l'appui.
Très fréquentes en cas de lésion médullaire complète, elles s'accompagnent souvent d'une aggravation de la spasticité, des spasmes et des troubles vésico-sphinctériens. Le tableau résume la conduite à tenir.

Tableau 17 : Conduite à tenir en cas de complications cutanées

Prévention	Primaire : Sacrum : Installation au lit : matelas de prévention, changements de position Ischion : Installation au fauteuil : coussin de prévention, réglages du fauteuil	Secondaire : Supprimer l'appui sur la zone d'appui dès l'apparition d'une rougeur. Suppression temporaire de la station assise, adaptation du lit et changements de positions.	Tertiaire : Revoir les moyens de prévention primaire
Traitement	SUPPRESSION DE L'APPUI Prévention de l'incontinence	Choix du pansement en fonction du stade : Stade I : massage Stade II : cicatrisation: tulle ou hydrocolloïde Stade III : détersion : manuelle si nécrose, alginate, hydrocellulaires, hydrocolloïdes. Toujours créer un milieu humide.	Penser au traitement chirurgical sur les stades III ou IV

L'adaptation de l'environnement est un des éléments le plus souvent oublié et facteur majeur de prévention de la récidive. L'environnement proche comme le matelas, le fauteuil et le coussin doivent être évalués. Les adaptations plus générales de l'environnement concernent surtout la prévention des brûlures sur les zones insensibles (tuyaux, siphons de lavabo...). L'éducation du patient doit parfois être reprise pour éviter les lésions par une repousse unguéale excessive et le traitement des infections locales.

2.3 Appareil locomoteur

Elles sont de deux ordres : les fractures liées à la déminéralisation et les déformations liées à l'interaction entre troubles du tonus, déficit moteur et état orthopédique.

2.3.1 Fractures

Rares, elles peuvent passer inaperçues en raison des troubles sensitifs. Chez le paraplégique ou le tétraplégique autonome elles sont souvent le fait d'un traumatisme violent en torsion lors d'un transfert du fauteuil vers une autre assise ou lors d'une chute de la position assise. Elles prédominent au niveau des tibias.

Chez le tétraplégique, elles sont beaucoup plus rares et le fait d'une mobilisation intempestive d'un segment de membre quelconque.

2.3.2 Déformations

Les rétractions musculo-tendineuses surviennent principalement à la phase initiale de la prise en charge. Elles peuvent apparaître secondairement par défaut de mobilisation en particulier chez les tétraplégiques. Leur risque est aux membres supérieurs d'entraîner une perte de fonction, aux membres inférieurs et sur le tronc d'augmenter les pressions lors du décubitus ou de la station assise avec augmentation du risque d'escarre.

Elles sont favorisées par la spasticité sur le tronc et les membres inférieurs et par l'asymétrie entre les muscles actifs et les muscles paralysés (souvent hypotoniques) aux membres inférieurs.

La prévention repose sur l'entretien articulaire, les orthèses pour les mains, plus exceptionnellement un siège moulé.

Le traitement est kinésithérapique au début mais sera souvent chirurgical si la déformation est importante et qu'il existe un risque cutané ou une perte de fonction.

Les déformations rachidiennes ont pour origine soit le foyer fracturaire soit le déficit moteur associé à une asymétrie de tonus. Le foyer fracturaire peut être l'objet d'une déformation surtout s'il n'a pas été stabilisé initialement et s'il est complexe. Les déformations sont alors relativement simples en cyphose ou inclinaison. Leur correction est soit orthopédique par corset soit chirurgicale.

Le déficit moteur peut entraîner une scoliose paralytique. Initialement réductible, elle risque de se structurer en aggravant le déficit respiratoire chez les tétraplégiques. Une surveillance annuelle est nécessaire en comparant un cliché radiologique en posture assise et en décubitus. Le traitement est presque toujours chirurgical car le corset est très mal supporté et réduit beaucoup l'autonomie.

2.4 Complications neurologiques

La principale est la syringomyélie. Elle est suspectée devant toute aggravation tardive de la spasticité ou du déficit neurologique sensitif ou moteur. Sa stabilisation est neurochirurgicale.

CONCLUSION

La prise en charge du blessé médullaire est très technique tant sur le plan médical où des solutions complexes aux problèmes vésico-sphinctériens peuvent être trouvées que sur les aspects de réadaptation qui peuvent être très sophistiqués tant pour le paraplégique que pour le tétraplégique pour lui assurer la meilleure autonomie. Le fauteuil n'est qu'une petite partie des adaptations nécessaires à un blessé médullaire et doit être intégré dans une réflexion globale de réadaptation de l'environnement social, familial et professionnel aux nouvelles possibilités du sujet.

Les lésions cutanées et les troubles vésico-sphinctériens doivent faire l'objet d'une prévention particulière et d'un suivi régulier. Chez le tétraplégique, le suivi de l'insuffisance respiratoire restrictive est indispensable.

Le fauteuil roulant

Il est choisi en fonction de la pathologie du patient, mais également de son environnement à l'intérieur et à l'extérieur, au domicile et au travail. Le fauteuil est aussi un objet personnel, parfois il est tellement associé aux activités quotidiennes de la personne qu'il constitue un prolongement du corps ; l'esthétique n'est donc pas à négliger.

Les fauteuils roulants manuels comportent de nombreuses options, différentes tailles et des possibilités de réglages pour s'adapter à la morphologie et à la posture du patient. Il faut notamment savoir choisir la largeur du fauteuil, la hauteur du dossier, la profondeur de l'assise, le type de cadre, le mode de propulsion, le type d'accoudoirs, la position des roues et le type de main courante.

Un paraplégique va généralement choisir un fauteuil roulant manuel, démontable (roues), avec un dossier très bas et surtout très maniable. Pour augmenter la performance du fauteuil, le cadre est souvent rigide avec une palette repose-pieds monobloc et des roues démontables clipsées. Les accoudoirs sont le plus souvent absents avec un simple protège vêtement. Pour les sujets plus âgés, les accoudoirs doivent être amovibles ou relevables, ce qui permet les transferts. En cas de spasticité importante, on pourra adjoindre des sangles arrêt de jambe et des cale-pieds.

Lorsque la stabilité du tronc est moins bonne, un dossier plus haut peut être proposé, lorsqu'il existe un déficit de préhension, on pourra adjoindre une double main courante, un revêtement antidérapant ou plus rarement des ergots sur les mains-courantes.

Il existe des systèmes de propulsions accessoires, parfois intégrés aux roues, parfois à type de moteur à galet amovible que l'on peut disposer à l'arrière d'un fauteuil roulant manuel. Ils sont destinés à des sujets refusant le fauteuil électrique permanent et ne pouvant assurer une totale autonomie en fauteuil manuel. Le plus souvent ce sont des tétraplégiques jeunes ou des paraplégiques plus âgés.

L'hémiplégique, qui est en mesure de se déplacer seul, a le choix entre plusieurs modèles. Le fauteuil avec propulsion par un levier, type Arnas, est adapté au déficit moteur, mais n'est pas très maniable et les parcours sur de longues distances sont fastidieux. Les fauteuils à double main courante nécessitent une bonne force du côté sain et sont réservés aux plus vigoureux. La propulsion par le pied et le membre supérieur à la fois est le mode préféré de nombreux patients. On supprime alors un repose-pieds et on choisit un modèle surbaissé. Enfin, lorsque l'état du patient ne permet pas d'espérer une utilisation spontanée, on choisit un fauteuil standard plus facile à pousser pour l'accompagnateur.

L'amputé de cuisse bilatéral nécessite un fauteuil avec des roues déportées en arrière pour garder une certaine stabilité malgré le recul du centre de gravité. Beaucoup de fauteuils ont des possibilités de réglage des roues arrières.

Les fauteuils roulants électriques sont réservés aux patients dont la force des membres supérieurs est insuffisante pour propulser le fauteuil.
Pour un fauteuil électrique, il est obligatoire que des essais soient réalisés par une équipe labellisée comportant un médecin de médecine physique et un ergothérapeute (ou kinésithérapeute), en général en centre ou service de Médecine Physique et Réadaptation.
Ceci permet également de déterminer la meilleure commande. Le plus souvent il s'agit d'un joystick qui nécessite parfois des adaptations. Un autre mode de commande est choisi en cas de déficit plus complet du membre supérieur. Les possibilités motrices ne sont pas le seul critère de choix, les capacités cognitives du patient constituent parfois un facteur limitant. Il ne faut pas oublier qu'un fauteuil roulant électrique est un véhicule dont l'usage doit être couvert par une assurance.

Des fauteuils multipositionnels permettent de très nombreuses fonctions (bascule d'assise, élévation d'assise, verticalisation, mobilité indépendante de chaque segment de l'assise). Leur prescription est spécifique et doit faire suite à un bilan détaillé des besoins et des moyens. Leur coût est élevé. Il existe des fauteuils manuels avec système de verticalisation intégré manuel ou électrique. Un tel dispositif alourdit considérablement le fauteuil qui est souvent alors réservé à un usage interne.

Lorsque le sujet pratique un sport, il peut bénéficier d'un fauteuil de sport supplémentaire pris en charge par la sécurité sociale. Il existe des fauteuils omnisports, et des fauteuils spécifiques pour le tennis, le basket et l'athlétisme.

Associé au fauteuil, on prescrit *un coussin* qui augmente le confort et réduit le risque d'escarre. Les coussins de gel sont parmi les plus courants mais parfois insuffisants en particulier chez le tétraplégique où le choix du coussin passe par une consultation spécialisée (coussin à air mono ou bivalve selon les cas et de différentes épaisseurs).

Selon l'usage, les fauteuils peuvent être changés tous les 5 ans, cependant un renouvellement peut être demandé plus tôt si la pathologie évolue ou si la morphologie du patient a nettement changé, voire en cas d'usage intensif.

La taille du fauteuil et son réglage sont importants, car une mauvaise position dans le fauteuil peut conduire à des lésions cutanées, des déformations orthopédiques et une diminution d'autonomie. La largeur et la profondeur doivent être personnalisées avec une assise de 2 cm plus large que le bassin dans le plan frontal. Les réglages des différents composants du fauteuil doivent permettre une répartition homogène de l'assise sur les ischions et la face postérieure des cuisses.

L'utilisation d'un fauteuil s'accompagne de quelques règles d'accessibilité à partir de cette position assise, le patient peut atteindre une étagère située à 1,50 m de haut, il doit disposer d'un cercle de 1,50 m pour faire un demi-tour dans une pièce. Les portes doivent avoir une largeur suffisante, (en général supérieure à 80 cm pour un fauteuil roulant manuel). Enfin, un plan incliné doit avoir une pente inférieure à 3 % pour être facilement utilisé en cas de propulsion manuelle.

14 Prise en charge des maladies neuro-musculaires

- **Les avancées thérapeutiques, qu'elles soient génétiques ou plus conventionnelles, ne permettent pas encore de proposer aux patients atteints de maladie neuro-musculaire un traitement curatif pour la majorité d'entre eux. Il n'en reste pas moins que ces malades nécessitent une prise en charge attentive, pluridisciplinaire pour prévenir les complications, apporter une meilleure qualité de vie, allonger l'espérance de vie.**

1 DÉFINITION

Classiquement les maladies neuro-musculaires représentent les pathologies des différents constituants de l'unité motrice composée :
- du motoneurone périphérique ;
- du nerf ;
- de la jonction neuro-musculaire ;
- du muscle.

Ces pathologies peuvent être d'origine génétique ou immunitaire.

2 CLASSIFICATION

Le groupe complexe des maladies neuro-musculaire s'élargit au fur et à mesure de l'évolution des connaissances et des techniques de génétique moléculaire. Sa classification répond à différents critères en fonction :
- de *l'atteinte initiale neurogène* (exemple : amyotrophies spinales) ou *myogène* (exemple : dystrophies musculaires).
- de *l'anomalie génétique en cause* : certaines pathologies cliniquement voisines se différencient par leur mode de transmission. Tous les modes sont représentés : liés au sexe, autosomique récessive ou dominante.
- de *l'âge de début* : les premiers symptômes peuvent apparaître précocement à la naissance, ou plus ou moins tardivement jusqu'à l'âge adulte.
- de *leur évolution* qui est très variable.

Il est donc impératif d'établir un bilan diagnostique précis, un bilan évolutif afin d'individualiser et d'optimiser cette prise en charge.

3 BILANS

3.1 Bilan étiologique

Les symptômes évocateurs d'une maladie neuro-musculaire sont variés :
- une faiblesse musculaire des membres, le plus souvent proximale, parfois distale (la répartition de l'atteinte musculaire oriente le diagnostic) ;
- des myalgies ou des crampes pouvant ne survenir qu'à l'effort ;
- une cardiomyopathie ;
- une hypotonie dans l'enfance, dans certaines myopathies congénitales ;
- des déformations orthopédiques des pieds ou du rachis ;
- une atrophie ou une hypertrophie musculaire qui peut être sélective ;
- une rhabdomyolyse qui se traduit par une élévation des enzymes musculaires sériques et des urines foncées par exemple dans les myopathies d'origine métabolique ;
- une paralysie transitoire dans les anomalies des canaux ioniques.

Lorsque l'interrogatoire du patient ou de son entourage, ou l'examen clinique, orientent vers une pathologie neuro-musculaire on peut procéder à divers examens complémentaires :
- *des dosages biologiques* : dosage des enzymes musculaires en particulier des créatines kinases dont l'augmentation est caractéristique des dystrophies musculaires, témoin de la nécrose musculaire ;
- *des examens électrophysiologiques* : l'électromyogramme qui révèle une atteinte myogène ou neurogène, une altération des vitesses de conduction nerveuse dans les neuropathies sensitivo-motrices héréditaires, une anomalie de la transmission neuro-musculaire comme dans les myasthénies
- *l'imagerie :*
  - le scanner musculaire est utilisé pour rechercher des lésions de dégénérescence graisseuse (leur répartition, si elle est sélective, est très évocatrice) ;
  - l'IRM oriente aussi le diagnostic ;
- *la biopsie musculaire* : réalisée sous anesthésie locale. Les sites de prélèvement habituels sont le deltoïde, le quadriceps ou la loge antéro-externe de jambe. Elle peut-être neuro-musculaire. Différentes techniques bien codifiées mettent en évidence :
  - des anomalies morphologiques ;
  - des déficits enzymatiques ;
  - des déficits de marquage étudiant l'expression des protéines membranaires par des anticorps dirigés contre ces protéines ;
  - des modifications biochimiques spécifiques comme dans les myopathies métaboliques.

– *la spectroscopie* de résonance magnétique nucléaire musculaire qui est une technique d'exploration métabolique *in vivo* utilisée uniquement dans quelques centres spécialisés
– *la génétique* :
  - l'étude du gène supposé responsable de la maladie neuro-musculaire s'effectue dans un laboratoire spécialisé, sur un prélèvement sanguin réalisé selon des critères précis après consentement éclairé du patient.
  - *le conseil génétique* : lorsque le diagnostic est posé, confirmé par l'étude en biologie moléculaire lorsque le gêne ou la localisation de l'anomalie génétique en cause est connue, le rôle du généticien est d'informer le patient et sa famille :
    - du mode de transmission de la maladie ;
    - des risques éventuels de donner naissance à un enfant porteur de l'anomalie génétique ;
    - des possibilités de diagnostic prénatal dans certains cas en exposant les risques inhérents au prélèvement et les dates opportunes pour les pratiquer.

Au cours de la prise en charge si l'évolution paraît inhabituelle, la question de la révision du diagnostic peut se poser.

3.2 Bilan musculaire

Ce bilan doit être fait régulièrement pour suivre l'évolution de la maladie. Il sert aussi à juger de l'efficacité des thérapeutiques proposées qu'elles soient médicamenteuses quand elles existent ou rééducatives.
Il fait habituellement appel au testing manuel qui évalue la force musculaire selon une cotation de 0 à 5 (*cf.* p. 13). On peut aussi assez aisément mesurer la force de la pince pouce-index à l'aide d'un dynamomètre à cadran.
D'autres mesures quantitatives sont envisageables par des méthodes isométriques qui déterminent la force maximale volontaire, ou par des méthodes isocinétiques qui rendent compte du couple développé à vitesse constante, mesuré en newton-mètres. Leur utilisation est difficile si le déficit musculaire est majeur, cotation inférieure ou égale à 3.

3.3 Bilan orthopédique

Il est important de dépister et de suivre les déformations périphériques ou axiales liées aux rétractions musculo-tendineuses et aux déséquilibres musculaires. Toutes les articulations peuvent être touchées, y compris les petites des pieds et des mains. Les amplitudes articulaires sont évaluées en degrés à l'aide d'un goniomètre.

3.3.1 Membres supérieurs

Les problèmes les plus souvent constatés sont :
– une limitation des amplitudes articulaires des épaules ;

- une sub-luxation ou luxation gléno-humérale dans les dystrophies musculaires sévères ;
- un flessum du coude par prévalence des muscles fléchisseurs sur les muscles extenseurs ;
- une déformation en coup de vent cubital et pronation de la main et du poignet ;
- un flessum des doigts ;
- une main d'Aron Duchenne décrite dans la maladie de Charcot Marie Tooth.

3.3.2 Membres inférieurs

Les problèmes le plus souvent constatés sont :
- une position en grenouille dans les amyotrophies spinales infantiles : en décubitus dorsal les hanches sont en flexion abduction rotation externe ;
- un flessum des hanches : attitude en coup de vent des membres inférieurs qui peut être responsable de luxation de hanche ;
- un flessum de genou fréquemment favorisé par la position assise prolongée, attitude en lordose lombaire en position couchée, due aux rétractions du droit antérieur et du tenseur du fascia lata, associée à une faiblesse des ischiojambiers.
- des pieds creux varus équins par prévalence des triceps suraux et du jambier antérieur ;
- une griffe des orteils...

3.3.3 Rachis et bassin

L'examen clinique du patient se fait en position debout quand c'est possible et assise de face, de dos, de profil afin de détecter les déformations rachidiennes dans le plan sagittal et dans le plan frontal, ainsi qu'une obliquité du bassin.
La position couchée sur le dos met bien en évidence la lordose lombaire et cervicale.
L'examen de la marche lorsqu'elle est conservée montre le plus souvent une accentuation de la lordose lombaire, parfois une cyphose lombaire associée à une rétroversion du bassin et une hyperextension des hanches.
L'examen clinique est complété par un bilan radiographique comprenant un rachis entier face et profil, debout assis ou couché selon les capacités fonctionnelles du patient, et une détermination de l'âge osseux chez l'enfant.

3.4 Bilan fonctionnel

3.4.1 Équilibre statique

Il nécessite un capital musculaire minimum, les muscles constituant la chaîne d'extension doivent notamment être au moins cotés à 2. Ce sont les muscles spinaux, abdominaux, grands fessiers, quadriceps et triceps suraux et dans une moindre mesure les ischiojambiers et les psoas.

Les troubles statiques engendrés par les rétractions, l'hypoextensibilité de certains muscles perturbent cet équilibre.
Toute immobilisation prolongée à la suite d'un traumatisme (fracture ou entorse) ou d'une affection intercurrente peut entraîner une perte définitive des performances même si elle ne provoque pas de diminution de la force musculaire.

3.4.1 Transferts

À un certain stade, le passage assis-debout n'est possible qu'en prenant appui sur la chaise ou sur un meuble à proximité : c'est le classique signe du tabouret.
Pour se relever du sol le patient remonte les deux mains le long des membres inférieurs : c'est le signe de Gowers.
Même lorsque la marche est devenue impossible, certains patients sont capables de se verticaliser selon différentes modalités qui seront exposées plus loin. Ils peuvent effectuer les transferts fauteuil-lit, fauteuil-WC et inversement à condition d'avoir conservé une force musculaire des membres supérieurs suffisante.

3.4.3 Marche et annexes

Classiquement la marche s'effectue avec un dandinement, une hyperlordose lombaire, un recurvatum des genoux, un équin des pieds.
Les rétractions musculaires, les déformations rachidiennes, l'orientation du bassin, l'inclinaison antérieure du buste entraînent le myopathe en avant. Ceci l'oblige à chercher en permanence son équilibre en ramenant le centre de gravité en arrière des hanches. La marche se fait au prix d'une *importante dépense énergétique*.
Les chutes peuvent être fréquentes par dérobement des genoux, par accrochage du bout du pied sur de petits obstacles, ce qui rend la marche sur terrain accidenté aléatoire.
Pour monter ou descendre les *escaliers*, les patients utilisent le plus souvent une rampe et s'aident en posant la main sur la cuisse. À un stade ultime, la pratique des escaliers se fait à quatre pattes.

3.4.4 Activités de la vie journalière

Les performances sont fonction de l'âge, de la sévérité de la maladie, de son évolution, de l'état général du patient.

3.4.5 Écriture

Elle peut être manuelle ou par l'intermédiaire d'une machine à écrire ou d'un ordinateur.

3.4.6 Environnement socio-professionnel, familial et scolaire

Il doit être évalué afin de proposer des compensations au handicap et établir un projet de vie.

3.4.7 *Échelles*

Les fonctions motrices peuvent être évaluées par *l'échelle de Brooke*, *de Boston* ou *de Walton*. Ces échelles sont peu utilisées en pratique.
L'autonomie globale est appréciée par l'*indice de Barthel*, ou la *MIF* (Mesure de l'Indépendance Fonctionnelle) adaptée à l'adulte ou à l'enfant.
Une autre évaluation, plus spécifique, est en cours de validation. Il s'agit de la mesure de la fonction motrice qui fait intervenir plusieurs items dans différentes positions.

3.5 Bilan cardio-respiratoire

La gravité des complications cardio-respiratoire peut mettre en jeu le pronostic vital. Les anomalies doivent être dépistées précocement avant leur expression clinique qui est parfois très pauvre.

3.5.1 *Fonction respiratoire*

Lors de l'examen clinique, l'interrogatoire recherche l'existence de troubles du sommeil, de céphalées matinales, de fatigue au réveil ou de somnolence diurne. L'inspection retrouve des déformations thoraciques antérieures et postérieures, une diminution de la compliance, la mise en jeu des muscles respiratoires accessoires.
Les examens complémentaires comprennent :
- les *épreuves fonctionnelles* respiratoires qui révèlent un syndrome ventilatoire restrictif en mesurant la capacité vitale, le volume résiduel, une diminution des pressions inspiratoires et expiratoires maximales traduisant la faiblesse des muscles respiratoires ;
- la *gazométrie artérielle* qui montre une hypoxie, une hypercapnie ou les deux associées, un syndrome de désaturation, un déséquilibre acido-basique ;
- d'autres explorations telles que l'étude spécifique du diaphragme, l'examen polysomnographique qui recherche un syndrome d'apnée du sommeil ou un syndrome de désaturation nocturne sont de pratique moins courante.

3.5.2 *Fonction cardiaque*

Là encore, les signes cliniques sont souvent pauvres. Il faut donc rechercher une cardiopathie de façon systématique dans toute maladie neuromusculaire.
Les pathologies rencontrées sont des troubles du rythme, des troubles de la conduction, des cardiomyopathies dilatées ou hypertrophiques, hypokinétiques.
Le bilan comporte obligatoirement un ECG, un Holter ECG des 24 heures, une échocardiographie et parfois une scintigraphie myocardique au thallium. L'échogénicité est souvent médiocre dans les dystrophies musculaires de Duchenne. Penser à faire une échocardiographie chez les femmes transmettrices dans les maladies liées au chromosome X.

Ces examens sont à réaliser :
- une fois par an dans les dystrophies musculaires par exemple, Duchenne et Becker, Emery Dreifuss, dans certaines myopathies congénitales comme les *central cores disease*, dans les dystrophies facio-scapulo-humérales où des troubles de la conduction sont rares mais ont été décrits ;
- tous les 6 mois dans les myotonies de Steinert avec exploration du faisceau de His.

Avant une intervention ou si apparaît une symptomatologie cardiaque dans les atteintes de type neurogène, exception faite de la maladie de Friedreich.

3.6 Gastro-entérologie et nutrition

Les anomalies du transit gastro-intestinal ne sont pas spécifiques. Ce sont une dysphagie, un reflux gastro-oesophagien, un méga-œsophage idiopathique, une constipation chronique ou une diarrhée, une pince mésentérique supérieure. Elles sont explorées par les méthodes d'opacification digestive, ou la manométrie digestive.

Les déséquilibres nutritionnels doivent être pris en compte. Dans la maladie de Duchenne de Boulogne, par exemple, l'arrêt de la marche s'accompagne d'une obésité dans un premier temps liée à la diminution d'activités. Secondairement apparaît une dénutrition, liée à la réduction de mobilité de l'articulation temporo-maxillaire qui limite l'ouverture de la bouche, à la faiblesse musculaire qui gêne la mastication, à la macroglossie, aux troubles de déglutition, à la fatigue générale et enfin aux troubles digestifs qui contribuent à diminuer l'appétit.

Il est nécessaire de peser régulièrement ces patients.

Certaines méthodes non utilisées en routine permettent de mesurer la masse maigre et la masse grasse corporelle.

3.7 Bilan ORL

3.7.1 Troubles de la déglutition

Ils sont fréquents et constituent un facteur de gravité, tout particulièrement dans la dystrophie musculaire de Duchenne, la dystrophie musculaire oculo-pharyngée, les myopathies congénitales, les amyotrophies spinales infantiles. Les fausses routes peuvent provoquer des pneumopathies d'inhalation, des régurgitations nasales.

Ils sont aggravés par la macroglossie, les déformations osseuses mandibulaires, l'hyperlordose cervicale dans la maladie de Duchenne de Boulogne, de la myotonie ou d'une atteinte bulbaire.

L'exploration fonctionnelle de ces troubles fait appel à :
- l'observation clinique de la prise d'aliments,
- la fibroscopie du carrefour aéro-digestif,

- la vidéo-radioscopie,
- la manométrie pharyngo-oesophagienne.

3.7.2 *Troubles de la phonation*

L'exploration des organes de la phonation et les analyses fonctionnelles de la voix sont plus rares.

3.8 Douleur

La douleur est un facteur supplémentaire d'incapacités et de handicap. Les rares études réalisées sur l'incidence de la douleur des maladies neuromusculaires montrent le passage à la chronicité dans environ 60 % des cas.
Les facteurs déclenchants sont nombreux et variés, au cours des AVJ, des transferts ou de la marche, pendant la kinésithérapie, par un appareillage, en post-opératoire.... La douleur est quelquefois le témoin d'une ostéoporose, d'une micro fracture, d'une phase de destruction musculaire accrue.
Son évaluation fait appel aux outils classiques (§ 1.1.1, chapitre 2, *cf.* p. 10).

3.9 Bilan des troubles de la continence

Les troubles vésico-sphinctériens et ano-rectaux, peu étudiés, sont probablement sous estimés. Il s'agit le plus souvent de fuites urinaires ou fécales. Les études spécifiques réalisées dans la dystrophie musculaire de Duchenne, la myotonie de Steinert et la myopathie héréditaire du sphincter anal par un bilan urodynamique et un électromyogramme du sphincter strié évoquent une atteinte myogène pour les deux dernières pathologies.
Une place particulière est donnée à l'incontinence urinaire d'effort chez la femme dont l'étiologie est attribuée à une réelle atteinte myogène primitive des muscles périnéaux.
Il faut respecter les rétentions chroniques par méga-vessie congénitale, fréquente dans la population en général, lorsqu'il existe une miction matin et soir.

3.10 Bilan psychologique et neuropsychologique

Le bilan neuropsychologique a sa place dans les dystrophies musculaires de Duchenne et la myotonie de Steinert où l'on peut retrouver des retards intellectuels, des troubles cognitifs qui perturbent la scolarité ou la vie professionnelle.
L'évaluation psychologique, par un entretien intervient à différentes phases de l'évolution de la maladie, en accompagnement :
- au moment de l'annonce du diagnostic en prenant en charge le patient, sa famille et son entourage,
- de la perte de la marche, ou d'une autre aggravation de la maladie,

– de l'arrêt du travail,
– ou lors d'événements intercurrents de la vie quotidienne.

3.11 Évaluation de la qualité de vie

Les critères d'évaluation de la qualité de vie sont variables, dépendent de multiples facteurs. Il est difficile de présenter un tableau simple de la qualité de vie de ces patients dont les maladies peuvent avoir des expressions extrêmement variables.
Peu d'études ont été réalisées, cependant il apparaît que les personnes handicapées perçoivent leur qualité de vie à un meilleur niveau que l'entourage, qu'il soit médical ou non.

4 PRISE EN CHARGE DES MALADIES NEUROMUSCULAIRES

En France se développent avec le soutien de l'AFM (Association Française contre les myopathies) des consultations spécialisées multidisciplinaires qui prennent en charge dans un même lieu lorsque cela est possible, les patients atteints de maladie neuromusculaire. Ces équipes travaillent en concertation avec les SRAI (Services Régionaux d'Aide et d'Information) qui aident et conseillent les familles, à leur demande, dans leur milieu de vie, les informent et les orientent sur la prise en charge médicale, sociale, scolaire, administrative, etc.

4.1 Prise en charge orthopédique

Cette prise en charge a pour buts :
– de prévenir et traiter les troubles orthopédiques ;
– de lutter contre la douleur, les troubles trophiques ;
– de procurer un meilleur confort ;
– d'améliorer la qualité de vie ;
– chez l'enfant, de favoriser une croissance harmonieuse.
La prise en charge orthopédique doit être mise en œuvre le plus précocement possible, suivie tout au long de l'évolution de la maladie.
L'implication du patient ou de sa famille, à qui on explique ce qui va être fait, en adaptant les techniques de façon personnalisée, soutenue par le médecin traitant est la condition de son succès.
Outre le médecin, interviennent dans cette prise en charge le kinésithérapeute, l'ergothérapeute, l'orthoprothésiste, et lorsque le moment est venu, le chirurgien.
Cela n'est pas sans provoquer un certain nombre de contraintes :
– soins réguliers, parfois quotidiens ;
– fatigue ;
– lassitude après quelques années avec un risque de démobilisation du patient, de sa famille et, malheureusement, des professionnels.

4.1.1 Kinésithérapie

Principes : Il est indispensable de disposer d'une pièce bien chauffée, d'une table confortable, à bonne hauteur pour le thérapeute et le patient et de déshabiller ce dernier.

Idéalement, les soins de kinésithérapie devraient être effectués chez le kinésithérapeute lorsque son cabinet est accessible. Il doit pouvoir rester auprès du patient afin d'individualiser la prise en charge, d'adapter le traitement à ses réactions.

Les massages ont une action sédative, myorelaxante, circulatoire en facilitant le drainage veineux, ils participent au maintien de la trophicité des tissus. Ils sont utilisés quels que soit l'âge, la pathologie. Ils doivent être doux, non traumatiques, indolores.

La physiothérapie peut être prescrite sous ses différentes formes (*cf.* p.35). L'électro-stimulation est proposée lorsque le muscle est coté entre 2 et 3.

Les mobilisations passives ou actives aidées doivent intéresser toutes les articulations quelles soient axiales ou périphériques, à chaque séance pour les plus enraidies. Elles sont effectuées dans toutes les amplitudes du mouvement, en respectant la règle de la non douleur.

Les étirements et les postures peuvent être manuels ou instrumentaux, à l'aide de sangles ou d'un appareillage, dans des positions articulaires extrêmes. Elles sont effectuées toujours en douceur, la durée est fonction de la tolérance.

Le travail actif doit être de courte durée, en ménageant un jour de repos entre deux séances. Longtemps controversé, on sait qu'il permet de lutter contre l'amyotrophie et de gagner en force musculaire. Il est même discuté un réentraînement à l'effort, suivant un programme modéré, en demandant un travail de contraction musculaire volontaire statique ou dynamique, plutôt sur un mode concentrique, avec une faible résistance. Il n'est pas certain cependant que le gain fonctionnel soit proportionnel à la force musculaire qui serait ainsi gagnée.

De façon consensuelle, il est recommandé de faire 2 à 3 séances de 45 minutes par semaine. En fait, dans les dystrophies musculaires, d'évolution sévère, à fort potentiel d'enraidissement et de rétraction, on propose 1 séance quotidienne, par contre, 1 séance par semaine est suffisante dans les myopathies de l'adulte peu évoluées avec un bon alignement articulaire. L'administration autorise le recours à deux kinésithérapeutes pour répartir les objectifs (par exemple, un kinésithérapeute à domicile et un kinésithérapeute en centre de rééducation ou en balnéothérapie).

4.1.2 Balnéothérapie

C'est une source de chaleur appréciable si la température se situe entre 34° pour un travail actif, et 37° pour un bain simple. Elle a un effet de détente et une action sur la micro circulation. Dans l'eau, les mobilisations sont plus

faciles, les étirements sont plus efficaces, moins douloureux. La fatigue est moins grande. Elle augmente les capacités fonctionnelles.
Il faut tenir compte des contre indications en particulier cardiaques. La durée de la séance sera adaptée en fonction de la tolérance.

4.1.3 Appareillage

Les aides à la verticalisation qui a un rôle d'entretien orthopédique, surtout chez l'enfant, assure un rôle social chez l'adulte, permet une meilleure ventilation. Elle doit être indolore.
La verticalisation est mise en place précocement pendant toute la période de la croissance, en particulier à la perte de la marche car la station assise favorise et aggrave les rétractions.
On dispose de multiples moyens :
- plan incliné ;
- table de verticalisation ;
- appareil modulaire de verticalisation, à condition que l'état articulaire soit correct, que le maintien du tronc soit suffisant et l'équilibre du bassin conservé, et en vérifiant bien les appuis fessiers et sous rotuliens.

Les aides à la locomotion peuvent aussi être des outils de verticalisation :
- chez l'enfant, la station debout, comme la marche, peut être prolongée par le port d'attèles cruro-pédieuses ;
- kit de verticalisation sur fauteuil roulant électrique ;
- fauteuil manuel verticalisateur avec système manuel ou électrique ;
- fauteuil roulant verticalisateur multi-positions qui restaure l'image de soi, assure une meilleure autonomie, permet des changements de posture.

Le traitement orthétique a pour but de prévenir et de corriger les déformations orthopédiques. Il a en outre un aspect fonctionnel sur la marche, la verticalisation, la station assise qui est plus stable et confortable.
L'appareillage du tronc est choisi en fonction des objectifs thérapeutiques et de la gravité des déformations et de la faiblesse musculaire :
- en cas de lordose lombaire isolée, une *ceinture en coutil baleiné* peut suffire chez l'enfant comme chez l'adulte ;
- si les déficiences musculaires sont importantes et les déformations déjà présentes, un *corset à visée correctrice* deviendra indispensable. Il est moulé sur le patient avec ou sans minerve selon que la tête est tenue ou pas. Parmi les différents types de corsets, l'un d'entre eux, le corset « garchois », présente un intérêt particulier chez le jeune enfant car il évite les appuis sur le thorax, peut grandir avec l'enfant et est bien supporté quand il est bien cintré à la taille. Le *corset siège* moulé n'évite pas l'effondrement du tronc et n'a pas d'effet correcteur. Néanmoins, il a son utilité chez les patients non opérés et très déformés.

Quel que soit le type de contention du tronc, il faut veiller à ne pas entraîner de gêne fonctionnelle chez le patient qui marche, de gêne respiratoire. La réalisation de ces orthèses est délicate, du fait de l'association d'une grande hypotonie et de déformations plus ou moins fixées. Il faut surveiller régulièrement les zones d'appui pour éviter l'apparition de lésions cutanées. Un corset ne doit pas déclencher de douleurs.

L'appareillage aux membres inférieurs, on distingue les orthèses de posture qui ont un rôle de prévention et de traitement d'une déformation articulaire, des orthèses de fonction qui facilitent ou conservent la marche.

– Les *semelles orthopédiques* ont plutôt un rôle de confort, limitent les lésions d'hyper kératose par exemple dans les maladies de Charcot Marie Tooth.

– Les chaussures médicales sur mesure ont un rôle de maintien.

– Les *orthèses courtes* type mollet-plante sont utilisées en cas de steppage pour leur effet releveur du pied.

– Les *orthèses cruro-pédieuses* avec verrou sont contraignantes, permettent de courts déplacements.

– Les *orthèses dynamiques* suppléent, par des systèmes élastiques, au déficit du quadriceps et des muscles releveurs du pied, si la cotation est au moins à 2+, 3.

D'une façon générale, l'appareillage est mal accepté par les adultes car peu esthétique et encombrant; par contre, les orthèses de posture et/ou de marche sont indispensables chez l'enfant, beaucoup mieux tolérées.

L'appareillage aux membres supérieurs : on utilise des orthèses de prévention de correction des déformations de la main, portées plutôt la nuit, et des orthèses de fonctions assurent une stabilisation du poignet qui permet par exemple l'écriture. Pour la dystrophie facio-scapulo-humérale, il existe des orthèses de fixation de l'omoplate sur le gril costal. Les contraintes sont majeures et limitent l'usage de ces appareils.

Les véhicules pour handicapés moteurs. Il arrive un moment, dans l'évolution de la maladie, où la fatigabilité rend les déplacements pénibles et où les chutes deviennent fréquentes. Il ne faut pas hésiter à proposer un fauteuil roulant, même avant la perte complète de la marche.

La grande variété de fauteuils roulants existante rend le choix complexe. Il prend en compte les incapacités, le mode de vie, l'environnement architectural et humain.

Il est prescrit par le médecin en étroite collaboration avec le patient et sa famille pour les enfants, après des essais réalisés par l'ergothérapeute ou le kinésithérapeute, une consultation en milieu spécialisée est fortement conseillée, elle est obligatoire pour la prescription des fauteuils roulants électriques.

Le *fauteuil roulant manuel* doit être maniable, léger, pliant, transportable. Il est prescrit lorsque la force musculaire des membres supérieurs est encore suffisante, ou en complément d'appoint d'un fauteuil roulant électrique.
Le *fauteuil roulant électrique* est choisi selon l'utilisation qui en sera faite, il faudra prendre en compte l'autonomie des batteries, la puissance par rapport à une pente, les besoins du patient. S'agit-il de déplacements uniquement à l'intérieur, ou à l'extérieur, ou mixtes ? La conduite de ses fauteuils roulants électriques se fait le plus souvent au moyen d'un joystick. Des contacteurs plus sensibles sont disponibles lorsque la force musculaire devient trop faible. On peut y intégrer un contrôle de l'environnement : matériel HIFI, porte, fenêtre, éclairage...Enfin, un appareil de ventilation peut être installé à l'arrière du fauteuil.
Chez les jeunes enfants qui n'ont pas acquis la marche, la manipulation d'un fauteuil roulant électrique est possible dès l'âge de 18 mois/2 ans.

Le *fauteuil roulant verticalisateur* évite les transferts du fauteuil à l'appareil de verticalisation, et facilite ainsi les manipulations par une tierce personne. Il en existe de nombreux modèles :
- le fauteuil roulant manuel verticalisateur ;
- le siège d'intérieur à hauteur variable ;
- le fauteuil roulant électrique avec système *lift* permettant une élévation à la hauteur souhaitée ;
- le fauteuil électrique à positionnement multifonctionnel.

Il faut toujours vérifier le confort du patient, la bonne installation dans le fauteuil. Pour cela, certains fauteuils possèdent un réglage manuel ou électrique du positionnement de l'assise, du dossier, des repose-pieds, des repose-jambes. Dans tous les cas, le médecin s'assure du bon équilibre du bassin, d'une position correcte du rachis ce qui peut être délicat lorsqu'il existe des déformations aussi bien dans le plan frontal et/ou sagittal. Il faut alors adapter l'assise, ajouter parfois un coussin de prévention d'escarres, adjoindre des cale-troncs, un appui-tête plus ou moins enveloppant. Pour positionner les membres inférieurs et les membres supérieurs de façon satisfaisante, on met des plots maintenant les hanches en abduction, on module les accoudoirs en hauteur, en longueur, en largeur, on fixe les pieds par des sangles ou des cales sur les repose-pieds.

Les autres aides techniques. Citons les aides à la marche tels que divers modèles de cannes, de déambulateurs. D'autres aides techniques sont utiles pour la manipulation d'objets, l'aide à l'écriture, à l'utilisation de matériel informatique, à l'alimentation, par des couverts allégés, des supports de bras (Feeder).

4.2 Chirurgie

L'acte chirurgical lui-même est précédé d'un bilan cardio-respiratoire, nutritionnel, anesthésique afin d'apprécier les risques opératoires.

L'anesthésiste sera averti des risques inhérents à certaines pathologies, en particulier la susceptibilité à l'hyperthermie maligne dans les *central cores disease* où l'utilisation de certains anesthésiques est formellement contre indiquée.

La chirurgie des membres inférieurs : avant la perte de la marche, elle est décidée quand celle ci est empêchée par les déformations articulaires. Leur correction est obtenue par une action sur les parties molles par des ténotomies, ou sur le squelette par des ostéotomies au niveau des hanches, des genoux, des pieds. Après l'arrêt de la marche, l'objectif est la recherche du confort et de l'indolence.

La chirurgie des membres supérieurs : elle est beaucoup moins fréquente, vise les pathologies de l'adulte :

- transfert musculaire et arthrodèse de la main dans les maladies de Charcot Marie Tooth ;
- fixation de l'omoplate sur le gril costal dans les dystrophies facio-scapulo-humérales.

La chirurgie du rachis : l'ostéosynthèse selon la technique de Cotrel-Dubousset ou de Luque est complétée par une arthrodèse plus ou moins étendue pour éviter l'effondrement du rachis. Elle intervient suffisamment tôt dans la dystrophie musculaire de Duchenne avant une atteinte cardiaque interdisant toute chirurgie ou une évolutivité rapide de la scoliose à l'âge pubertaire. La fixation vertébrale s'accompagne d'une diminution de la capacité vitale, la prise en charge respiratoire postopératoire est intensifiée. Il faut surveiller la survenue d'une lordose cervicale à l'âge adulte.

4.3 Traitement des douleurs

Elles sont fréquentes mais pas inéluctables. Leur traitement fait appel :

- aux thérapeutiques médicamenteuses des niveaux 1, 2 et 3 de l'OMS. L'utilisation des opiacées n'étant pas contre indiquée ;
- à la physiothérapie antalgique ;
- aux massages.

4.4 Atteintes viscérales

4.4.1 Atteinte respiratoire

La kinésithérapie respiratoire est souvent nécessaire car la faiblesse musculaire et l'enraidissement articulaire conduisent à une diminution de la capacité vitale et une diminution des possibilités d'expectoration. Elle comprend :

- massages du thorax, du cou, des épaules qui ont un effet assouplissant, modelant chez le jeune enfant. Ils interviennent en mobilisant le thorax sur le mode expiratoire ;

- mobilisations favorisant l'expansion du thorax, vers l'inspiration par des insufflations à l'aide d'un appareil de ventilation à pression positive (relaxateur de pression type Bird), et lutte contre les atélectasies ;
- technique de toux assistée manuelle ou mécanique par percussion qui favorise le drainage bronchique.

La ventilation mécanique est indiquée quand la capacité vitale est inférieure à 30 % de la normale, ou quand la gazométrie évolue vers une hypoxie et une hypercapnie. Elle met en œuvre une ventilation non invasive nocturne par des appareils :
- générateur de volume (EOLE) qui délivre un volume déterminé ;
- générateur de pression (ONYX) qui insuffle l'air à pression constante ;

Ou par l'intermédiaire d'un masque nasal : ventilation invasive par l'intermédiaire d'une canule de trachéotomie.

La prévention des surinfections respiratoires ne doit pas être négligée :
- vaccination anti-grippale ;
- vaccination type pneumocoxique ;
- antibiothérapie alternée durant l'hiver d'octobre à mars par période de 10 jours.

4.4.2 Atteinte cardiaque

Il n'existe pas actuellement de thérapeutique spécifique. Sont utilisés :
- les vasodilatateurs, les diurétiques, les anti-agrégants plaquettaires, les anti-arythmiques avec toutefois des précautions quand peuvent survenir des troubles de la conduction comme dans la dystrophie myotonique de Steinert ;
- l'implantation d'un pace maker ;
- la transplantation cardiaque exceptionnellement. Par exemple dans la dystrophie musculaire de Becker peu évolutive avec insuffisance cardiaque au premier plan.

Des espoirs sont fondés sur les IEC en prévention de la dysfonction ventriculaire.

4.4.3 Atteinte gastro-entérologique et nutrition

- On prescrit un traitement préventif et symptomatique des troubles du transit.
- On donne des conseils alimentaires quand on constate une prise de poids excessive.
- En postopératoire, on peut être obligé d'instituer une nutrition parentérale.
- En cas de troubles de la déglutition, il faut d'abord adapter la texture des aliments. Lorsque les troubles sont sévères, dans certaines maladies comme la dystrophie musculaire oculo-pharyngée, on fait appel à la chirurgie fonctionnelle avec myotomie du sphincter supérieur de l'œsophage.

– En cas de *dénutrition*, sont prescrits des suppléments caloriques du commerce, maintenant inscrits au TIPS. Il suffit pour obtenir un remboursement d'indiquer myopathie sur l'ordonnance.
– En cas de dénutrition importante, on peut être amené à mettre en place une sonde de gastrostomie transcutanée permettant une alimentation nocturne qui peut être complétée lorsque cela est possible par une alimentation *per os* diurne.

5 ENVIRONNEMENT ET QUALITÉ DE VIE

Les familles sont fréquemment confrontées aux problèmes des déplacements au domicile ou à l'extérieur. Il est souvent nécessaire de prévoir des modifications architecturales pour accéder plus facilement au domicile, pour franchir les portes avec un fauteuil roulant, pour entrer dans les toilettes ou la salle de bain, pour prendre une douche... Elles peuvent faire appel aux professionnels du SRAI ou d'associations d'aide à domicile qui les conseilleront sur les travaux nécessaires, les aides financières accordées par la DDE, le Conseil Général par exemple. Elles interviennent aussi pour faciliter l'insertion scolaire ou professionnelle, pour les aménagements de véhicules que le patient soit transporté ou conducteur. Certaines villes comme la métropole lilloise proposent un transport adapté aux personnes handicapées pour une somme modique.
Qu'ils vivent en famille, seuls ou en institution, les critères d'évaluation de la qualité de vie sont variables, dépendants de facteurs multiples.
Peu d'études ont été réalisées, cependant, il apparaît que les personnes handicapées perçoivent leur qualité de vie à un meilleur niveau que l'entourage, qu'il soit médical ou non.

15 Infirmité motrice cérébrale

- **L'Infirmité Motrice d'Origine Cérébrale (IMOC) correspond à la conséquence définitive d'une lésion non évolutive et non héréditaire ou d'un dysfonctionnement ayant atteint l'encéphale à la période périnatale. La prématurité en est une cause reconnue et les progrès en néonatologie font que cette affection est loin d'être en régression.**
- **Des nuances ont été apportées à cette définition :**
  - **les infirmes moteurs cérébraux qui présentent une atteinte motrice pure, avec un quotient intellectuel supérieur à 80, mais parfois des troubles sensoriels et neuropsychologiques ;**
  - **les infirmes moteurs d'origine cérébrale avec une atteinte motrice et un QI inférieur à 80 ;**
  - **les polyhandicapés, avec un handicap intellectuel majeur associé à une réduction très importante de l'autonomie.**
- **Si la lésion n'est pas évolutive, ses conséquences le sont malheureusement au cours de la croissance, du processus de maturation et même au cours du vieillissement.**

1 LÉSIONS CÉRÉBRALES

1.1 Nature des lésions

Les lésions cérébrales seront diverses en fonction de l'époque de l'atteinte cérébrale et du terme de l'enfant. Ainsi on pourra distinguer schématiquement les lésions de l'enfant prématuré de celles du nouveau-né à terme.

1.1.1 Chez le prématuré

Les leucomalacies *(nécroses de la substance blanche)* ***périventriculaires*** *(LPV)* sont consécutives à des accidents vasculaires ischémiques cérébraux, localisés au niveau de la substance blanche périventriculaire. Elles sont visibles sous forme de zones hyperéchogènes périventriculaires de façon précoce (24-48 heures). Leur évolution se fait vers la sclérose cicatricielle des zones nécrosées ou vers la cavitation.

Les hémorragies intracrâniennes ventriculaires *(HIV)* sont dues à la fragilité de la zone germinative. Elles sont classées en 4 grades de la simple hémorragie limitée à la zone germinative, régressive en une dizaine de jours, aux lésions étendues massives de la substance blanche associées à une HIV avec distension du système ventriculaire. Ces HIV (surtout les grades 3 et 4) peuvent se compliquer d'hydrocéphalie.

1.1.2 Chez le nouveau-né à terme

La nécrose neuronale est une encéphalopathie hypoxo-ischémique secondaire à un trouble circulatoire. Les lésions touchent la substance grise et sont très étendues avec des zones de prédilection (cortex, thalamus et hypothalamus, noyaux gris centraux, tronc cérébral, noyaux bulbaires, cervelet).

Les leucomalacies sous corticales ont une topographie différente de chez les prématurés. Elles sont beaucoup plus distales et siègent dans la zone sous corticale. Ces lésions sont souvent associées aux lésions précédentes.

Les hémorragies intracrâniennes peuvent être associées aux nécroses sévères dont elles aggravent le pronostic, elles peuvent avoir une origine traumatique et sont beaucoup plus rarement intra-ventriculaires que chez le prématuré.

1.1.3 Lésions indépendantes du terme

Il s'agit du ramollissement cérébral (ou ischémie focale) qui intéresse le plus souvent l'artère cérébrale moyenne gauche. Cet accident survient avec un maximum de fréquence dans les dernières semaines de la grossesse et peut résulter soit de thrombose soit d'embolie. C'est une pathologie qui peut survenir aussi bien chez l'enfant prématuré qu'à terme. Cette lésion est responsable de l'hémiplégie cérébrale infantile.

1.2 Examens complémentaires

Ils sont demandés par le spécialiste (neuropédiatre, néonatologiste,...) pour localiser les lésions et visualiser leur étendue. Il peut s'agir :

- d'une échographie transfontanellaire (ETF) ;
- d'un scanner ;
- d'une imagerie par résonance magnétique nucléaire ;
- d'un électroencéphalogramme.

Cependant, la normalité de l'imagerie n'est pas un garant de la bonne évolution neurologique ultérieure.

2 EXPRESSION CLINIQUE

2.1 Troubles moteurs

Le principal élément clinique de l'examen est un syndrome pyramidal (associant trouble de la commande motrice et hypertonie spastique) prédominant classiquement aux membres inférieurs avec un degré variable.

La spasticité prédomine sur les triceps suraux, les ischiojambiers, les adducteurs, les rotateurs internes entraînant le classique « ciseaux » des membres inférieurs. Quand les membres supérieurs sont atteints (dans les formes les plus sévères), ce sont souvent les pronateurs qui sont le plus touchés par la spasticité ainsi que les fléchisseurs de poignet et de coude.
On peut aussi retrouver des troubles athétosiques ou ataxiques, des dystonies et parfois des contractions irrépressibles au repos.
À côté de cette hypertonie périphérique, il existe une hypotonie axiale parfois majeure pouvant rendre la station assise voire la tenue de tête impossible.

2.2 Répercussions orthopédiques

Le raccourcissement permanent des muscles spastiques, associé aux forces générées par l'hypertonie spastique finit par entraîner des déformations osseuses. L'évolutivité des troubles orthopédiques est particulièrement intense en période de forte croissance.
Il faut surveiller impérativement :
La hanche : il existe un *risque majeur de luxation*. Une hanche luxée entraînera à terme dans plus de 1 cas sur 2 des douleurs importantes et aura dans 100 % des cas un retentissement sur le rachis avec toutes les complications respiratoires de la scoliose. Le risque de luxation est d'autant plus important que l'enfant n'a pas de pronostic de marche. Ce risque est majoré par une antétorsion excessive de l'extrémité supérieure du fémur qui s'installe dès les premières heures de vie lorsque le nouveau né alors hypotonique se retrouve dans la position de la « grenouille écrasée » (cuisses écartées, genoux remontés près des coudes). Cette position favorise également le raccourcissement des adducteurs qui est un facteur favorisant la luxation de la hanche. *Cette antétorsion et ce raccourcissement peuvent être évités par un positionnement correct de l'enfant au cours de la période néonatale.*
La coxavalga est classique mais sa mesure radiologique a tendance à la majorer ; en effet, la radiographie est réalisée le plus souvent de face les rotules au zénith ; comme il existe très fréquemment un antétorsion fémorale entraînant une rotation interne du fémur, les cols fémoraux se retrouvent en rotation externe lors du cliché, ce qui peut donner l'impression d'une fausse coxa valga
Le bassin : il peut être en rétroversion dans le plan sagittal, par rétraction des ischiojambiers ou en antéversion par rétraction du psoas et droit antérieur. Les asymétries des contractions peuvent entraîner une bascule dans le plan frontal.
Le rachis : la scoliose peut être observée avec une fréquence plus importante que dans la population générale surtout chez les enfants non marcheurs. Une attitude cyphotique dorsale est souvent retrouvée du fait de l'hypotonie axiale

et de la rétraction des ischiojambiers. L'hyperlordose lombaire n'est pas rare non plus par rétraction des fléchisseurs de hanche.

Les pieds

L'équin par rétraction du triceps sural est très fréquemment associé à un valgus en charge.

La voûte plantaire perd ses repères anatomiques habituels et il existe souvent en charge une éversion excessive avec une apparition de la tête de l'astragale derrière le scaphoïde.

Chez l'adolescent, peut se créer un *hallux valgus*, conséquence de l'antétorsion fémorale, pouvant devenir douloureux.

La tête : il peut exister un méplat pariéto-occipital, fréquent chez le nourrisson même valide mais pouvant persister de façon très importante chez le polyhandicapé.

Les genoux

Dans le plan sagittal, le *flexum* est fréquent, mais un *recurvatum* est également possible. Le recurvatum provient de la rétraction du triceps, il permet alors à l'enfant de poser le talon au sol malgré son équin. *Le recurvatum peut être toléré jusqu'à une vingtaine de degrés. S'il est plus important, il faut adresser l'enfant au spécialiste de médecine physique pour envisager un traitement adapté en fonction de la cause de ce dernier.*

Dans le plan frontal, on peut être confronté à l'existence d'un *valgus* ou *varus*.

Une *ascension de la rotule* est constatée chez les enfants marchant en triple flexion.

La cheville : un diastasis péronéotibial peut exister ; on le repère en visualisant une malléole externe très en arrière et par une mobilité anormale de cette malléole lors de la flexion dorsale passive. Ce diastasis nécessitera un chaussage haut sur la cheville.

Les membres supérieurs : il faut surveiller la rétraction des pronateurs pouvant évoluer vers la luxation de la tête radiale très douloureuse. Elle se produit classiquement chez un adolescent ou adulte jeune chez qui on voit apparaître une limitation brutale de la supination avec saillie de la tête radiale palpable sous la peau au niveau du coude. L'évolution étant rapide, un geste chirurgical de libération des pronateurs doit alors être pratiqué sans délai.

Une subluxation antérieure des épaules peut également s'observer.

2.3 Troubles du langage et de la sphère oro-pharyngée

Le langage peut être touché :

- au niveau de l'expression par un trouble de la commande bucco-faciale ou par des difficultés de type dysphasique ;

- au niveau de la compréhension par des troubles de l'audition ou des perturbations des gnosies auditives.

Il faut y rapprocher :

- les difficultés de mastication et de déglutition qui entraînent des broncho-pneumopathies à répétition. Les fausses routes entraînées par les troubles de la déglutition peuvent se manifester par une toux ou être silencieuses. C'est alors une tachycardie concomitante de la déglutition qui évoquera la possibilité de fausse route. Il existe une réelle éducation de la déglutition pour minimiser les fausses routes car chez les IMC, il existe rarement une anomalie du réflexe de la déglutition mais des enchaînements moteurs anormaux qui entraînent une mauvaise présentation du bol alimentaire. Les fausses routes peuvent être asymptomatiques ;
- le bavage qui est socialement très gênant. Il est rarement dû à une hypersialorrhée mais plutôt à un mauvais contrôle de la fermeture buccale par atteinte de la motricité. Certaines formes de bavage peuvent être accessibles à la rééducation notamment quand il est intermittent.

Certaines formes de bavage se rééduquent très bien.

2.4 Troubles sensoriels

2.4.1 Troubles visuels

Ils ne sont pas rares et méritent d'être dépistés car ils peuvent gêner dans les déplacements et les acquisitions scolaires. À côté des troubles de la réfraction habituels (myopie, hypermétropie...), il peut exister d'autres types de lésions, liées aux lésions cérébrales :

- des troubles de la motricité visuelle ;
- le strabisme divergent est fréquent ;
- des mouvements involontaires, incontrôlés, un nystagmus peuvent aussi se rencontrer ;
- des troubles de la binocularité avec perturbation des mécanismes automatico-réflexes de la coordination visuo-motrice ;
- une rétinopathie liée à l'oxygène chez l'ancien prématuré ;
- une baisse de l'acuité visuelle ou du champ visuel périphérique par atteinte neurologique au niveau des radiations optiques.

En plus du déficit organique périphérique ou central, ces enfants présentent également des troubles de reconnaissance de formes, de relief ...

Ceci rend compte de la nécessité de réaliser un bilan fonctionnel des capacités visuelles de l'enfant puisqu'avec une acuité visuelle bonne avec ou sans correction, il peut avoir des troubles de reconnaissance nécessitant par exemple le grossissement de ses informations visuelles.

2.4.2 Troubles auditifs

Devant tout enfant atteint d'IMOC, on doit s'assurer de l'intégrité de la fonction auditive particulièrement quand le niveau verbal est inférieur au niveau performance et/ou que l'IMC est liée à un ictère néonatal insuffisamment traité. On peut repérer très tôt un défaut d'orientation de la tête vers une source sonore avec des clochettes permettant de tester différentes fréquences de sons. À un âge plus avancé, on peut faire un premier dépistage en consultation en demandant à l'enfant s'il fait une différence entre les phonèmes « SI-TI », « SU-TU », « SI-SU »... pour les sons aigus et les surdités de perception et les sons graves par « LO-RO » « LOU-ROU »... dans les surdités de transmission. Un bilan plus poussé avec réalisation d'un audiogramme peut se justifier si cette épreuve est douteuse ou si un retard d'apparition du langage se manifeste. Les potentiels évoqués auditifs doivent être interprétés avec prudence, car ils ne sont pas toujours corrélés à la fonction de perception. Enfin il ne faut pas oublier d'éliminer et de traiter les causes classiques d'hypoacousie chez les enfants (bouchons de cérumen, otites chroniques à répétition...).

2.4.3 Troubles sensitifs

On peut trouver :

– Des troubles de la sensibilité profonde que l'on recherche en faisant reconnaître la position des segments de membre dans l'espace.

– Des troubles des stéréognosies : de leur présence ou leur absence dépend le pronostic fonctionnel de la ou des mains atteintes.

2.5 Troubles intellectuels et neuropsychologiques

Les déficiences intellectuelles peuvent exister à différents degrés. Une atteinte des fonctions neuropsychologiques peut mettre les enfants ayant même un niveau intellectuel subnormal en grande difficulté. Il n'est pas toujours évident de les mettre en évidence mais il est important de les dépister pour apprendre à l'enfant à contourner ses difficultés par des moyens adaptés.

Même un enfant intelligent peut présenter des difficultés scolaires importantes liées à des troubles neuropsychologiques. Il ne faut pas hésiter à l'adresser à un spécialiste pour effectuer un dépistage dès qu'un trouble des apprentissages scolaires est signalé par les parents ou l'enseignant. Certains psychologues, orthophonistes, médecins de médecine physique, neurologues ont une formation spécifique.

2.6 Comitialité

L'électroencéphalogramme est souvent perturbé chez les enfants IMOC mais aucun traitement anti-épileptique ne doit être donné si les perturbations ne s'accompagnent pas de crises cliniques. On ne traite pas l'EEG mais l'enfant.

3 TRAITEMENT

Il ne peut y avoir de réelle guérison de la lésion ni de ses conséquences. Il doit s'agir d'une prise en charge rééducative, précoce, prolongée, multidisciplinaire et coordonnée. On doit assurer à l'enfant, à terme, la meilleure insertion familiale, scolaire, sociale et éventuellement professionnelle.

3.1 Rééducation et réadaptation

3.1.1 Kinésithérapie

Le but est de :
- maintenir les amplitudes articulaires ;
- conserver les longueurs musculaires malgré la spasticité ;
- éviter les déformations orthopédiques des pieds et surtout des hanches et du rachis ;
- favoriser la réalisation de mouvements fonctionnels.

Différentes méthodes et différentes techniques sont utilisées. Les méthodes dites analytiques n'ont rien de spécifique, elles recherchent un gain moteur et articulaire par un travail focalisé.
À côté de ces méthodes analytiques sont également utilisées des méthodes plus globales passant par un travail plus général. Les plus connues en sont :

Le concept Bobath repose sur le principe de l'évolution neuromotrice de l'automatique au volontaire. Elle utilise la facilitation des mouvements et des postures permettant l'inhibition des postures anormales et de la spasticité. Elle vise à l'élimination des syncinésies. Elle utilise les schèmes principaux de développement dans un ordre chronologique : redressement de la tête, station assise, réactions d'équilibration... Elle utilise également les stimulations sensitives.

Le concept Vojta se fonde sur le principe du déclenchement de locomotion réflexe par des mouvements contre résistance. Cette méthode utilise les mouvements de ramper et de retournement réflexe.

Le concept Le Metayer utilise les niveaux d'évolution motrice et se base sur le principe de déclencher et d'automatiser ces schèmes moteurs qui sont la base de tout mouvement. Ces schèmes moteurs sont exploités dans un but rééducatif (utilisation de la décontraction automatique de certains muscles entraînée par certaines postures, prise de conscience puis relais par une éducation de la motricité volontaire dans les mouvements demandés...) et également fonctionnel, les mouvements utilisés en séance de rééducation devant être repris et utilisé dans la vie de tous les jours.
Ces méthodes n'ont pas fait l'objet de travaux d'évaluation conformes aux exigences actuelles. Leur choix est affaire d'école, et il n'est pas possible de

demander à un kinésithérapeute de bien les connaître toutes. L'essentiel est encore d'avoir affaire à un rééducateur consciencieux et sachant rester attentif à l'évolution de son patient malgré la longueur de la prise en charge.

La kinésithérapie sera entreprise sur du long terme et il faut savoir ménager des pauses dans la prise en charge pour permettre à l'enfant et à ses parents de ne pas saturer. Par exemple ne pas refuser que l'enfant parte en vacances 15 jours sous prétexte qu'il n'aura pas ses séances.
À l'inverse, on doit savoir intensifier la kinésithérapie lorsque cela est nécessaire quitte à promettre une petite pause dès que possible pour motiver l'enfant lors de certaines périodes (en postopératoire, lors des poussées de croissance où l'on peut perdre beaucoup de longueurs musculaires, après plâtres d'allongement des triceps...).

3.1.2 Orthophonie

Elle a plusieurs objectifs, selon les cas :
– Rééduquer les troubles de l'articulation entraînés par la pathologie de la motricité buccofaciale.
– Prendre en charge les troubles de la déglutition : parfois, cette rééducation doit débuter par un véritable apprentissage de la mastication, premier temps nécessaire avant la déglutition. Cela va de simples conseils à l'enfant et à l'entourage. Dans un second temps, les manœuvres nécessaires seront apprises à la famille (éviter l'hyperextension du cou, épaissir les mixtures, faire absorber le liquide à l'enfant par une aspiration et non pas en le versant directement dans la bouche...). Cela permettra de réduire considérablement le temps des repas, d'en améliorer le confort (l'enfant ne craignant plus les fausses-routes). Cette éducation permet également de réduire significativement le bavage dans la majorité des cas.

3.1.3 Orthoptie

Bon nombre d'IMC présentent des troubles de l'occulomotricité et on a souvent recours à une rééducation orthoptique.

3.1.4 Prise en charge rééducative fonctionnelle

Il s'agit de l'éducation thérapeutique à laquelle prennent part tous les professionnels aidant l'enfant (ergothérapeute, kinésithérapeute, psychomotriciens, orthophoniste, éducateurs). Les différents moments de la vie de l'enfant sont aidés, guidés par les thérapeutes (alimentation, habillage, aide au graphisme, à la lecture...).

3.2 Traitements médicaux

Ils concernent avant tout la spasticité et les dystonies.

3.2.1 Traitements per os

Les contractions basales de repos liées à l'anxiété sont bien traitées par des anxiolytiques à faibles doses. Pour les contractions spastiques excessives on pourra essayer les benzodiazépines, le baclofène ou le dantrolène. Ces différents médicaments présentent malheureusement des effets secondaires parfois importants (notamment pour le baclofène où la dose d'efficacité est proche de celle où commencent à apparaître les effets secondaires).

3.2.2 Traitements locaux

Ils ont pour but de diminuer la spasticité de façon localisée.

- L'alcool à 45° ne garde qu'une seule indication : l'exagération du réflexe myotatique dans sa phase tonique. L'effet du geste est de plusieurs mois (parfois 18 mois voire plus).
- La toxine botulinique est devenue le traitement de choix. L'injection se fait dans le corps musculaire concerné et l'effet dure 4 à 6 mois. L'autorisation de mise sur le marché actuelle se limite à son utilisation dans le pied équin dynamique de l'enfant présentant une spasticité due à une infirmité motrice cérébrale, mais son champ d'application est beaucoup plus large. Une restriction est également appliquée pour les enfants de moins de 2 ans.

3.2.3 Traitement intrathécal

La pompe intrathécale à baclofène commence à se répandre en pédiatrie et est utilisée surtout contre la spasticité des membres inférieurs. L'inconvénient de ces traitements est que la diminution du tonus qu'ils entraînent ne se limite pas aux muscles périphériques. On voit donc ainsi parfois se majorer l'hypotonie axiale ce qui n'est pas le but recherché. Un juste équilibre devra donc être trouvé. Il faut commencer par des très faibles doses et augmenter progressivement la posologie jusqu'à la dose suffisamment efficace sans effet secondaire.

3.3 Traitements chirurgicaux

Là encore, ces traitements s'adressent essentiellement à l'hypertonie et à ses conséquences orthopédiques. Les décisions chirurgicales doivent toujours être prises au décours d'une concertation pluridisciplinaire entre les différents spécialistes suivant l'enfant et après une analyse minutieuse du trouble.

3.3.1 Neurotomies sélectives

Elles agissent dans le territoire d'un nerf périphérique dans le but de diminuer la spasticité nocive localisée. Les plus fréquentes intéressent le nerf obturateur (pour l'hypertonie des adducteurs) ou le nerf fémoral (pour l'hypertonie des fléchisseurs de hanche).

3.3.2 *Radicellectomie sensitive partielle*

Elle porte sur les racines postérieures et permet de diminuer le tonus musculaire. C'est une intervention assez lourde.

3.3.3 *Chirurgie tendino-musculaire*

Elle doit être envisagée lors d'une consultation multidisciplinaire faisant intervenir le médecin de médecine physique, le kinésithérapeute, le chirurgien et la famille. Les gestes les plus fréquents sont les allongements du tendon d'Achille (en faisant attention de ne pas générer un talus secondaire), la chirurgie sur les ischiojambiers associée ou non à un transfert du droit antérieur, les abaissements de rotule, la ténotomie des adducteurs. Une rééducation intensive est indispensable à la suite du geste.

3.3.4 *Chirurgie osseuse*

Elle peut porter sur les fémurs (dérotation fémorale), sur les pieds (arthrodèse sous astragalienne) ou sur la hanche en cas de luxation.

3.4 Appareillage

Différentes attelles et appareillages seront proposés en fonction des déformations.

3.4.1 *Appareillages fonctionnels*

Les appareils de marche : différents modèles sont proposés pour limiter les troubles spécifiques de l'enfant IMC à savoir adduction et rotation interne des membres inférieurs. Ils ne doivent être utilisés qu'en cas d'atteinte symétrique.

Les verticalisateurs : ce sont en fait des appareils de mise en charge soit par l'intermédiaire des pieds, soit par un appui sous ischiatique. Il en existe de différents types (plans antérieurs, coquille postérieure (figure n° 22), tables ou plans de verticalisation...).

La verticalisation a un effet favorable sur la fonction cardiovasculaire, la trophicité et la croissance osseuses (bon développement du cotyle – à condition que la hanche soit centrée en position de mise en charge –, réduction de la coxa valga...), le métabolisme phosphocalcique... Ces appareils permettent également un bon maintien des longueurs musculaires et ont un rôle de stimulation proprioceptive de la station debout. Ils sont utilisés jusqu'à plusieurs heures par jour, en fonction de la tolérance individuelle.
On peut commencer à mettre un enfant en charge dès 12 mois. Il ne faut pas mettre en charge un enfant qui présente une hanche luxée ou subluxée qui n'est pas recentrée en position de verticalisation.

Les sièges moulés (ou corsets sièges) (figure n° 23) : ils peuvent être réalisés en plâtre ou en matériau thermoformable par un orthoprothésiste. Il peut être actif ou passif en fonction du but recherché et du niveau d'atteinte de l'enfant.

Figure 22 : Coquille extérieure

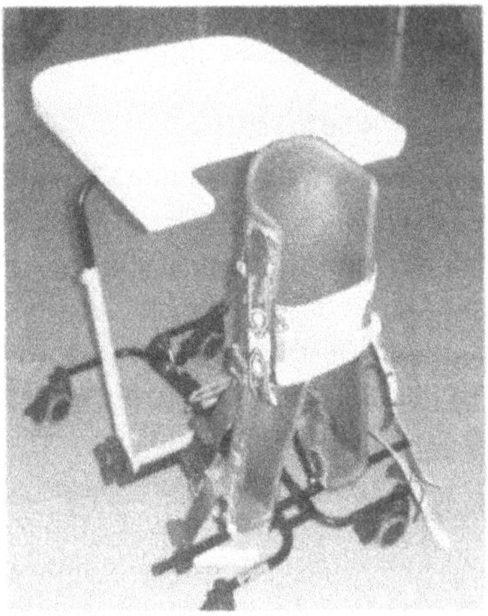

Ainsi chez un enfant ayant des possibilités de contrôle partiel de position assise, on pourra réaliser 2 types de sièges, un actif permettant par un bon positionnement des membres inférieurs en abduction – rotation externe, une antéversion de bassin et un appui des pieds, une aide au contrôle de la station assise ; ce siège pourra être utilisé lors des séances de rééducation ou lors de certaines activités mais l'enfant aura également un siège de repos dont le niveau thoracique sera plus haut et lui permettant un maintien correct qui ne lui demande pas d'effort de contrôle moteur. Pour les enfants ne présentant pas de contrôle suffisant de la station assise, le siège moulé ne sera que de repos et comportera souvent un appui-tête. La vocation du siège moulé est double ; outre la fonction de maintien, il comporte également une fonction orthopédique de bon positionnement des segments de membres (centrage des têtes fémorales, rectitude du rachis, maintien des longueurs musculaires).

Figure 23 : Siége moulé ou corset-siège

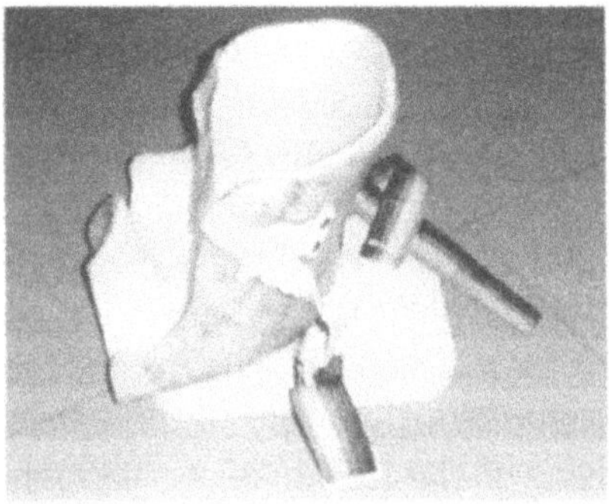

Les aides au déplacement : les enfants atteints gravement dans leur motricité auront pour la plupart grand plaisir à se déplacer. Ainsi, différentes aides au déplacement pourront leur être proposées. Du fauteuil roulant électrique au fauteuil roulant manuel en passant par les flèches, rollateurs ou autres déambulateurs.

Les appareillages d'entretien des longueurs musculaires : les troubles de commande motrice et la spasticité entraînent un risque très important de rétraction musculaire. Ce trouble ne peut que s'accentuer avec la croissance puisque chez les enfants IMC, « les muscles grandissent moins vite que les os ». Différentes attelles peuvent être proposées pour maintenir ces longueurs (attelles suro-pédieuses, cruro-jambières...).

Pour maintenir des longueurs musculaires, il faut que les muscles soient placés au minimum 6 heures sur 24 dans leur position de longueur maximale.

Des mesures d'allongement peuvent aussi être prises notamment au niveau des triceps suraux, quand la flexion dorsale n'atteint que 5 à 10 °. On réalise alors des séries de bottes plâtrées de marche (3 en 3 semaines) qui sont associées à des séances intensives de rééducation et réautonomisation du schéma de marche (l'enfant étant habitué à marcher en équin) et suivies d'attelles de maintien de longueurs.

3.4.2 Quelques prises en charge particulières

L'excentration de la hanche : Dès qu'une excentration de la hanche apparaît il est nécessaire de la prendre en charge par des positions de recentrage 24 heures sur 24 (siège moulé, appareil de mise en charge, postures nocturnes, traitement des contractions asymétriques)

Les troubles statiques des pieds : Les déformations des pieds devront être prises en charge avant l'âge de la marche au moyen de contention par de petites attelles permettant de replacer le pied dans l'axe. Dès que la mise en charge est possible, le pied doit être maintenu en bonne position par des attelles moulées permettant de recréer la voûte plantaire et d'éviter la bascule de la tête de l'astragale. En cas de tendance à la limitation de la flexion dorsale de pied, on pourra ajouter une partie surale à ces attelles permettant de lutter contre cette tendance (figure n° 24). Ces attelles pourront être portées dans des chaussures du commerce et ne nécessitent pas nécessairement un chaussage orthopédique.

3.5 Autres concepts

Il est fréquent que les patients ou leurs parents se tournent vers des prises en charge moins classiques. Nous citerons les plus connues.

La méthode DOMAN également appelée « paterning » faisant appel à des surstimulations pluriquotidiennes. La famille est amenée à faire des stages d'apprentissage à l'étranger et a recours à des bénévoles pour aider dans les manipulations qui doivent s'effectuer à plusieurs adultes.

Figure 24 : Attelles suro-pédieuse

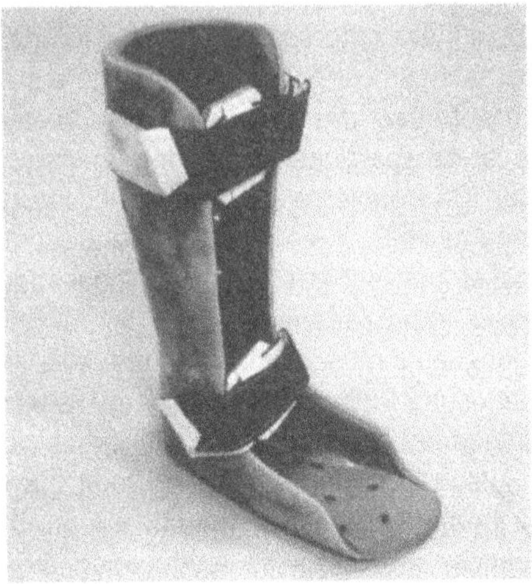

La méthode PETO est originaire des pays de l'est. Toute la prise en charge est menée par une seule personne « le conducteur » afin de minimiser le nombre d'intervenants.
Le vrai traitement consiste en fait en la prévention de la prématurité, la surveillance de la grossesse à risque, la bonne organisation des conditions de naissance ainsi que la surveillance correcte du nouveau-né.

3.6 Scolarité

Comme tous les enfants, les enfants IMC doivent bénéficier d'une scolarité.
L'intégration en milieu ordinaire peut être une excellente source d'intégration sociale. Elle trouve ses limites lorsque l'enfant, en raison de l'association de ses troubles moteurs, sensoriels et neuropsychologiques relève d'une prise en charge multidisciplinaire coordonnée. Il est dès lors impératif d'avoir recours à des équipes thérapeutiques et éducatives spécialisées. Les formules d'aide sont nombreuses et évolutives. De haltes-garderies spécialisées à l'image de celles développées par M. Le Métayer, en passant par les Centres d'Action Médico-Sociaux Précoces (CAMSP) ou les Services d'Éducation et de Soins Spécialisés à Domicile (SESSD) et autres Instituts d'Éducation Motrice (IEM), il existe de nombreuses solutions adaptées aux différents cas particuliers. En fonction des régions, les différents centres se spécialisent dans certains secteurs d'activité. L'admission dans certaines structures, notamment dans les IEM est soumise à une décision préalable d'orientation donnée par la Commission Départementale d'Éducation Spécialisée (CDES). Le médecin spécialisé en médecine physique ou le pédiatre peut alors remplir un formulaire spécial pour que la commission étudie et statue sur l'orientation de l'enfant.

4 DÉPISTAGE PRÉCOCE DU NOUVEAU-NÉ À RISQUE NEUROLOGIQUE

Trop souvent le diagnostic n'est posé que vers l'âge de 9-12 mois lorsque les signes cliniques deviennent évidents. En fait, l'examen clinique est anormal dès la naissance mais l'expression des anomalies est différente pendant les premiers mois. Le diagnostic doit pouvoir être réalisé avant l'acquisition de la station assise.
La maturation neurologique se fait en deux « vagues » de maturation. La première est une maturation sous corticale allant de 24 semaines de gestation jusqu'au 6e mois post-natal et se faisant dans le sens caudo-céphalique. La deuxième dite corticale, commençe vers la 32e semaine de gestation et se fait dans l'autre sens en céphalo-caudal.
Le contrôle sous cortical est dominé par la prédominance des extenseurs de l'axe du corps et est à l'origine des réactions en hyperextension. Il est aussi responsable du schéma en flexion des membres, des réflexes dits archaïques, des réflexes ostéo-tendineux vifs.
Le système cortical modère ces réactions par des actions inhibitrices, permet le contrôle postural par développement de la motricité en flexion et intervient dans la motricité fine. C'est l'observation de l'apparition de cette motricité de type corticale qu'il faudra repérer au cours des premières semaines de vie.
Il faut être particulièrement vigilant chez les enfants ayant présenté :
- une prématurité (10 % environ des prématurés seront IMC) ;
- une souffrance fœtale aiguë ;
- une anoxo-ischémie ;
- une infection néonatale ;
- des naissances multiples ;
- un syndrome polymalformatif.

4.1 Examen du contrôle sous cortical

Les manœuvres d'examen du nouveau-né explorent principalement la fonction sous corticale. Il convient de rechercher ces réflexes pour mettre en évidence la bonne intégrité du système sous cortical, pré-requis au bon développement du système cortical :
- réflexe de la marche automatique ;
- réflexe d'agrippement ou grasping ;
- réflexe de redressement ;
- réflexe des points cardinaux ;
- réflexe d'extension croisée ;
- réflexe de Moro ;
- réflexe de Galant ;
- réflexe de Landau.

4.2 Examen de l'apparition du contrôle cortical dit supérieur

On recherchera plusieurs signes présents dès la naissance et même chez les prématurés et témoignant de l'intégrité du système cortical.

4.2.1 Accrochage et suivi visuel, les interactions sociales

Un nouveau-né est capable de suivre une cible contrastée du regard, capable d'entrer en relation avec son entourage et de maintenir un état de vigilance pendant le temps de l'examen. Ces éléments font partie des facteurs rassurants lors de l'examen. On les recherche :
- sur un enfant en position semi assise avec la tête maintenue par l'examinateur ;
- dans une ambiance calme et pas trop lumineuse ;
- en essayant d'entrer en contact avec le nouveau né en lui parlant ;
- en se mettant à une distance d'environ 30 cm de lui.

4.2.2 Motricité spontanée

On repère le plus tôt possible les signes de prise de contrôle de la motricité corticale.

Sur le dos

Aux membres supérieurs : rechercher des mouvements individualisés des doigts et des poignets ; ces mouvements sont de moindre importance au niveau du coude et de l'épaule chez le nouveau né. L'abduction du pouce est également importante à rechercher ainsi que la supination.

Aux membres inférieurs : mouvements préférentiels de triple flexion, triple extension. Rechercher des mouvements dissociés des orteils, des pieds et genoux.

La qualité des mouvements est importante à rechercher. Ceux-ci ne doivent pas être ni trop près ni trop éloignés de l'axe du corps. Ils ne doivent pas être ni trop guindés ni trop figés ou trop brusques. Les mains et les pieds explorent tout l'espace. On doit pouvoir noter l'existence de dissociation dans les mouvements (c'est à dire un mouvement isolé d'un segment de membre : par exemple la flexion du genou pendant un maintien de la hanche sur le bassin).

On étudiera la qualité du maintien des postures contre la pesanteur ainsi que la quantité de mouvements.

Ce n'est pas la quantité des mouvements qu'il est important de rechercher mais leur qualité.

Sur le ventre

À la naissance, l'enfant est capable de dégager les bras et de relever un peu la tête. Il peut exister des mouvements de pseudo reptation. On peut observer des mouvements de flexion isolée et ample du genou à partir du 3e mois.

4.2.3 Attitude spontanée

Il est aussi important de noter l'attitude spontanée qui permet non seulement de repérer l'âge de maturation neurologique mais également de repérer les asymétries entre les hémicorps.

4.2.4 Postures

On recherchera analysera la qualité des postures notamment celle de maintien du bassin sur le tronc dans la position sur le dos.

4.2.5 Motricité dirigée et provoquée *(voir tableau 18)*

La motricité dirigée est celle entraînée par une stimulation visuelle, auditive, extéroceptive.

La motricité provoquée est celle entraînée par une stimulation proprioceptive.

C'est la qualité des réponses en motricité dirigée et provoquée qu'il est important de rechercher. De nombreuses manœuvres ont été décrites, les plus connues peuvent être citées :

- Motricité libérée démontrée par A. Grenier. Il a également décrit la réaction latérale d'abduction ; de sa parfaite exécution et réalisation, il en déduit à tout âge de maturation, le risque de séquelle neurologique.
- Tenu assis et tiré assis permettant d'évaluer la maturation corticale.
- Suspension latérale : on observe une abduction de hanche avec éversion du pied. À la naissance, on doit noter un frein à la chute latérale dans le contrôle de tronc. À noter la qualité du tonus de tronc qui doit être bonne.
- Suspension ventrale : à partir de 2 mois la tête est au niveau horizontal et à partir de 4 mois la tête se maintient à un niveau supérieur par rapport à l'horizontale et on observe des mouvements isolés des 4 membres.

Dans toutes ces manœuvres, on sera attentif à une asymétrie dans la réponse attendue pouvant présager de l'installation d'une hémiplégie.

C'est la discordance entre l'hypotonie constatée au niveau du tronc et l'hypertonie des membres inférieurs qui pourra orienter vers le diagnostic d'IMC.

4.3 Examen pathologique

4.3.1 Motricité spontanée

On retrouvera un manque de dissociations inter-segmentaires, un manque de variabilité dans les trajectoires, la qualité des mouvements sera altérée (motricité explosive ou guindée, le maintien des postures sera de mauvaise qualité en durée et en stabilité), on retrouvera des postures anormales des segments de membres dans les mouvements globaux

4.3.2 Motricité dirigée et provoquée

On évaluera la qualité de la posture, la régulation temporospatiale et la qualité des adaptations en fonction de la vitesse, les possibilités de commande volontaire et de sélectivité (bouger un membre sans que la réponse posturale de l'axe du corps ne soit modifiée), la symétrie des réponses quand l'axe du corps est en position de référence.

4.3.3 Mobilisation passive

On recherchera l'existence de tensions musculaires anormales. L'hypertonie périphérique de la naissance ne disparaît pas ; elle n'est pas remplacée par le contrôle cortical et à partir de 4 à 6 mois, cette hypertonie observée à la naissance fera partie du domaine pathologique.

Tableau 18 : Évolution de la motricité chez le nourrisson

Dès la naissance	Suivi visuel
2 mois	Sourire réponse
2 mois	À la manœuvre d'inclinaison latérale, la tête se maintient dans le plan horizontal
3 mois	Tenue de tête
3 mois	Joue avec ses mains
4 mois	Prend au contact
5 mois	Tend la main vers l'objet
6 mois	Attrape les objets
6 mois	Sur le dos, prend ses pieds dans ses mains
6 mois	À la manœuvre d'inclinaison latérale, la tête se maintient au-dessus de l'horizontal
7 mois	Sur le dos, porte les pieds à la bouche
7 mois	Se retourne
7 mois	Passe les objets d'une main à l'autre
7 mois	Croisement de la ligne médiane

16 Maintien au domicile des personnes âgées dépendantes

- La majorité des personnes âgées souhaitent vivre dans leur domicile personnel le plus longtemps possible pour des raisons essentiellement affectives. Le domicile est le plus souvent l'endroit où la personne a vécu le plus grand nombre d'années de sa vie. Cet endroit contient une foule d'objets, représente des symboles et est lié à de nombreuses habitudes de vie qui font de ce logement autant de repères spatiaux et temporels, si importants à une époque de la vie où certaines personnes âgées présentent une diminution des capacités sensorielles ou une baisse des capacités cognitives.

- Parallèlement à cette approche « humaine », l'aspect économique du maintien à domicile est important. L'analyse des coûts et l'évaluation des besoins engendrés par le maintien à domicile comparés à ceux d'une institutionnalisation font de ce mode de vie un problème politique. Le rapport Laroque (1970) indiquait que le maintien en milieu ordinaire de vie coûtait moins cher. Depuis, des analyses des coûts comparatives ont été réalisées sur plusieurs années montrent que le maintien à domicile des personnes âgées coûterait plus cher que l'institutionnalisation, mais qu'il ne concerne pas les mêmes sources financières.

- Le choix de l'une ou l'autre solution d'hébergement, par la personne concernée, est alors difficile à réaliser car il met en jeu de nombreux facteurs.

1 CRITÈRES DE DÉCISION POUR UN MAINTIEN À DOMICILE

Si ce mode de vie est choisi, il convient d'analyser attentivement les conditions de vie du sujet âgé. Cela permettra de mettre en place d'éventuelles mesures pour que le patient puisse vivre dignement dans son logement. Le maintien à domicile d'une personne âgée dépend de trois facteurs :

- son état de santé,
- l'état de son habitat,
- la tolérance de son entourage.

1.1 Souhait du sujet âgé

La volonté de la personne est une donnée incontournable. Lorsqu'un sujet âgé désire entrer en institution, seuls les problèmes financiers et de disponibilité des établissements concernés peuvent se poser. L'assistante sociale du CCAS municipal doit pouvoir trouver, dans des délais variables, une solution. Dans le cas contraire, le maintien à domicile de la personne âgée dépend de son état de santé général.

1.2 État de santé

1.2.1 Vieillissement physiologique

Il s'accompagne, entre autres, de sarcopénie, d'une diminution des capacités sensorielles (vue, ouïe...) et d'une diminution de l'endurance physique.

1.2.2 Pathologies associées

Sur ce vieillissement inéluctable peuvent se greffer des pathologies chroniques (troubles cognitifs, insuffisance cardiaque, insuffisance pulmonaire, arthrose, pathologie visuelle...) ou aiguës (accident vasculaire cérébral, amputation, chute, décompensation organique aiguë, problème infectieux...). Ce sont ces déficiences qui peuvent provoquer une perte d'autonomie et qui remettent en cause le maintien à domicile des personnes âgées.

1.2.3 Évaluation fonctionnelle

Cette évaluation peut être faite, à la charge du patient, par un ergothérapeute libéral ou salarié d'une association d'aide à la vie quotidienne des personnes handicapées.

Si la personne ne peut faire appel à ces prestataires, une évaluation peut être réalisée par le médecin traitant pour mettre en évidence des difficultés et proposer des solutions adaptées. Ces examens seront faits lors d'une visite au domicile du patient. Le médecin peut aussi dans son cabinet se faire une idée du niveau d'autonomie en demandant la réalisation (ou le mime) de l'action, ou la réalisation de tests simples.

Les transferts du fauteuil, de la chaise percée ou du lit peuvent rapidement être appréciés en demandant au patient de se relever d'une chaise sans accoudoir.

Les modalités de ***déambulation*** sont faciles à examiner, et permettent de juger de l'intérêt d'une aide technique. La pratique de l'escalier peut être évaluée en cabinet par des tests d'enjambement d'obstacles ou de marche militaire, avec et sans appui sur les membres supérieurs. L'échec à ces tests laisse entrevoir des difficultés à la montée et la descente des escaliers.

L'habillage et le déshabillage seront évalués lors de la consultation en observant le patient et en l'interrogeant sur ses difficultés.

La réalisation de la toilette ne peut être évaluée qu'en lieu réel.

La réalisation des repas nécessite d'attraper des ustensiles en hauteur et ou en bas. L'équilibre dans ces positions doit être testé.

Les sorties à l'extérieur, pour maintien d'une vie sociale et pour la réalisation d'activités utiles (comme les courses) sont importantes. c'est la pratique des trottoirs, l'utilisation de la voiture ou des transports en commun qui doit être évaluée.

Les capacités cognitives pourront être testées par le MMS (mini mental test).

1.2.4 Évaluation de l'environnement

Sur le plan environnemental, il s'agit d'analyser l'aménagement du domicile comparé aux capacités physiques et/ou intellectuelles de l'individu. Le but est de mettre en évidence des facteurs limitant l'autonomie physique, des facteurs de risque de chute, ou des facteurs d'accidents domestiques chez les patients porteurs de troubles des fonctions cognitives.

Cette évaluation ne peut être codifiée car adaptée à chaque environnement. Différents postes seront analysés :

La circulation à l'intérieur du domicile qui dépend du dégagement des espaces de circulation, de l'existence de points d'appui, de l'éclairage et de l'accessibilité des interrupteurs, de la régularité des sols, de l'absence d'obstacle au sol (petit mobilier, fils électriques et téléphoniques), de la maniabilité des portes.

La chambre à coucher : l'orientation du lit (qui doit permettre un abord facile), la hauteur de celui-ci, le matelas, l'accessibilité de l'interrupteur, la possibilité d'un appel d'urgence nocturne seront étudiés.

Les WC : leur accessibilité et leur utilisation doivent être analysées.

La salle de bains : l'accessibilité et la sécurité d'utilisation du lavabo, de la baignoire ou de la douche seront étudiées.

La cuisine : la bonne maniabilité des portes, le lieu de rangement des ustensiles et aliments seront vérifiés. Le matériel utilisé pour la réalisation des repas sera noté (plaques électriques, gazinière, four à micro-ondes).

Le fauteuil de repos : il devra être adapté à l'autonomie du sujet, placé à l'endroit le plus adéquat par rapport aux activités du sujet.

1.3 Environnement humain

Le maintien au domicile d'une personne âgée nécessite, souvent, l'intervention de la famille ou de l'entourage (voisins, amis). La décision de maintien au domicile nécessite leur accord et l'assurance de leur engagement.

Une des difficultés rencontrée à plus ou moins long terme est la gestion de « l'inversion des rôles », les enfants devenant « responsables » de leurs parents.

Il ne faut pas attendre un épisode aigu pour réfléchir sur les problèmes posés par le maintien à domicile. Les problèmes sont, en effet, beaucoup plus difficiles à gérer dans les situations d'urgence pouvant conduire à une hospitalisation.

2 ORGANISATION D'UN MAINTIEN AU DOMICILE

Le maintien au domicile d'une personne âgée dépendante nécessite l'adaptation de son environnement à son état de santé et à ses capacités physiques. Ceci passe par :
- la mise en place d'aides humaines et matérielles,
- la mise place d'actions permettant au patient de conserver une autonomie maximale.

2.1 Aides humaines

Les aides humaines reposent en premier lieu sur la famille, le voisinage, les amis et les associations (bénévoles ou caritatives d'entraide).
Les services d'aide au maintien au domicile ne pouvant assurer une prise en charge 24 heures sur 24, le patient dépendant compte sur les présences continues ou discontinues de personnes familières pour remplir des tâches quotidiennes. Ces aidants se voient ainsi confier une charge de travail lourde (les Anglo-Saxons parlent de fardeau), généralement sans formation ni soutien spécifiques ; le risque d'épuisement est évident.
À côté de ces aides « naturelles », le patient âgé nécessite des soins et des aides pour les activités de vie quotidienne :
Le médecin traitant est au centre du dispositif. Prescripteur (des traitements, des soins, des aides techniques), il est la « plaque tournante » entre les soignants, les aidants et le patient.
Une infirmière libérale ou un service de soins à domicile assurent les soins et le nursing, selon les besoins du patient et les capacités d'accueil des services. Les contacts avec ces professionnels sont pris par le patient ou sa famille. Les soins, réalisés sur prescription médicale, sont pris en charge par la sécurité sociale.
Divers professionnels de santé, kinésithérapeute, orthophoniste, pédicure-podologue, psychologue, psycho-motricien, ergothérapeute interviendront en fonction des cas.
Différents organismes peuvent aider la personne dans ses activités de vie quotidienne. Les services offerts sont nombreux, les plus souvent utilisés sont ceux mettant à disposition des aides ménagères, le portage des repas à domicile ou la téléalarme. Il existe aussi des services de dépannage, de lavage du linge, de transports… La liste de ceux ci est disponible au Centre Communal

d'Action Sanitaire et Social (CCAS) de la commune dont dépend la personne âgée. Le médecin traitant, après avoir déterminé le type et la quantité d'aide nécessaire, doit orienter le patient vers ce service ou l'assistante sociale de celui-ci. Ces différents services sont payants. Le nombre d'heure de ménage est plafonné par mois, le coût horaire est dépendant des revenus financiers du patient.

2.2 Aides financières

Il peut s'agir d'aides au logement (APL, allocation de logement social) ou d'allocations diverses (APA, minimum vieillesse...).

2.2.1 Allocation prestation autonomie

Elle est en application depuis le début de l'année 2002. Elle remplace la Prestation Spécifique Dépendance (PSD). Son montant maximal est de 1000 euros, selon la dépendance du sujet demandeur et les ressources du couple ou de la personne âgée seule. Toute personne âgée de 60 ans et plus peut en bénéficier si son état nécessite une aide pour accomplir les actes essentiels de la vie quotidienne ou une surveillance régulière. Les titulaires de la PSD ou de l'allocation compensatrice pour tierce personne peuvent y prétendre.

L'APA est servie par le département. Le dossier de demande se fait grâce à des formulaires spéciaux disponibles dans les services sociaux municipaux. Ce dossier doit être retourné rempli au président du conseil général qui envoie une équipe médico-sociale (médecin et travailleur social) au domicile du demandeur. Cette commission médico-sociale est chargée d'évaluer le degré de perte d'autonomie du demandeur (selon la grille Aggir) et d'élaborer un plan d'aide. Le montant de l'allocation permettra le financement de ce plan d'aide qui comprend l'intervention de services permettant le soutien à domicile (ou le financement d'un placement en institution, en placement temporaire ou en accueil de jour...), l'acquisition d'aides techniques ou de travaux d'adaptation du logement.

2.2.2 Allocation de garde à domicile

Elle est une aide (de 1000 euros environ) qui permet d'attendre la mise en place de l'APA. Elle est à demander auprès des CCAS.

2.2.3 Affection longue durée (ALD) et carte d'invalidité

Devant l'existence de pathologie évoluée ou de pathologies multiples, le médecin traitant doit faire une demande de prise en charge sécurité sociale dans le cadre d'une affection longue durée (ALD 30) ou au titre de la polypathologie du sujet âgé (ALD 32). Certaines personnes peuvent bénéficier d'une carte d'invalidité.

2.3 Maintien de l'autonomie physique du patient

L'autonomie est déterminée par l'adéquation des capacités de l'individu à son environnement. Il faut donc d'une part préserver voire améliorer les capacités et d'autre part rendre l'environnement plus favorable.

2.3.1 Maintien des capacités

En plus du traitement de pathologies chroniques ou évolutives (pathologies rhumatismales, insuffisance cardiaque, insuffisance respiratoire...), le maintien des capacités physiques du sujet âgé passe souvent par une prescription de kinésithérapie.

Outre l'intérêt d'effectuer un travail analytique (mobilisation des articulations enraidies, renforcement musculaire global, travail de l'équilibre) chez des sujets souvent désadaptés à l'exercice physique, le kinésithérapeute insistera sur le travail fonctionnel (transfert du lit, du fauteuil ; marche ; pratique des escaliers ; usage de la douche ou de la baignoire...). Enfin, il est important que le kinésithérapeute montre au sujet âgé les exercices qu'il doit quotidiennement réaliser pour rester en bonne forme physique.

Si l'état du patient le permet, quelques séances de travail analytique pourront se faire au cabinet du kinésithérapeute. Le travail fonctionnel se fera au domicile du patient en travaillant spécifiquement les problèmes posés par le patient : difficulté de se lever du lit pour aller aux toilettes, risque de chute en montant les escaliers, troubles de l'équilibre rendant la réalisation de la toilette difficile...

Plus qu'un grand nombre de séances, c'est la précocité de la prescription qui est importante. Il est préférable de prescrire rapidement quelques séances de kinésithérapie (15 à 20), dès que la perte d'autonomie s'amorce plutôt que d'agir trop tardivement.

La prescription destinée au kinésithérapeute doit être la plus détaillée possible, comportant :

- travail analytique articulaire et musculaire (adapté aux anomalies découvertes à l'examen clinique) ;
- travail fonctionnel (selon les anomalies vues ou décrites par la personne âgée) ;
- si nécessaire d'autres exercices peuvent être prescrits tels que travail de l'équilibre, de coordination occulo-céphalogyre, ...

La nécessité de poursuivre le travail en kinésithérapie sera décidée de façon individuelle suivant l'évolution de la rééducation.

Dans certains cas (voir chapitre « Ergothérapie », p. 66), la personne âgée pourra bénéficier de la prise en charge au domicile par un ergothérapeute. La personne âgée travaillera avec ce thérapeute la réalisation des activités de la vie quotidienne. L'ergothérapeute évaluera l'intérêt de l'utilisation d'aides techniques et de l'aménagement du domicile.

2.3.2 Aménagement de l'habitat

Selon les résultats de l'évaluation du patient dans son cadre de vie des adaptations du domicile et/ou des aides techniques pourront être proposées.

Diverses mesures apportent une ***aide aux transferts*** :

- adaptation des fauteuils avec assise ferme dont la hauteur est égale à la mesure talon-genou, avec accoudoirs. Le siège à assise relevable peut aider à compenser un déficit musculaire des membres inférieurs ;
- installation de barres d'appui dans de multiples endroits (toilettes, couloir, salle de bain) ;
- rehausseur de WC ou installation d'une chaise percée ;
- mise en place d'un lit médicalisé (à hauteur variable, barrières pour appui, potence).

Pour aider à la ***déambulation*** :

- les obstacles seront enlevés, les pièces désencombrées ;
- l'éclairage est amélioré ;
- les pièces sont agencées de façon à diminuer le périmètre de marche ;
- l'utilisation de télécommande et de téléphone portable évite des déplacements inutiles ;
- la sonnette de la porte et la sonnerie du téléphone seront d'intensité suffisante, éventuellement reliées à des témoins visuels visibles du fauteuil ;
- le téléphone (permettant une mémorisation des numéros) pourra être muni d'un cadrant à grosses touches ;
- la poignée de la porte d'entrée sera adaptée ;
- les volets pourront être télécommandés ;
- les aides de marche seront prescrites selon chaque patient. Il faut choisir l'aide minimale (de la canne au déambulateur) pour ne pas créer de dépendance inutile ;
- la pratique des escaliers peut être aidée par la mise en place de deux rampes. Si la personne âgée a besoin d'une canne, le fait d'en localiser une en haut et une en bas lui évitera de devoir s'en encombrer lors des montées et descentes.

La toilette pourra être facilitée : par l'utilisation d'une planche de transfert ou d'un siège pour baignoire, d'un tabouret dans la douche. Dans les deux cas il est prudent de recommander la mise en place d'un tapis anti-dérapant.

Si la toilette doit se faire devant le lavabo en position assise (en cas de difficulté à la station debout prolongée), il faut veiller à ce que le miroir soit mis en position basse pour faciliter l'hygiène.

Si des travaux sont prévus dans la salle de bain, il peut être utile de faire appel à un architecte d'intérieur spécialisé en adaptation de l'habitat pour personne à mobilité réduite. Ceci permettra d'orienter au mieux le sujet dans ses choix.

La réalisation du ***repas*** et la mise en place de la table doivent faire adapter la disposition des ustensiles à l'autonomie du patient. Les troubles de l'équilibre à type de rétropulsion doivent faire éviter de mettre des objets en hauteur, les déséquilibres antérieurs amènent à conseiller un appui sur un membre supérieur pour attraper des objets bas situés ou à les remonter.

Des conseils d'aménagement du domicile peuvent être demandés auprès de PACT (Protection, Amélioration, Conservation, Transformation) qui se charge de la visite du domicile, des devis, et qui aident à la recherche de financement. Il existe une association locale du PACT par département et dont le siège national est à Paris.

Malheureusement, il arrive que le logement ait vieilli avec son occupant, et que la vétusté, le manque de confort rendent un aménagement impossible.

Figure 25 : Les facteurs de maintien à domicile

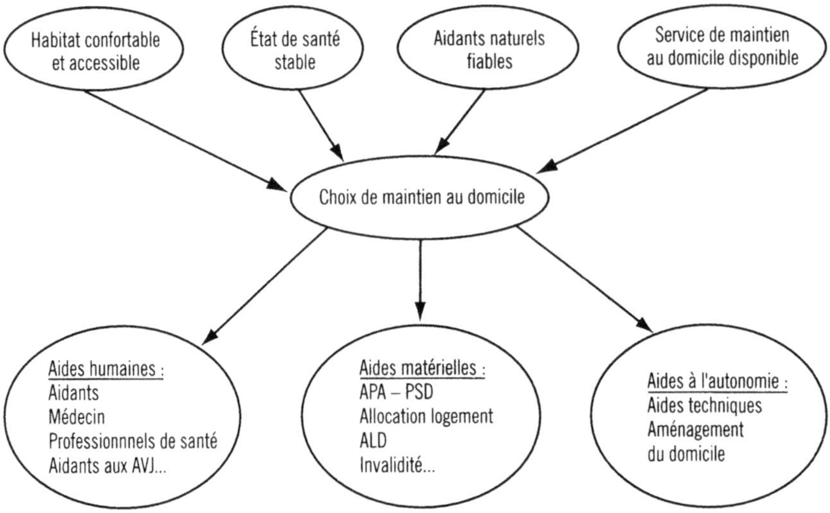

3 ALTERNATIVES AU MAINTIEN À DOMICILE

3.1 Quand préférer l'institutionalisation

Il apparaît que dans certaines situations, le maintien à domicile « à tout prix » n'est pas raisonnable.

L'absence, la dépendance ou la mauvaise fiabilité de l'aidant naturel (conjoint, famille, voisin, ami) rend difficile le maintien à domicile de sujets dépendants nécessitant la présence ou l'intervention de tierce personnes, pendant les nuits, les week-ends et les vacances. Dans ce cas, le patient peut se retrouver « isolé » pendant une durée plus ou moins longue.

L'existence de troubles cognitifs avec troubles du comportement est difficilement compatible avec leur maintien à domicile. Si la personne vit seule, elle risque de se mettre dans des situations dangereuses pour elle-même (fugue, oubli de s'alimenter...) ou pour la collectivité (gaz allumé, oublié en immeuble collectif...). Dans le cas où elle vit entourée, elle risque de provoquer rapidement l'épuisement de son entourage.

Enfin la *situation géographique* de certaines habitations rend parfois nécessaire une institutionnalisation. Certaines zones rurales ne sont pas, ou mal, desservies par des services d'aide au maintien à domicile (services de soins, aide ménagère, téléalarme, portage des repas...) ce qui ne permet pas le maintien au domicile de certains patients trop dépendants.

3.2 Structures d'accueil

3.2.1 Accueils temporaires

Avant de décider une entrée en institution, les aidants du sujet âgé peuvent avoir recours à des solutions temporaires. Il s'agit d'accueils de jour ou de placements temporaires qui, prenant en charge les patients pendant des durées déterminées, leur permettent de se reposer.

Les accueils de jour ne soulagent pas seulement l'entourage, ils ont aussi un objectif thérapeutique. Il s'agit le plus souvent d'ateliers de thérapie comportementale pour les patients porteurs de troubles cognitifs. Les transports matin et soir sont assurés par l'entourage du sujet, par l'organisme réalisant l'accueil ou exceptionnellement par un transport sanitaire pris en charge par l'assurance maladie.

Les accueils temporaires permettent l'hébergement de personnes pendant les périodes d'absence de l'entourage dont ils dépendent (vacances, hospitalisation). L'objectif de ces institutions (hôpitaux ou maisons privées et semi-privées) est uniquement d'assurer les soins dont le patient bénéficie habituellement chez lui.

L'assistante sociale du CCAS est capable de renseigner les familles sur les possibilités existantes dans chaque région.

3.2.2 Solutions d'hébergement définitif

Si l'institutionnalisation est décidée, il convient d'aider le patient dans le choix de celle-ci. Les facteurs financiers, dépendance physique, localisation géographique et services offerts entrent en ligne de compte.

Pour entrer en *foyer logement*, il faut une autonomie physique et cognitive conservée. Ces institutions offrent la sécurité de vivre en résidence pour personnes âgées, la possibilité de la prise de déjeuners en salle à manger commune, et pour certaines la présence d'un veilleur de nuit.
La *maison de retraite* accueille des personnes âgées plus dépendantes. Beaucoup de résidents dans ce type d'institution se déplacent en fauteuil roulant. Des infirmiers et aide-soignants sont présents la journée. La surveillance la nuit est assurée par un professionnel paramédical.
Certaines maisons de retraite possèdent une section de cure médicale leur permettant de prendre en charge des patients souffrant de pathologies ne nécessitant pas d'hospitalisation. D'autres maisons possèdent *des secteurs « cantou »* pour l'accueil des personnes porteuses de troubles cognitifs, parfois associés à des troubles du comportement.
Les MAPAD accueillent des personnes âgées encore plus dépendantes, pour la plupart grabataires, nécessitant des soins de nursing réguliers en l'absence de la nécessité de soins médicaux continus.

Figure 26 : Les facteurs d'institutionnalisation

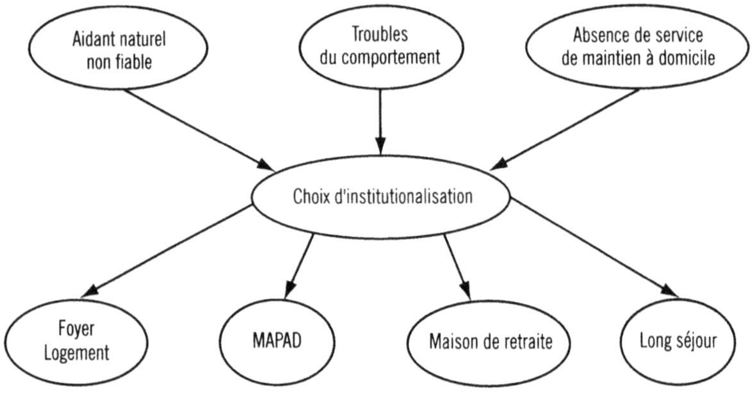

CONCLUSION

Le maintien à domicile est envisageable pour de nombreuses personnes âgées. Il repose sur la mise en place d'aides humaines ou matérielles pour pouvoir suppléer aux déficiences ou insuffisances survenant dans un contexte de vieillissement. Les assistantes sociales des services municipaux sont en mesure de renseigner les personnes âgées, leurs familles ou les personnels médicaux ou paramédicaux sur les aides matérielles existantes. Des conseils d'environnement peuvent être donnés par des organismes spécialisés dans le maintien au domicile des personnes handicapées.

QUATRIÈME PARTIE

Prise en charge sociale des handicapés

17 Reclassement professionnel de la personne handicapée et autres mesures sociales

- Dans un contexte de chômage endémique, le reclassement de personnes dont la capacité de travail et d'effort se trouve réduite, du fait de problèmes de santé durables ou d'états séquellaires, peut apparaître comme une gageure. C'est pourtant, paradoxalement, cette situation socio-économique défavorable qui a contribué à mobiliser de nombreuses énergies et à sensibiliser un effectif croissant de praticiens et de services hospitaliers pour la recherche de solutions ou de stratégies qui puissent favoriser le retour au travail des patients concernés.
- L'encadrement législatif de ces actions par la loi du 30 juin 1975, qui édicte les principes fondateurs des Commissions Techniques d'Orientation et de Reclassement Professionnel (COTOREP), puis les dispositions de la loi du 10 juillet 1987 qui imposent aux entreprises de plus de 20 salariés de notre pays, l'emploi d'un quota minimum de 6 % de personnes handicapées, ont bien sûr favorisé largement l'instauration d'une culture de la réinsertion décisive.

Le but final du médecin est l'intégration sociale de son malade. Il doit donc connaître les structures et les procédures vouées au reclassement professionnel, ainsi que leurs modalités de mise en œuvre.

1 ACTIONS DE RECLASSEMENT PROFESSIONNEL

1.1 Public concerné

Ce sont le plus souvent des *pathologies post-traumatiques*, qui font engager des procédures de réinsertion dans le monde du travail. On imagine aisément que les séquelles d'accidents du travail, de la vie quotidienne et de la circulation puissent susciter des interrogations à la phase de consolidation, quant aux modalités de reprise d'une activité professionnelle.
Ce sont aussi des *pathologies non traumatiques variées*, qui lorsqu'elles génèrent des répercussions durables sur l'aptitude au travail, peuvent imposer l'engagement de procédures de reclassement.

Plus rarement enfin, certaines *affections congénitales* peuvent relever de ces dispositifs, quand les mesures d'éducation spécialisée proposées antérieurement n'ont pu aboutir à une solution d'insertion satisfaisante dans le monde du travail.

1.2 Éléments déterminants dans le choix d'un reclassement professionnel

L'engagement d'un processus de reclassement professionnel pour les patients qui présentent une affection retentissant sur leurs capacités de travail et d'effort, impose l'établissement d'un dossier médical détaillé, à l'intention de la Commission Technique d'Orientation et de Reclassement Professionnel (COTOREP), qui siège dans le chef-lieu de chaque département.

1.2.1 Demande de statut de Travailleur Handicapé

Elle constitue un préalable à la mise en œuvre de toute procédure de réinsertion, ne peut être accordée que par la 1ère section de COTOREP, et sera affectée d'une catégorie A, B ou C.

A : Pathologie présentée considérée respectivement comme légère ou temporaire,

B : Pathologie durable et de gravité moyenne, mais compatible avec un retour au monde du travail,

C : Pathologie grave et imposant un aménagement des conditions d'exercice.

La rédaction de la demande est déterminante.

En premier lieu, il faut *s'assurer de la stabilisation effective de l'état de santé* des personnes concernées, ou tout au moins de l'absence d'investigations complémentaires, ou d'interventions thérapeutiques nouvelles déjà programmées et susceptibles de contrarier les actions de réinsertion qui seraient engagées entre temps.

Ce n'est pas le diagnostic de l'affection principale qui importe dans la perspective d'un reclassement, mais essentiellement ses répercussions vis-à-vis des sollicitations habituelles du monde du travail et de la vie quotidienne.

Pour les problèmes de santé dont les répercussions principales sont physiques, il est utile de décliner chaque situation médicale en terme de *seuils de tolérance.* Il importe de faire préciser au patient quelles limites il estime devoir fixer lui-même aux maintiens de stations assises, debout, accroupies ou en flexion antérieure du tronc, et s'il recourt à des suppléances pour certaines de ces sollicitations. De même, les quantifications des possibilités de marche en terrain plat, de franchissement d'escalier, de port de charges, l'appréciation de la stabilité enfin en terrain accidenté, sont des paramètres fondamentaux qu'il faut rechercher systématiquement.

Si l'on se trouve confronté à une affection qui retentit davantage sur l'intellect ou la situation psychologique d'une personne, les paramètres pris en compte concerneront davantage *l'attention, la mémorisation, l'initiative, l'analyse ou le raisonnement, le rythme propre d'exécution et le niveau d'autonomie sociale*. Parfois ce sont aussi les aptitudes relationnelles et les capacités à maintenir un certain niveau d'activité spontanée qu'il faut prendre en considération.

Il ne faut pas hésiter à *joindre à la demande de reclassement un certificat détaillé descriptif*, centré sur l'affection qu'ils souhaitent faire connaître au médecin de la COTOREP. Les imprimés médicaux fournis par les COTOREP ne permettent pas habituellement de détailler véritablement les pathologies rencontrées, du fait de l'exiguïté des rubriques proposées pour les principales spécialités concernées.

Il ne faut pas méconnaître ou sous estimer les troubles sensoriels. L'interrogatoire et quelques manœuvres cliniques permettent de vérifier l'absence de pathologie visuelle connexe (vision des couleurs, perception des distances, amputation du champ visuel), ou de repérer des troubles auditifs et O.R.L., olfactifs ou gustatifs susceptibles d'interdire l'accès à des professions particulières.

Par ailleurs, il est indispensable de s'assurer *de l'absence de phénomènes addictifs*, qui condamnent habituellement à l'échec inexorable toute procédure de reclassement, quand ils n'ont pas été préalablement résolus.

1.2.2 Facteurs connexes

Les exigences particulières des diverses procédures de retour au monde du travail imposent la prise en compte d'un certain nombre de paramètres non médicaux.

Le cursus scolaire antérieur, les diplômes et qualifications obtenus sont à prendre en compte bien sûr. Il faut cependant garder à l'esprit que certains individus qui ont prématurément interrompu leurs études, peuvent disposer en réalité de capacités d'assimilation bien supérieures à ce qu'annonce leur brève trajectoire scolaire. A contrario, il est des situations où les aptitudes du moment peuvent ne plus correspondre à ce que semblait pourtant promettre une haute qualification, du fait des aléas de la maladie ou de facteurs associés.

La trajectoire professionnelle, et la situation au regard de l'emploi, sont d'importance primordiale, et contribuent directement au choix des stratégies proposées à chaque candidat au reclassement. Le premier de ces paramètres est en effet un témoin fiable du degré de stabilité d'un individu, de son dynamisme intrinsèque, et partant, de sa capacité à s'engager dans des projets éventuellement exigeants. Le second de ces critères peut nous permettre de privilégier une hypothèse de retour chez l'employeur, au besoin à un poste adapté, quand existe un contrat de travail toujours valide. Le concours du médecin du travail de l'entreprise concernée devient alors indispensable.

La situation socio-familiale des candidats et leur mobilité géographique vont conditionner l'acceptation de propositions d'éloignement temporaire pour une hypothèse de formation nouvelle, ou encore la possibilité de retenir des projets dont la réalisation impose une attente conséquente.
Certains éléments subjectifs peuvent influer sur l'adaptation de l'individu à des conditions de travail particulières. C'est ainsi que l'on peut utilement s'informer sur le goût manifesté spontanément pour les travaux fins ou minutieux, ou le contact avec le public, ou bien encore la capacité au contrôle émotionnel qui seront bien sûr indispensables dans certains milieux professionnels.

1.3 Solutions de reclassement envisageables et modalités habituelles de leur mise en œuvre

1.3.1 Retour chez l'employeur

Le retour chez l'employeur à un poste adapté constitue sans aucun doute le processus de reclassement le plus simple. Il ne peut cependant être envisagé que dans les situations où un contrat de travail non dénoncé lie toujours le salarié à son employeur. *L'avis préalable du médecin du travail de l'entreprise doit être sollicité*, au besoin dans le cadre d'une visite de pré-reprise si le patient est encore en période d'arrêt de travail, de manière à vérifier la compatibilité des postes proposés avec l'état de santé annoncé.
Cette démarche a d'autant plus de chances d'aboutir qu'elle interviendra dans des délais raisonnables, que les relations antérieures du salarié avec son employeur auront été satisfaisantes et que la dimension de la société concernée permet de diversifier les affectations envisageables.
La reconnaissance du statut de travailleur handicapé par la COTOREP du département de domiciliation peut constituer un préalable précieux pour aider les tractations du médecin du travail. Elle contribue en effet à dépénaliser les employeurs qui ne satisfont pas aux exigences de la loi du 10 juillet 1987, pour les quotas de travailleurs handicapés au sein d'effectifs d'au moins vingt salariés. Notre législation prévoit alors qu'un salarié reconnu par la COTOREP en catégorie A peut être comptabilisé par son employeur comme une personne handicapée et demi dans son effectif, les ratios devenant 2 personnes handicapées pour un salarié admis en catégorie B et 2 personnes handicapées et demi pour une catégorie C.
Quelques mesures d'accompagnement peuvent encadrer le maintien ou le retour du salarié chez son employeur :
La minoration du salaire d'un employé reconnu travailleur handicapé est envisageable à la demande exclusive de l'employeur, lorsque celui-ci constate une réduction notable de la productivité ou de la performance de son salarié. Elle varie de 10 à 50 % des émoluments de la personne concernée, cette évaluation résultant de l'appréciation d'un inspecteur de travail dépêché sur le

lieu d'exercice habituel de l'intéressé, à l'initiative de l'employeur. Une compensation salariale est alors servie à la personne concernée, par la Direction Départementale du Travail, au prorata du pourcentage de minoration accordé à son employeur.

Le financement de l'aménagement du poste de travail constitue une autre forme d'aide à la réintégration d'un professionnel handicapé au sein d'une entreprise. Cette mesure prévoit le financement par l'Association pour la Gestion des Fonds pour l'Insertion des Personnes Handicapées (AGEFIPH) d'adaptations diverses de l'environnement professionnel, jugées nécessaires pour le maintien dans l'organigramme ou l'embauche d'un individu reconnu Travailleur Handicapé par la COTOREP. Ces aménagements sont le plus souvent évalués et réalisés avec le concours de techniciens ergonomes, qui appartiennent à l'AGEFIPH. Précisons enfin que cet organisme tire ses ressources des pénalités payées par les employeurs qui ne satisfont pas à l'obligation d'emploi d'un quota de 6 % d'adultes handicapés, pour un effectif de 20 salariés au moins (loi du 10 juillet 1987).

1.3.2 Solutions de Placement Direct

Elles équivalent dans leurs objectifs à un retour sur le marché du travail, sans préparation particulière. Ici aussi, le statut de travailleur handicapé peut constituer, dans certaines circonstances, un argument favorable, du fait des mesures d'accompagnement qu'il implique. Outre la mise en œuvre de mesures financières incitatives (primes à l'embauche, dépénalisation), l'intervention d'opérateurs spécialisés de l'ANPE ou des COTOREP (Equipe de Préparation et de Suite au Reclassement), permet un accompagnement individualisé du candidat dans ses démarches pour l'obtention d'un nouvel emploi. Pour autant, il est habituellement déconseillé à ce dernier d'annoncer lui-même aux entreprises son statut particulier, afin de ne pas orienter les entretiens d'embauche vers des problèmes de santé qui seront mal appréhendés dans ces circonstances, et qui risquent de produire une réaction de rejet du candidat à l'emploi.

1.3.3 Formations professionnelles

Elles constituent un moyen privilégié de retour au monde du travail en minimisant l'incidence des limites fonctionnelles ou intellectuelles par l'acquisition d'une nouvelle qualification.

Des spécialités très diversifiées, relatives à tous les domaines de l'activité économique de notre pays, peuvent être proposées dans ce contexte, à la condition que le niveau d'exigence de la profession retenue soit bien sûr en adéquation avec les moyens démontrés par le candidat au reclassement.

Outre la vérification de l'aptitude à supporter les sollicitations physiques habituelles du métier envisagé, il importe donc de réaliser, dans le cadre d'un bilan psychotechnique, mis en œuvre par les professionnels de l'AFPA généralement (Association pour la Formation Professionnelle des Adultes), que les facultés d'assimilation et de compréhension du candidat répondent, elles aussi, au niveau d'exigence de la spécialité qui le motive.

La formation professionnelle peut s'effectuer selon plusieurs modalités :

- *dans des structures spécialisées* disséminées sur le territoire national métropolitain, et qui disposent d'un temps de formation supérieur de 25 % aux normes établies pour les organismes de qualification de Droit Commun. Cette solution impose parfois comme nous l'avons vu, une mobilité géographique, et dans certains cas peut comporter un délai de réalisation variable, du fait de la constitution de listes d'attente sur quelques filières, ou de calendriers d'admission contraignants ;
- *dans des services traditionnels de formation professionnelle*, dits de Droit Commun (AFPA, GRETA, ARFEM, etc.) n'est pas exclu, mais il impose alors de pouvoir suivre des rythmes d'enseignement plus soutenus ;
- *les contrats d'apprentissage*, conservent tout leur intérêt pour les candidats de moins de 25 ans, et sont malheureusement largement sous exploités ;
- *une mise à niveau préalable* est possible. Elle ne peut excéder 6 mois, permet de réactualiser les connaissances scolaires fondamentales en mathématiques et langue française, et de combler certaines lacunes avant l'abord du programme d'enseignement professionnel proposé.

Une décision de COTOREP est obligatoire pour l'accès aux périodes de mise à niveau et de formation des établissements spécialisés pour l'accueil d'adultes handicapés, à l'exclusion des structures de Droit Commun.

Les rémunérations servies aux patients pris en charge dans ces diverses actions de préparation et de requalification leur permettent de les assumer habituellement dans de meilleures conditions matérielles.

Quelles que soient ses modalités de réalisation, tout projet de formation doit prendre également en compte les réalités du marché de l'emploi, variables d'une région à une autre, l'âge du candidat, idéalement inférieur à 45 ans, sauf dérogation, et le souci de rentabiliser, si faire se peut, une partie au moins de ses acquis et expériences antérieurs.

1.3.4 Sessions d'évaluations approfondies

Il est des situations particulièrement complexes, où la conjonction par exemple de la modicité des acquis scolaires antérieurs et d'une réduction significative des capacités d'effort, rend problématique la définition d'un projet de réinsertion professionnelle. Les COTOREP peuvent recourir alors, de leur propre initiative, ou sur la demande motivée d'opérateurs du reclassement ou des personnes concernées elles-mêmes, à des périodes dites de « Préorientation », qui font intervenir des équipes pluridisciplinaires en milieu institutionnel.

Au terme d'une prise en charge dont la durée moyenne est de 12 semaines, et qui comporte des situations concrètes d'évaluation gestuelle et professionnelle en ateliers, voire des périodes de mise en situation en entreprise, est alors établie une proposition d'orientation qui se fonde sur les motivations et les observations recueillies au cours de ce séjour en établissement spécialisé.

1.3.5 Unités d'Évaluation de Réentraînement et d'Orientation Socio-professionnelles

Communément désignées par le sigle UEROS, elles s'adressent prioritairement aux traumatisés crâniens mais peuvent également être utiles à d'autres personnes présentant principalement des troubles cognitifs et comportementaux, notamment après anoxie cérébrale, lésions vasculaires frontales, encéphalites. Il en existe une vingtaine d'entités en France, depuis leur création en 1996 par la circulaire dite « Bauduret ». S'appuyant le plus souvent sur le plateau technique d'équipes de Préorientation, elles réalisent, outre des évaluations d'aptitudes diversifiées, des actions de réentraînement neuropsychologique spécifiques et l'élaboration de projets de vie personnalisés qui peuvent ou non comporter des objectifs de reclassement professionnel. Une certaine disparité existe selon les régions pour les modalités pratiques de fonctionnement de ces unités, qui dans le cas le plus fréquent, accueillent pendant 3 mois environ les patients qu'elles prennent en charge. Des consultations de pré-admission sont organisées par la plupart de ces UEROS.

1.4 Propositions d'orientation vers le secteur de travail protégé

Quand l'hypothèse d'un retour au milieu professionnel ordinaire n'apparaît pas réalisable, il est possible néanmoins de répondre aux demandes de réinsertion en adaptant cette fois les structures de travail à l'individu, et non plus l'adulte handicapé aux exigences des entreprises. Cette procédure est rendue possible par le recours aux secteurs de travail protégé.

1.4.1 Ateliers protégés

Ils ont l'obligation, à hauteur de leurs moyens, de rechercher le poste de travail qui convienne le mieux aux limites annoncées de la personne handicapée. Ils fonctionnent en sous-traitance pour le secteur industriel, et sont donc soumis à des critères de performances pour la qualité et la célérité de leur production, qui les destinent aux patients les moins fragilisés de la population concernée. Ces contraintes font déléguer aux responsables de ces ateliers protégés, l'embauche des candidats de leur choix sur les listes d'attente établies, sous réserve que la COTOREP ait précisément retenu l'orientation vers ce type d'établissement. Il importe donc pour les personnes destinées à ce type d'affectation de se manifester régulièrement auprès de ces établissements si elles veulent avoir de meilleures chances d'y être intégrées dans des délais raisonnables.

1.4.2 Centres d'aide par le travail

Ils sont également prestataires de services ou sous-traitants de certaines entreprises industrielles, pour leur production. Ils perçoivent cependant un prix de journée pour chacun de leurs salariés, qui leur permet d'afficher une plus grande tolérance vis-à-vis des performances de ceux-ci, et de proposer un encadrement plus étroit pour des personnes dont les aptitudes peuvent être très modestes. Cette particularité fait réserver l'orientation vers un centre d'aide par le travail aux patients qui connaissent un défaut de célérité ou d'autonomie conséquents. Il faut distinguer pour ces établissements, ceux qui sont dévolus à l'accueil d'adultes dont le handicap principal est intellectuel, et ceux, moins nombreux, réservés à l'emploi des personnes dont les limites principales sont physiques, ces deux populations parvenant difficilement à s'amalgamer habituellement. Certaines situations sociales très défavorables peuvent justifier d'une solution *d'hébergement en foyer*, annexé le plus souvent à ces centres d'aide par le travail, et pourvus d'une équipe éducative d'encadrement.
De très longues listes d'attentes promettent malheureusement plusieurs années de délai aux candidats orientés par les COTOREP vers ces structures avant leur intégration effective, et cette fois le choix du directeur n'intervient plus que pour une embauche sur trois.

1.4.3 Sections occupationnelles et les foyers de vie

Ils permettent à certains adultes incapables d'un effort de production régulier, d'être accueillis au régime de l'externat (section occupationnelle) ou de l'internat (foyers de vie), pour maintenir un certain niveau de socialisation dans le cadre d'activités à dominante ludique ou créative. Ces unités participent aussi à aider les familles dans la prise en charge de ces personnes lourdement handicapées.

1.4.4 Maisons d'Accueil et de Soins (MAS)

Lorsque le degré de dépendance chronique d'un patient à son entourage se double d'un besoin d'assistance médicale pour des soins quotidiens, on peut alors recourir à une admission dans ces foyers médicalisés dits « à double tarification » puisque le prix de journée de cette structure est réparti entre les organismes d'assurance maladie, et le conseil général du département où ils sont implantés. La COTOREP est ici aussi habilitée à proposer ce type de solution chaque fois qu'elle apparaît nécessaire.

2. MESURES D'ACCOMPAGNEMENT FINANCIÈRES

2.1 Garanties de ressources

L'Allocation aux adultes handicapés, l'Allocation logement et l'allocation compensatrice pour tierce personne peuvent également être servies au public handicapé moyennant des critères d'attribution directement liés à la sévérité des incapacités présentées.

2.1.1 Taux d'incapacité partielle permanente

Habituellement chiffré par expertise médicale, ou sur avis des équipes techniques de la COTOREP, il sert de référence pour bénéficier de ces garanties de ressource.

Cette évaluation se fait en application de barèmes officiels, et l'on considère habituellement qu'un individu valide présente par définition un taux d'incapacité partielle permanente (IPP) nul (0 %) puisqu'il dispose de tous ses moyens physiques, sensoriels et intellectuels. Les répercussions des affections décrites s'apprécient dans ce registre en terme de pourcentage, le chiffre annoncé représentant alors l'évaluation présumée de la réduction de la capacité de travail du patient. Un taux de 100 % signifié alors que la personne concernée n'a plus aucune possibilité de travail, et par exemple pour une évaluation de 33 %, qu'elle a perdu un tiers de cette même potentialité. S'agissant d'une évaluation quelquefois abstraite, on conçoit que la référence aux barèmes officiels soit précieuse pour prévenir les litiges et les disparités de traitement d'une situation à une autre.

2.1.2 Demande de mise en invalidité

Lorsqu'aucune perspective réaliste de reprise d'activité ne semble proposable, il importe, en première intention, d'engager une demande d'invalidation partielle ou totale auprès de la caisse d'assurance maladie.

Pour favoriser l'aboutissement de cette demande de pension d'invalidité, il est souhaitable de décrire de façon détaillée, à l'intention du médecin conseil de la caisse d'assurance maladie, les éléments qui justifient cette appréciation, surtout lorsqu'ils sont d'analyse clinique malaisée et concernent par exemple un défaut d'initiative, un ralentissement idéomoteur, un apragmatisme et autres troubles comportementaux perceptibles essentiellement par l'entourage du patient ou son encadrement professionnel.

Une première catégorie d'invalidité suppose que l'assuré soit capable de travailler à mi-temps et lui permet de percevoir une pension équivalente à 30 % de ses derniers salaires. Une deuxième catégorie d'invalidité correspond à partir du même taux d'IPP de 66 %, à l'impossibilité totale de travailler et garantit au bénéficiaire environ 50 % de ses derniers salaires. Ces mesures d'invalidation ne sont jamais opposables aux patients qui souhaiteraient reprendre une activité qu'ils jugent adaptée à leurs moyens.

2.1.3 Constat d'inaptitude

Si pour des raisons administratives le recours à l'invalidation ne pouvait aboutir, il sera alors toujours possible d'établir *un constat d'inaptitude à toute activité professionnelle en milieu de travail ordinaire*, à l'intention de la COTOREP, assorti d'une évaluation du taux d'incapacité partielle permanente à 50 % au moins, pour permettre à cette instance d'accorder une allocation aux adultes handicapés au titre de la garantie de ressources.

À la différence des mesures d'invalidation prononcées par les Caisses d'Assurance Maladie, le constat d'inaptitude au travail établi par les COTOREP, interdit toute perspective de réintégration au milieu professionnel ordinaire, et même le bénéfice de contrats temporaires tels que C.E.S.

2.1.4 Allocation aux adultes handicapés

Le montant mensuel maximal de cette prestation est en 2002 de 557,12 euros (3654,50 F) et n'est accessible qu'à partir de l'âge de 20 ans. Son attribution se décide selon deux critères :

- Un taux d'IPP de 80 %, sauf pour les personnes admises en Centre d'Aide par le travail ou considérées comme inaptes au travail en milieu ordinaire de travail. Notre législation admet alors l'octroi de l'allocation aux adultes handicapés, à partir d'un taux d'I.P.P. de 50 % seulement.
- Un montant des revenus annuels déclarés par le requérant, qui ne doit pas excéder 6 699,68 euros (43 947 F) s'il est célibataire, 13399,35 euros (87894 F) s'il est marié et 3212,56 euros (21073 F) s'ajoutant à ces sommes par enfant à charge.

Cette subordination de l'AAH au niveau de ressources nécessite une harmonisation des décisions de la COTOREP et de celles des Caisses d'Assurance Maladie en matière d'invalidation. Ainsi, lorsqu'un salarié présente une situation d'incapacité à reprendre une activité professionnelle quelconque, il doit prioritairement demander l'étude de ses droits à bénéficier d'une pension d'invalidité, et ne pourra réclamer une Allocation aux Adultes Handicapés qu'en seconde intention, en cas de refus de la première demande.

2.1.5 Allocation compensatrice pour tierce personne

Elle peut s'ajouter à cette A.A.H., si l'adulte handicapé présente une incapacité d'au moins 80 %, et que sa situation réclame l'intervention d'une tierce personne pour l'exécution d'un ou de plusieurs gestes élémentaires de la vie quotidienne (se lever, s'habiller, prendre ses repas, etc...). Le montant de cette allocation est modulé en fonction de ce degré de dépendance et se situait en 2001 entre 358,56 euros (2352 F) et 717,12 euros (4704 F) par mois.

2.2 Cartes d'invalidité de station debout pénible, et macaron Grand Invalide Civil

La carte d'invalidité n'a rien à voir avec les mesures d'invalidation prononcées par les Caisses d'Assurance Maladie, elle ne s'accompagne d'aucune pension particulière quand elle est attribuée. Seule la COTOREP est habilitée à la délivrer aux personnes qui peuvent justifier d'un taux d'incapacité partielle permanente d'au moins 80 %.

Elle donne à ses bénéficiaires une demi-part supplémentaire pour le quotient familial pris en compte dans le calcul de l'impôt sur les revenus. Elle les exonère par ailleurs du paiement de la redevance pour la télévision. Elle peut comporter enfin certaines mentions particulières, telles que « station debout pénible », ou « canne blanche » quand la particularité des incapacités décrites le justifie. Aucune condition de ressources ne préside à l'octroi de la carte d'invalidité, et cette mesure est donc compatible avec l'existence de revenus salariaux ou autres, tels que le bénéfice des pensions ou de garanties de ressources.

Comme pour toute décision émise par une COTOREP, l'attribution de la carte d'invalidité est assortie d'un délai qui ne peut excéder 10 ans, au-delà duquel cette mesure est périmée et doit être renouvelée à la demande du bénéficiaire.

Le macaron Grand Invalide Civil *(G.I.C.)* est lui aussi du domaine de compétence de la COTOREP, qui peut l'accorder à une personne associant un taux d'incapacité partielle permanente d'au moins 80 %, et de réelles difficultés de déplacement. Il constitue le seul justificatif qui autorise un particulier à accéder aux places réservées aux personnes à mobilité réduite sur les parkings publics.

La carte « Station debout pénible », accordée par la COTOREP à des adultes qui n'ont pas le taux requis de 80 % pour bénéficier de la carte d'invalidité, mais qui se meuvent difficilement, ne permet que l'accès aux places réservées aux handicapés dans les transports en commun.

CONCLUSION

Le reclassement socio-professionnel dispose en France, comme nous l'avons vu, de solutions diversifiées, élaborées, et le plus souvent performantes lorsqu'il s'agit d'envisager un retour en milieu de travail ordinaire.

A contrario, il se heurte malheureusement à un phénomène d'engorgement lorsqu'il s'adresse aux structures de travail protégé. Cette contingence est inhérente pour l'essentiel au fait que ces établissements ne peuvent que très occasionnellement réaliser l'objectif qui leur est assigné de réintégrer une partie au moins de leurs salariés en secteur concurrentiel.

Par ailleurs, il nous semble que des mesures d'invalidation actuellement proposées en France, pourraient être prévenues par l'optimisation des circuits voués aux actions de reclassement, et la mise en œuvre de relais précoces entre établissements sanitaires, services de médecine du travail, secrétariats des COTOREP et structures spécialisées dans les actions de reclassement. Il s'agit ici de rompre avec une véritable tradition culturelle qui établit des cloisonnements entre ces partenaires, mais qui tendra vraisemblablement à s'infléchir sous le poids des exigences d'efficacité et d'économie de moyens qui nous sont imposées. On peut ainsi espérer qu'à terme le reclassement professionnel s'inscrive dans la continuité naturelle des soins lorsque ceux-ci s'achèvent, et qu'il en devienne une étape complémentaire naturelle, précocement mise en œuvre.

Enfin, les mesures d'exclusion du monde du travail qui découlent de situations médicales invalidantes, peuvent engendrer des situations d'isolement social lorsqu'elles ne s'accompagnent pas d'incitations au maintien de contacts minimaux avec l'environnement. C'est pourquoi nous devons tenter chaque fois que nous y sommes confrontés, de les assortir de conseils de participation régulière à la vie associative locale ou à des tâches bénévoles, avec le concours par exemple des partenaires sociaux de terrain.

18 | Scolarité et handicap

- **La Loi d'Orientation du 30 juin 1975 en faveur des personnes handicapées institue l'obligation éducative pour les enfants et adolescents handicapés en privilégiant le maintien ou l'intégration en milieu scolaire ordinaire.**
- **Cet objectif a été confirmé par la Loi d'Orientation sur l'éducation du 10 juillet 1989 qui souligne la nécessité de favoriser l'intégration scolaire des jeunes handicapés. Récemment, la circulaire du 19 novembre 1999 a mis en place dans les départements « le plan Handiscol' » pour coordonner, faciliter et assurer la cohérence du dispositif global d'intégration et d'éducation. Ce dispositif a pour charge d'élaborer un schéma départemental de la scolarisation des enfants handicapés.**

1 ÉVEIL – LA PRÉ-SCOLARITÉ – DE 0 À 6 ANS

Avant 6 ans, tout comme les enfants valides, l'enfant handicapé moteur n'est pas soumis à l'obligation scolaire. Il peut être accueilli :
- en crèche,
- en halte-garderie,
- en classe maternelle à temps partiel ou à temps plein à condition que le handicap soit léger.

Si l'état de santé de l'enfant exige des soins plus spécialisés, il peut être pris en charge par des services adaptés.

1.1 Pouponnière à caractère sanitaire

La pouponnière sanitaire accueille les enfants dont l'état de santé nécessite des soins médicaux particuliers :
- les enfants atteints d'une malformation ou d'une affection qui nécessite un traitement spécial,
- les enfants atteints d'encéphalopathie,
- les enfants atteints d'infirmité motrice cérébrale,
- les enfants en traitement pré ou postopératoire,
- les enfants en séjour post-hospitalier avant leur retour en famille.

L'enfant peut y séjourner à la journée ou à la semaine. En plus des soins médicaux et paramédicaux, l'enfant bénéficie d'activités d'éveil pré-scolaire assurées par des éducatrices spécialisées de jeunes enfants. L'admission est prononcée par le médecin de la pouponnière.

1.2 Centre d'Action Médico-Sociale Précoce
(Décret du 15. avril 1976 annexe 32)

Il peut être spécialisé par type de handicap ou polyvalent. Il a pour objet :
- le dépistage ;
- la cure ambulatoire ;
- la rééducation des enfants de 0 à 6 ans qui présentent un déficit moteur, sensoriel ou mental.

Il intervient dans le milieu naturel de vie de l'enfant et exerce soit au cours des consultations, soit à domicile une guidance des familles dans les soins et l'éducation spécialisée requis par l'enfant. Cette prise en charge est assurée par une équipe composée d'un médecin spécialiste, de rééducateurs (kinésithérapeutes, ergothérapeute, orthophoniste), de personnel d'éducation précoce, psychologue, assistante sociale. L'admission est prononcée par le médecin du CAMSP.

1.3 Service d'Éducation et de Soins Spécialisés à Domicile (SESSD)

Ces services sont agréés en fonction de la nature du handicap (moteur, mental, sensoriel). En l'absence de CAMSP, ils assurent :
- la prise en charge précoce de l'enfant de moins de 6 ans,
- le soutien à l'intégration scolaire ou à l'acquisition de l'autonomie en proposant l'ensemble des moyens médicaux, para-médicaux, psycho-sociaux, éducatifs et pédagogiques adaptés.

Ils interviennent dans les différents lieux de vie et d'activité de l'enfant (domicile, crèche, école) sur décision de la Commission Départementale de l'Education Spéciale.

Ils œuvrent en liaison étroite avec, selon le cas, les services hospitaliers ou la Protection Maternelle et Infantile.

1.4 Réseaux d'aide spécialisés aux élèves en difficulté du fait de leur handicap

Ces services interviennent dans le cadre des écoles maternelles sous la responsabilité de l'Inspecteur de l'Éducation Nationale pour venir en aide aux élèves en difficulté. Ces aides spécialisées peuvent être à dominante pédagogique ou à dominante rééducative et sont assurées par des instituteurs spécialisés en rééducation psycho-pédagogique travaillant en collaboration avec le psychologue scolaire. Leur objectif est de prévenir, atténuer et si possible résoudre ces difficultés.

2 OBLIGATION SCOLAIRE – LA SCOLARITÉ

Les enfants et adolescents handicapés sont soumis à l'obligation scolaire :
- soit ils sont jugés aptes à recevoir un enseignement dans un milieu scolaire ordinaire (école, collège, lycée, université) avec ou sans accompagnement d'un soutien pédagogique voire médical.
- soit ils sont orientés vers des établissements spécialisés de l'Éducation Spéciale.

Les enfants qui ne peuvent être admis dans un établissement scolaire ordinaire (en raison d'une déficience motrice sévère) ou être admis dans un établissement de l'Éducation Spéciale (à cause de l'insuffisance des capacités d'accueil de proximité) peuvent recevoir un enseignement à domicile ou suivre des cours d'enseignement à distance.

2.1 Scolarisation dans les établissements relevant du Ministère de l'éducation nationale

2.1.1 Intégration individuelle

Sans l'intervention de personnels spécialisés : L'intégration scolaire peut être individuelle dans une classe ordinaire d'école primaire, collège ou lycée. Pour optimiser ce type d'intégration, la circulaire du 19 novembre 1999 favorise, dans le cadre de la création de nouvelles activités pour l'emploi des jeunes, l'ouverture à des emplois d'auxiliaire d'intégration scolaire. L'auxiliaire d'intégration scolaire apporte une aide humaine pour permettre à ces élèves de réaliser certains gestes, certaines tâches de la vie quotidienne (déplacements, alimentation, etc.)

Avec l'intervention de personnels spécialisés rattachés à un Service d'Éducation et de Soins Spécialisés à Domicile. Ces professionnels interviennent dans le cadre d'une convention tripartite (école – service – parents) qui précise les modalités d'intervention : lieu, durée, fréquence, etc.

2.1.2 Intégration collective

Les classes d'intégration scolaire (CLIS). accueillent de façon différenciée dans certaines écoles élémentaires, des élèves handicapés moteurs qui peuvent tirer profit en milieu scolaire ordinaire d'une scolarité adaptée à leur âge et à leurs capacités. Elles permettent à ces élèves de suivre totalement ou partiellement un cursus scolaire ordinaire. Ces classes sont confiées à des enseignants spécialisés et l'effectif est limité à 12 élèves.

Les sections d'enseignement général et professionnel adapté (SEGPA) assurent aux élèves une formation commune qui les prépare à accéder à des parcours de formation qualifiante. Ces sections sont intégrées aux collèges. Les élèves participent à toutes les activités communes du collège. Au-delà de la classe de 3e, les élèves peuvent préparer un CAP compatible avec leur handicap moteur dans un lycée professionnel ou poursuivre leur formation qualifiante avec un enseignement adapté dans le cadre de ces SEGPA.

Les établissements régionaux d'enseignement adapté (EREA) et les lycées d'enseignement adapté (LEA) accueillent des élèves handicapés de 12 à 16 ans et leur assurent un enseignement général, technologique ou professionnel adapté avec si nécessaire l'internat pédagogique, leur objectif étant l'insertion sociale et professionnelle des jeunes.

Les unités pédagogiques d'intégration (UPI) ont une existence récente (circulaire du 17 mai 1995). Elles sont présentes dans certains collèges et sont destinées aux élèves de 11 à 16 ans présentant un handicap moteur reconnu par la Commission Départementale de l'Éducation Spéciale ou par la Commission de Circonscription du Second Degré. L'effectif est limité à 10 élèves. Ces UPI sont confiées à des enseignants spécialisés qui organisent les activités pédagogiques et éducatives adaptées. Chaque élève, selon ses capacités, peut participer régulièrement ou occasionnellement aux activités d'une classe du collège.

2.2 Scolarisation des enfants et adolescents handicapés moteurs dans les établissements relevant du ministère de l'emploi et de la solidarité

Ces établissements ou services prennent en charge des enfants ou adolescents dont la déficience motrice nécessite le recours à des moyens spécifiques pour le suivi médical, l'éducation spécialisée ou la formation générale et professionnelle.

La prise en charge peut concerner les enfants au stade :

- de l'éducation précoce ;
- de la scolarité pré-élémentaire, élémentaire et secondaire (enseignement général, professionnel et technologique).

La prise en charge se fait par les Instituts d'Éducation Motrice (IEM). Ils proposent en fonction du degré et de la nature de la déficience :

- l'accompagnement de la famille et de l'entourage habituel de l'enfant ou de l'adolescent ;
- la surveillance médicale, les soins, l'appareillage nécessaire ;
- l'éducation motrice ou les rééducations fonctionnelles nécessaires ;
- l'éveil et le développement de la relation entre l'enfant et son entourage selon des stratégies individualisées faisant appel à des techniques éducatives ou palliatives notamment dans le domaine de la locomotion et de la communication. ;
- des actions d'éducation spécialisée tendant à développer la personnalité et l'autonomie et utilisant les moyens socioculturels existants.

Ces structures et établissements fonctionnent avec des équipes pluridisciplinaires dans le cadre d'un projet pédagogique, éducatif et thérapeutique d'établissement. Ils sont généralement gérés par des associations.

2.3 Cadre législatif

Que l'intégration scolaire soit individuelle ou collective, elle doit être validée :

- *par la Commission de Circonscription pré-élémentaire et élémentaire* pour les élèves handicapés qui relèvent de l'enseignement pré-élémentaire et élémentaire ;
- *par la Commission de Circonscription du second degré* pour les élèves handicapés qui relèvent de l'enseignement secondaire.

Ces commissions peuvent être saisies par le chef d'établissement ou par les parents. Elles sont garantes du bon déroulement de l'intégration scolaire sollicitée. S'il y a des incidences financières liées à l'intégration scolaire, cette dernière doit obligatoirement recevoir l'accord de la Commission Départementale de l'Éducation Spéciale (CDES).

La Loi d'Orientation en faveur des personnes handicapées du 30 juin 1975 a institué dans chaque département une *Commission Départementale de l'Éducation Spéciale*, organisme compétent pour décider des mesures relatives à l'éducation spéciale des enfants handicapés. Elle décide de l'orientation des enfants et adolescents handicapés vers des établissements ou services spécialisés. Ces commissions peuvent être saisies par les parents ou le directeur d'établissement.

3 ENSEIGNEMENT À DISTANCE

Les enfants et adolescents atteints de troubles graves de la santé qui ne peuvent, compte tenu de leur état, être accueillis dans un établissement scolaire ou dans une structure assurant un suivi scolaire peuvent bénéficier d'une assistance pédagogique à domicile ou d'un enseignement à distance.

3.1 Assistance pédagogique à domicile

Elle permet à l'élève d'éviter des ruptures de scolarité et favorise un retour en classe sans décalage excessif dans les acquisitions scolaires. L'enseignement est assuré à domicile, soit par l'instituteur ou des professeurs de collège suivant des modalités mises en place, soit par le directeur ou le chef d'établissement que fréquentait l'élève, après accord de l'Inspecteur d'Académie.

3.2 Enseignement à distance

À défaut d'une assistance pédagogique à domicile ou en complémentarité, les enfants et adolescents peuvent recourir à l'enseignement à distance. Cet enseignement est assuré par des centres publics ou privés :

– Le Centre National d'Enseignement à Distance (CNED), établissement public qui prépare à toutes les étapes de la scolarité en conformité avec les programmes scolaires.
– Le Conservatoire National des Arts et Métiers, établissement public, dispense pour certaines disciplines des cours du niveau DEUG, licence et maîtrise.
– Auxilia, établissement privé, dispense gratuitement des cours de remise à niveau du cycle primaire et du cycle secondaire.

4 AMÉNAGEMENT DES EXAMENS

À SAVOIR

Pour permettre aux élèves handicapés moteurs d'accéder aux différents niveaux du cursus scolaire et universitaire, des instructions particulières ont été données aux recteurs d'académie et aux présidents d'université pour l'aménagement des épreuves d'examen du second degré et de l'enseignement supérieur :
– circulaire n° 85-302 du 30/08/85 et 12/09/85,
– circulaire n° 94-137 du 30/03/94,
– circulaire n° 95-1206 du 30/11/95.

Pour bénéficier de ces aménagements, le candidat doit fournir un certificat médical établi par le médecin de la Commission Départementale de l'Éducation Spéciale.

L'installation matérielle : les candidats handicapés sont réunis dans une salle spéciale chaque fois que leur installation avec les autres candidats n'est pas possible. Ce local doit être accessible avec des WC aménagés à proximité.

La majoration du temps : le candidat handicapé peut bénéficier d'un temps de composition majoré d'un tiers.

L'aménagement lié à la nature du handicap : le candidat handicapé moteur qui utilise habituellement une machine à écrire ou un ordinateur peut utiliser son propre matériel.
S'il ne peut ni écrire, ni utiliser une machine à écrire, il peut être assisté d'une secrétaire qui écrit sous sa dictée. La secrétaire est désignée par le Recteur ou l'Inspecteur d'Académie.

Les épreuves orales : le candidat atteint d'un handicap moteur bénéficie d'un tiers temps supplémentaire pour le temps de préparation et peut être autorisé à utiliser la communication écrite s'il ne peut s'exprimer oralement.
Le candidat handicapé moteur ajourné au bac général ou technologique peut, sur demande, conserver pour chacune des épreuves le bénéfice des notes

égales ou supérieures à 10 qu'il a obtenues dans la limite de 5 sessions suivant la première session à laquelle il s'est présenté. Il ne subit alors que les autres épreuves.
Les mesures spécifiques décrites précédemment sont identiques quant à l'organisation des examens et concours publics de l'enseignement supérieur.
Les établissements d'enseignement supérieur sont tenus de désigner un responsable de l'accueil des étudiants handicapés, chargé d'assurer la coordination des différentes actions en leur faveur et d'être leur interlocuteur privilégié pour aplanir leurs difficultés (organisation des cours, utilisation de matériel pédagogique approprié, etc.)

5 PRISE EN CHARGE DES FRAIS LIÉS À L'ÉDUCATION SPÉCIALE

Les frais liés à l'Éducation Spéciale des enfants et adolescents handicapés moteurs relèvent selon leur nature, soit de l'État, soit de l'Assurance Maladie.

Les frais d'enseignement : c'est l'État qui prend en charge les frais d'enseignement et les dépenses liées à l'achat du matériel pédagogique adapté.

Les frais d'hébergement et de traitement : les frais d'hébergement et de traitement des enfants et adolescents handicapés moteurs orientés en établissement spécialisé sont intégralement pris en charge par l'Assurance Maladie.

Les frais de transport scolaire et universitaire en milieu ordinaire : si l'élève ou l'étudiant handicapé moteur ne peut utiliser les moyens de transport en commun, il peut bénéficier d'un transport individuel en taxi ou en VSL. Ces transports sont pris en charge par le Département sur notification établie par la Commission Départementale de l'Éducation Spéciale ou la Commission Technique d'Orientation et de Reclassement Professionnel.

Les frais de transport en milieu spécialisé : les enfants ou adolescents handicapés fréquentant un établissement de l'Éducation Spéciale bénéficient d'un transport collectif organisé par l'établissement. Ce dernier est inclus dans le prix de journée de l'établissement.

19 Handisport

Les possibilités d'intervention du médecin dans le domaine du handisport sont nombreuses. On peut citer, sans être exhaustif :
- sensibilisation à la pratique ;
- vérification de l'aptitude et dépistage des contre-indications ;
- suivi et surveillance médico-sportifs ;
- information et suivi diététique ;
- prévention des incidents et accidents ;
- soins de terrain.

Cela suppose de posséder un minimum de connaissances générales sur le handisport, son organisation et sur le handicapé sportif et d'adapter les principes de médecine sportive en fonction du sujet handicapé.

Ce chapitre a pour but d'apporter les principaux éléments de réponse au médecin généraliste confronté à ce sujet.

1 QUELQUES ÉLÉMENTS HISTORIQUES

L'histoire « moderne » du handisport doit beaucoup à un médecin anglais, Ludwig Guttmann, qui introduit la pratique sportive des paraplégiques au sein de l'hôpital de Stocke Mandeville (Grande-Bretagne) en juillet 1948. Ainsi naissent les premiers jeux pour paraplégiques alors que se déroulent les jeux olympiques à Londres. Seize athlètes en fauteuil roulant participent à ces jeux. À partir de 1951, ces jeux annuels deviennent internationaux et la pratique s'étend à d'autres catégories de handicap. En 1960, pour la première fois, les jeux internationaux sont organisés conjointement aux jeux olympiques à Rome. Depuis cette date, les jeux paralympiques d'été se déroulent dans la ville ou le pays organisateur des JO (à quelques exceptions près) : 1964 à Tokyo ; 1968 à Tel Aviv (au lieu de Mexico, en raison de l'altitude ; première participation féminine) ; 1972 à Heidelberg ; 1976 à Toronto (première participation des amputés et déficients visuels) ; 1980 à Arnhem (au lieu de l'URSS ; participation de certaines classes d'infirmité motrice cérébrale) ;1984 à Stocke Mandeville pour les sports en fauteuil roulant et à New York pour les autres sports ; 1988 à Séoul ; 1992 à Barcelone ; 1996 à Atlanta et 2000 à Sydney. Depuis 1976, les jeux paralympiques d'hiver sont également organisés tous les quatre ans :1976 à Ornskoldsvik ; 1980 à Geilo ; 1984 à Innsbruck ; 1992 à

Tignes-Albertville ; 1994 à Lillehammer ; 1998 à Nagano ; 2002 à Salt Lake City et 2006 à Toronto.
La participation croissante témoigne du succès de ces compétitions :
– en 1960, 10 nations étaient représentées par 300 athlètes.
– en 2000, 127 délégations et 4000 athlètes.

En France, l'officialisation du sport adapté remonte à la création de l'amicale sportive des mutilés de France en 1954, puis la Fédération sportive des handicapés physiques en 1964. Elle devient Fédération Française des sports pour handicapés physiques en 1968 dont le statut officiel de fédération dirigeante est accordé en 1972, permettant l'intégration au comité national olympique et sportif en 1973. Elle donnera naissance à la Fédération Française Handisport (FFH) en1977.

2 ORGANISATION DU HANDISPORT

2.1 Fédération Française Handisport

Le ministère de la jeunesse et des sports a accordé à la FFH la mission de promouvoir et organiser le sport et les activités physiques pour handicapés moteurs et visuels.
Son champ d'action est très large : promotion et organisation de la pratique sportive, de loisir ou compétitive, de tout niveau, du jeune polyhandicapé au sportif de haut niveau, formation d'éducateurs sportifs handisport, publications, lutte contre le dopage...

Plus de 40 disciplines sont représentées :

Athlétisme	Judo	Tir sportif	Course d'orientation	Goal ball	Randonnée
Basket-ball	Natation	Voile	Deltaplane	Handbike	Sarbacane
Cyclisme solo	Ski alpin	Aviation	Escalade	Joëlette	Ski nautique
Cyclisme tandem	Ski nordique	Boule/pétanque	Fauteuil tout terrain	Karting	Tir aux plateaux
Équitation	Tennis	Canoë/kayak	Foot à 5 en salle	Planeur	Torball
Escrime	Tennis de table	Céci-foot	Foot fauteuil électrique	Plongée	Triathlon
Haltérophilie	Tir à l'arc	Char à voile	Golf	Quad rugby	ULM

Cette fédération se constitue de plusieurs centaines d'associations, de comités régionaux et départementaux. Elle comporte une direction administrative, une direction technique et une commission médicale.

Les objectifs de la commission médicale nationale de la FFH sont :
- assurer l'application de la législation médicale au sein de la fédération ;
- promouvoir les actions de recherche, de prévention et de formation dans le domaine médical ;
- assurer l'encadrement médical des sportifs ;
- conseiller les différentes structures fédérales dans le domaine médical.

Elle est composée d'un médecin fédéral national, d'un médecin responsable du sport de haut niveau, de médecins et kinésithérapeutes propres aux différentes disciplines, de médecins et kinésithérapeutes des comités régionaux.

2.2 International Paralympic comittee

Ce comité est responsable du handisport à l'échelon international. Lui revient entre autres l'organisation des grandes compétitions internationales (championnats du monde et jeux paralympiques en particulier).

Les disciplines olympiques :

Athlétisme	Boccia (jeu de boules)	Tir à l'arc	Tir aux armes	Tennis de table	Tennis fauteuil	Danse sportive en fauteuil	Hockey sur glace
Rugby fauteuil	Volley	Goal Ball	Escrime	Cyclisme	Natation	Ski nordique	Ski alpin
Haltérophilie	Équitation	Football	Basket fauteuil	Judo	Voile		

3 BÉNÉFICES DE LA PRATIQUE SPORTIVE PAR LE HANDICAPÉ

La survenue d'un handicap s'accompagne habituellement d'un cortège de conséquences néfastes auxquelles le sujet, son entourage et les soignants sont contraints de faire face. Toutes les dimensions de l'individu se trouvent affectées par cette situation pouvant conduire au désinvestissement physique, psychologique, social.

La pratique sportive peut constituer un excellent moyen de « réinvestissement » susceptible de contrer le retentissement du handicap.

3.1 Bénéfices sociaux

Lutte contre l'ennui et l'isolement.

Intégration à un groupe, se sentir indispensable dans une équipe.

Participation à la vie associative.

Entrer en compétition avec soi-même et avec les autres, progresser, vaincre. Les handicapés sportifs semblent fréquemment mieux intégrés sur le plan professionnel et familial. Il est néanmoins possible que la pratique sportive ne soit en fait que le témoin d'une meilleure capacité d'adaptation du sujet.

3.2 Bénéfices communautaires

L'image positive du sportif est certainement un des moyens les plus puissants pour changer « l'image négative du handicapé », profondément ancrée dans notre mode de pensée collectif.
Les conséquences de ce changement d'image ne sont pas que psychologiques mais également environnementales (accès aux structures collectives).

3.3 Bénéfices physiques

Développement de la force musculaire, de la trophicité osseuse, de la mobilité articulaire, de la coordination gestuelle, de l'adaptation à l'effort, de la concentration.
Limitation des risques de surcharge pondérale, bénéfices métaboliques identiques aux sujets valides.
Optimisation de l'utilisation des aides techniques (fauteuil roulant, prothèse), amélioration de l'autonomie dans la vie quotidienne.

3.4 Bénéfices psychologiques

Revalorisation du vécu corporel, amélioration de l'estime de soi, meilleure intégration psychique des déficiences et du handicap.
Meilleure implication du sportif dans sa prise en charge médicale quotidienne préventive et curative (diététique, surveillance et prévention cutanée).
Se procurer du plaisir est également un bénéfice élémentaire non négligeable.

4 MODES DE PRATIQUE SPORTIVE

4.1 Sport rééducation

La découverte de l'existence du sport adapté peut souvent se faire dès le séjour en centre de rééducation où des activités physiques sont intégrées au programme de traitement. Ces activités assurent un rôle complémentaire des soins médicaux et paramédicaux conventionnels et offrent au patient un espace ludique de détente et d'ouverture très apprécié.
Tous les bénéfices de la pratique sportive que nous avons décrite peuvent être abordés dès ce stade.

Toutefois, cette période n'est pas toujours celle retenue par le sujet pour s'investir dans une pratique assidue. La multiplicité des objectifs de réinsertion, les préoccupations du patient, l'instabilité potentielle de l'état médical, l'incertitude concernant la pérennité du handicap sont autant de raisons qui diffèrent la réinsertion sportive.

4.2 Sport compétition, exploits sportifs

De nombreuses compétitions handisport sont organisées dans toutes les disciplines. Elles peuvent se dérouler aux niveaux local, régional, national ou international (championnats mondiaux et jeux paralympiques).
La participation aux compétitions impose bien entendu un entraînement intensif et assidu, pour lequel le suivi médico-sportif est indispensable.
La recherche de performance impose l'optimisation de la capacité physique mais aussi technologique. Elle est un précieux moyen d'émulation de la recherche d'amélioration des aides techniques (fauteuil roulant, appareillage...). Certains handicapés, se lancent des défis sous forme de performance ponctuelle, dont l'exigence physique est considérable.

4.3 Sport loisir, sport pour tous, initiation

Les exigences de la pratique compétitive ne doivent pas constituer un obstacle à l'accès au sport par le plus grand nombre. Des alternatives existent, permettant le développement de la pratique occasionnelle, ludique. Beaucoup d'associations organisent des stages, des séjours autour d'une ou plusieurs activités sportives. Il s'agit souvent de loisirs de plein air.
La FFH s'attache à favoriser ce genre d'initiatives et à en codifier les règles, afin de respecter la sécurité et l'encadrement des participants. Le médecin peut dans ce cadre être amené à se prononcer sur l'absence de contre-indication à la participation d'un handicapé.

5 CLASSIFICATIONS

Il s'agit d'un aspect très propre au handisport.
La diversité des déficiences représentées au sein d'une même discipline impose d'harmoniser les chances de chaque participant à une compétition. Il est évident par exemple, qu'un amputé de membre supérieur soit avantagé par rapport à un amputé de membre inférieur pour toutes les activités de course ou de saut.
Les classifications déterminent des groupes aussi homogènes que possible de déficients physiques qui vont concourir dans des épreuves données. Souvent complexes, elles sont élaborées et régulièrement modifiées par les instances

sportives officielles, pour chaque discipline. Elles tiennent compte de la déficience, mais aussi pour certains sports de l'aptitude fonctionnelle globale du sportif. Ceci a pour inconvénient de défavoriser celui qui, à niveau de déficience égale, a développé le plus de compensation au prix d'un entraînement plus soutenu.

Pour les sports d'équipe, l'addition des scores individuels aboutit à un score total de l'équipe, qui ne doit pas dépasser un certain seuil.

La multiplicité des classes pour une même discipline augmente les chances de succès lors des grandes compétitions. Elle explique également le nombre de médailles qui peuvent être attribuées et la complexité d'organisation des cérémonies de remise de médaille.

6 HANDICAPÉ SPORTIF : BILAN MÉDICAL, SUIVI CLINIQUE ET PARA-CLINIQUE

6.1 Bilan du handicap et de ses conséquences physiques (tableau 21)

6.1.1 Lésions médullaires

Les blessés médullaires représentent environ 1/4 des licenciés. Les paraplégiques sont bien sûr largement majoritaires par rapport aux tétraplégiques qui constituent moins de 5 % des licenciés. Les caractéristiques cliniques déterminantes sont :

- le niveau de l'atteinte et son caractère complet ou incomplet ;
- la présence d'une spasticité gênante et l'influence de l'activité physique sur l'apparition de contractures ;
- l'état des téguments, la présence d'une cicatrice d'escarre, notamment ischiatique ou d'une lésion évolutive (escarre ou bursite ischiatique) ;
- le statut urinaire : nature des troubles mictionnels, maîtrise des autosondages, existence de fuites, antécédents d'infection ;
- l'existence de perturbations neurovégétatives : troubles de la régulation thermique ;
- adaptation cardio-circulatoire : diminution du retour veineux, hypotension et tachycardie. Hyper-réflexie autonome ;
- pathologie du membre supérieur, particulièrement sollicité par la propulsion du fauteuil.

6.1.2 Amputés

Ils représentent environ 10 % des licenciés, peuvent pratiquer quasiment tous les sports. L'accès à la pratique compétitive est très fréquent. Selon les disciplines et le niveau d'amputation, ils pratiquent avec ou sans prothèse. Ils peuvent également accéder aux sports en fauteuil.

L'examen doit relever :
- l'existence d'altérations cutanées ou des parties molles sous cutanées du moignon (frottement, plaie, bursite...) ;
- le type d'appareillage et sa tolérance. Les problèmes d'appareillage nécessitent le plus souvent l'intervention du spécialiste ;
- l'état des articulations sus-jacentes.

6.1.3 Séquelles de poliomyélite

Leur fréquence diminue. L'atteinte est purement motrice et hypotonique. Les déficiences sont très variables. Il faut tenir compte de leur relative fragilité orthopédique.

6.1.4 Infirmité motrice cérébrale

Les IMC représentent 1/3 des licenciés. Le type de pratique est très variable en fonction de la lourdeur du handicap. Ils peuvent accéder à la pratique compétitive (jeux de l'avenir par exemple).
Il faut tenir compte :
- de l'état neurologique et des troubles orthopédiques ;
- des troubles du tonus ;
- des déficiences sensorielles ;
- de l'état neuropsychologique et des problèmes d'apprentissage qu'il peut engendrer ;
- de l'existence d'une comitialité.

6.1.5 Séquelles de traumatisme crânien

Ils ne représentent que 1 % des licenciés environ. La multiplicité des séquelles neurologiques pose des problèmes complexes : troubles de l'équilibre, déficience cognitive avec difficultés d'intégration, hypertonie, comitialité.

6.1.6 Mal voyants

Ils représentent 10 % des licenciés. Ils peuvent participer aux activités de course avec guide (pied, cyclisme, ski...), aux lancers, et à certains sports spécifiques (goalball). La nature de l'affection, son évolutivité et le risque de péjoration du pronostic par la pratique sportive sont les éléments déterminants.

6.1.7 Handicaps évolutifs

Il s'agit le plus souvent d'affections neurologiques dont l'aggravation aboutit inéluctablement à la diminution de performance dans le temps. Cet aspect négatif n'évince pourtant pas toute possibilité d'activité sportive, dans la mesure où l'effort physique est modeste. On constate d'ailleurs une augmentation de la pratique par les myopathes (foot-fauteuil, tir).

6.2 Bilan médical classique

Comme pour tout patient susceptible de pratiquer un sport, l'interrogatoire et l'examen complet sont nécessaires à la recherche de facteurs de risque ou d'une pathologie associés.
Concernant l'aspect médico-sportif, il est possible de s'inspirer du suivi médical obligatoire des sportifs de haut niveau. Il appartient ensuite au médecin de décider quels sont les éléments nécessaires en fonction du sport, de l'intensité de pratique et des caractéristiques médicales du sujet.

6.3 Suivi obligatoire des sportifs de haut niveau

Ces sportifs ont l'obligation de se soumettre au suivi imposé par l'arrêté du 28 avril 2000. Ils doivent transmettre les résultats au médecin fédéral et au médecin chargé par la FFH du suivi des sportifs de haut niveau.
Cette surveillance doit comporter au minimum :
- examen clinique de repos trois fois par an, comprenant données anthropométriques, examen de dépistage des troubles visuels, auditifs et vestibulaires, entretien diététique, évaluation psychologique ;
- ECG de repos annuel ;
- suivi dentaire annuel ;
- épreuve fonctionnelle respiratoire annuelle ;
- recherche de protéinurie et de glycosurie 3 fois par an ;
- épreuve d'effort annuelle, en fonction des possibilités techniques liées au handicap ;
- échocardiographie de repos, lors de l'inscription sur les listes ministérielles, lorsqu'elle est réalisable ;
- suivi biologique trois fois par an.

Le contenu des examens biologiques varie en fonction du sport pratiqué. Les disciplines sont réparties en deux groupes.
Groupe I : athlétisme, basket ball, cyclisme, haltérophilie, natation, tennis, tennis de table, ski.
Groupe II : escrime, équitation, judo, tir à l'arc, tir aux armes.
Bien entendu, le contenu peut être modulé en fonction d'anomalies connues ou dépistées lors d'un précédent bilan.

6.4 Examens biologiques annuels du sportif de haut niveau

	Groupe I			Groupe II		
	Bilan 1	Bilan 2	Bilan 3	Bilan 1	Bilan 2	Bilan 3
NFS	+	+	+	+	+	+
Plaquettes	+			+		
VS	+	+	+	+		
Cholestérolémie	+			+		
Triglycéridémie	+			+		
Uricémie	+	+	+	+	+	+
Glycémie	+			+		
Calcémie	+	+	+	+	+	
Magnésémie	+	+	+	+	+	
Créatininémie	+	+		+	+	
Ferritinémie		+	+			
Natrémie et kaliémie		+				
SGOT		+				
SGPT		+				

6.5 Constitution d'un dossier médico-sportif

La multiplicité des informations recueillies incite à les consigner dans un dossier récapitulatif permettant d'avoir une vision globale de la situation du handicapé sportif, et constituant un bon support de base pour la poursuite du suivi.
Un exemple de fiche récapitulative des principales informations utiles est proposé (tableau 20).

7 APTITUDE, CONTRE-INDICATIONS

7.1 Certificat

La première délivrance d'une licence sportive est subordonnée à la production d'un certificat médical attestant l'absence de contre-indication à la pratique d'activité physique et sportive.
La participation à une compétition implique la présentation d'une licence portant attestation de la délivrance d'un certificat médical mentionnant l'absence de contre-indication à la pratique sportive en compétition, devant dater de moins d'un an.

Le médecin généraliste est fréquemment sollicité pour la rédaction de ces certificats, qui engage sa responsabilité, et son obligation de moyens. Le médecin signataire est le seul juge de la nécessité d'éventuels examens complémentaires.
La rédaction d'un certificat de non contre-indication nécessite de :
- tenir compte du sport et du niveau de pratique. Il ne faut pas hésiter à préciser le ou les sports concernés, les modalités (initiation, loisir, compétition), pour lesquelles le médecin constate l'absence de contre-indication apparente. Etablir un certificat qui serait valable pour tous les sports ne peut se concevoir. Le médecin est censé réfléchir à l'adéquation entre les contraintes physiques d'un sport et l'état de santé du sportif ;
- tenir compte des pathologies associées sans rapport direct avec le handicap. Quel que soit le handicap, le patient peut par exemple présenter une affection cardiaque contre-indiquant l'effort physique. Le risque serait de sous-estimer l'exigence physique de certains sports, sous prétexte qu'il s'agit d'une activité « adaptée » ;
- tenir compte de la nature du handicap, et des pathologies spécifiques qui peuvent lui être associées, pouvant constituer une contre-indication définitive ou temporaire. Le risque serait de systématiquement considérer l'existence d'une déficience comme une contre-indication en soi à la pratique d'un sport. Un avis spécialisé est préconisé en cas de doute.

7.2 Contre-indications spécifiques, les risques

7.2.1 Cutanées

Pour un amputé, érosion cutanée du moignon, si le sport implique une mise en charge sur celui ci.
Pour un blessé médullaire, escarre en zone d'appui ou de frottement.

7.2.2 Urinaires, abdominales

Concernent essentiellement les patients présentant un handicap d'origine neurologique.
Infection urinaire fébrile
Affection lithiasique non traitée.

7.2.3 Circulatoires, neuro-végétatives

Déséquilibre tensionnel, risque de syncope, de lipothymie pour certains sports.
Manifestations d'hyper-reflexie autonome (blessés médullaires).

7.2.4 Comitialité

Comitialité mal équilibrée, pour tous les sports.
Comitialité, même bien équilibrée pour certains sports (plongée, alpinisme, sports mécaniques ou aériens).

7.2.5 Déficience visuelle

En cas de risque de décollement de rétine (ou d'aggravation), d'hémorragie rétinienne, de luxation du cristallin lors d'une pratique à potentiel traumatisant.

7.2.6 Traumatologiques et orthopédiques

Ostéome évolutif, s'il risque d'être soumis à des contraintes
Risque d'aggravation d'une déformation orthopédique par les contraintes physiques.
Risque de fracture (dysplasie osseuse par exemple).
Risque d'aggravation d'arthropathie hémophilique par les traumatismes ou micro-traumatismes répétés.

7.2.7 Neurologiques

Risque d'accentuation d'une spasticité (SEP...)
Risque d'association lésionnelle (maladies neuro-musculaire et cardiopathie...)

7.2.8 Risque hémorragique

Hémophilie, traitement anticoagulant ; le sportif doit être informé des risques traumatiques.

8 DIÉTÉTIQUE ET HYGIÈNE GÉNÉRALE

L'interrogatoire ciblé et approfondi d'un patient handicapé est souvent indispensable à la détection d'erreurs manifestes de prises alimentaires ou hydriques (qualitatives et quantitatives). Ces anomalies sont constantes chez le sujet débutant ou futur pratiquant. Elles sont loin d'épargner le pratiquant régulier ou même le compétiteur.
Il faut savoir profiter d'une consultation motivée par une demande de complément alimentaire ou une sensation de baisse de performance pour procéder à une véritable enquête alimentaire. Un interrogatoire rapide et superficiel s'avère insuffisant à leur détection.
Le sportif a souvent l'impression de connaître les principales règles, par exemple la nécessité d'une hydratation correcte. La banalité de ces règles n'est pourtant pas un gage de bonne application. Il n'est alors pas rare de détecter des erreurs aussi grossières que l'absence de petit-déjeuner ou une hydratation insuffisante. Il est souvent utile de s'appuyer sur quelques repères chiffrés de corrélation entre la baisse de performance et ces erreurs.

Les conséquences du handicap sur le mode de vie exposent particulièrement à ces erreurs.
Les contraintes inhérentes aux *troubles mictionnels* expliquent souvent les anomalies de prise hydrique. C'est souvent le cas lors des compétitions

nécessitant un long déplacement, *a fortiori* aéroporté. La réalisation des sondages en avion est quasiment impossible dans des conditions décentes et impose alors la restriction hydrique, malgré toutes ses conséquences néfastes sur la compétition qui suit. Il faut tenir au courant le sujet des complications infectieuses et fonctionnelles rénales que ces erreurs répétées peuvent entraîner.
Les erreurs alimentaires concernent les aspects quantitatifs et qualitatifs. L'excès pondéral doit être évité. Son influence sur la mobilité et la performance au fauteuil roulant est importante. La ration calorique quotidienne doit être adaptée en tenant compte du moindre coût énergétique de la propulsion du fauteuil par rapport à la marche. L'analyse du contenu de la ration, du rythme et de la répartition des prises alimentaires est loin d'être superflue.

Le tabagisme est très fréquent. Il s'installe souvent dans les suites de l'apparition du handicap. Le retentissement sur la performance peut être un moyen de sensibilisation à l'intérêt d'un sevrage.

La nécessité d'une *auto-surveillance cutanée* fait également partie des recommandations importantes à rappeler.

9 DOPAGE

La progression des intérêts en jeu fait naturellement augmenter le risque de conduite frauduleuse dans le but d'améliorer la performance de l'athlète. Ceci concerne essentiellement les grandes compétitions internationales. La médiatisation croissante de ces événements n'épargne d'ailleurs pas cet aspect négatif qui demeure néanmoins marginal par rapport aux compétitions chez les valides.
La pratique de contrôles antidopage est organisée lors des grandes compétitions. La liste des moyens utilisés, notamment médicamenteux ne diffère pas de celle des valides. Il est indispensable d'informer le sujet qui souhaite participer à une compétition sportive. Certaines substances sont soumises à justification thérapeutique et nécessitent alors la rédaction d'un certificat médical justifiant son utilisation. L'analyse doit être assez rigoureuse et poussée, certaines substances n'étant pas évidentes à retrouver lors du premier interrogatoire. C'est le cas par exemple des anesthésiques locaux parfois utilisés lors des auto-sondages.

UNE TECHNIQUE SPÉCIFIQUE DE DOPAGE : LE BOOSTING

Il s'agit de l'activation délibérée de l'hyper-réflexie autonome des blessés médullaires dont la lésion est située au-dessus de D7. Cette activation est entraînée par une stimulation cutanée ou viscérale, le plus souvent nociceptive, dans le territoire sous lésionnel. Cette activation entraîne une élévation de la pression artérielle de l'athlète. Il est impossible de distinguer si la réaction résulte du boosting ou de la survenue inopinée de phénomène d'hyper-réflexie autonome.

Cette pratique est considérée dangereuse, contraire à l'éthique et illégale par le comité international paralympique. Un examen médical peut donc être réalisé à tout moment d'une compétition, lors de la procédure d'appel ou de la phase d'échauffement, par exemple (prise de tension artérielle, rythme cardiaque, recherche d'érythème cutané, frissons, chair de poule, dyspnée, anxiété, tremblements).

En cas de suspicion, l'athlète est réexaminé après une dizaine de minutes. La commission médicale peut alors être amenée à considérer l'athlète comme présentant un risque et à suspendre sa participation à la compétition concernée.

Un sportif blessé médullaire susceptible d'être concerné par ce phénomène et qui souffre d'hypertension artérielle est tenu de fournir la preuve médicale précisant notamment le niveau de pression artérielle habituel et le traitement médical dont il bénéficie.

L'utilisation de ce procédé, assez médiatique car spécifique au handisport et spectaculaire, ne doit néanmoins pas être surévaluée. Les effets et le bénéfice qui en découlent sont assez aléatoires et difficiles à contrôler.

CONCLUSION

La progression de la pratique sportive « adaptée » n'a aucune raison de fléchir, bien au contraire.

La multiplicité des aspects médicaux relatifs à cet élément est susceptible d'engager la participation croissante du médecin généraliste, souvent bien placé pour avoir une vision globale et complète du patient et de son environnement.

Il s'agit d'un aspect intéressant et enrichissant de la prise en charge du handicapé et certainement du meilleur moyen pour prendre conscience du caractère infiniment « relatif » du concept de handicap.

POUR EN SAVOIR PLUS

www.paralympic.org : site du comité international paralympique. Site en anglais.
www.handisport.org : site de la fédération française handisport

Tableau 20 : Proposition de fiche clinique récapitulative

NOM : Prénom : DDN :

Pathologie et prise en charge habituelle
Déficience :
Étiologie :
Date de début :
Période d'hospitalisation MPR :
SUIVI MPR : MÉDECIN TRAITANT :

COMPLICATIONS À LA PHASE AIGUË, SÉJOUR EN RÉANIMATION

CONTEXTE FAMILIAL ET PROFESSIONNEL

CONTEXTE SPORTIF
Préalable à l'apparition du handicap :
Actuel :
Sports pratiqués :
Rythme d'entraînement :
Club, licence :
Objectifs personnels :

Déplacements
Mode de déplacement : Périmètre :
Cause de limitation :
Transferts :

Appareillage
Matériel d'ostéosynthèse, suivi chirurgical éventuel
Membres : Tronc :
Limitation fonctionnelle imposée :

Problèmes articulaires
Spasticité
Hyper-réflexie autonome
Problème cutané, escarres, et prévention

État cardiologique et respiratoire
Problème cardio-vasculaire ou respiratoire connu
Facteurs de risques :
Pouls, fréquence de repos, pression artérielle de repos :
Fréquence respiratoire, signes fonctionnels au repos et à l'effort :
Auscultation cardiaque et pulmonaire :
ECG de repos :
Spirométrie :

Appareils urinaires, abdominal
Problème connu :
Mode mictionnel :

Prise de médicaments :

Tableau 21 : Pratique sportive en fonction de la nature du handicap

Sport	ParaplégiePolio	Tétraplégie	Amputé de membre inf	Amputé de membre sup	Déficience visuelle	IMC fauteuil	IMC debout	Grand handicapé	Déficience membre sup	Déficience membre inf
Athlétisme	+	+	+	+	+	+	+		+	+
Basket	+	+				+				
Céci-foot					+					
Cyclisme solo			+	+			+			
Cyclisme tandem					+					
Escrime	+	+				+	+			
Football à cinq			+	+					+	+
Goalball/toarball					+					
Haltérophilie	+	+	+		+	+	+		+	
Judo					+		+			
Natation	+	+	+	+	+	+	+	+	+	+
Ski alpin	+	+	+	+	+		+		+	+
Ski nordique/biathlon	+		+	+	+		+		+	+
Tennis	+	+								
Tennis de table	+	+	+	+		+	+		+	+
Tir à l'arc	+	+	+	+	+	+	+		+	+
Équitation	+		+	+	+	+	+		+	+
Boules/pétanques	+	+	+	+	+	+	+	+	+	+
Canöe/kayak	+	+	+	+	+	+	+		+	+
Escalade			+	+	+		+		+	

➜

→

Sport	ParaplégiePolio	Tétraplégie	Amputé de membre inf	Amputé de membre sup	Déficience visuelle	IMC fauteuil	IMC debout	Grand handicapé	Déficience membre sup	Déficience membre inf
Foot fauteuil électrique		+				+		+		
Golf	+		+	+	+		+		+	+
Karting	+	+	+	+			+	+	+	+
Plongée sous-marine	+	+	+	+	+	+	+	+	+	+
Ski nautique	+		+	+	+		+		+	
Sports aériens	+	+	+	+	+	+	+	+	+	+
Tir aux plateaux	+		+							
Voile	+	+	+	+	+	+	+		+	+

Index

A

B

C

D

E

F

G

H

N

O

P

U

V

Imprimé en France
FRHW011034141026
49820FR00013B/469

* 9 7 8 2 2 9 4 0 1 0 7 0 5 *